復刊

近代解析

吉田耕作 著

共立出版株式会社

は し が き

近代解析は，解析学全般を，無限次元の函数空間における作用素（オペレーター）の理論として統一的に取扱うことを目的とする．

本講座においてはこの近代解析の典型として Hilbert 空間論と超函数（ディストリビューション）の理論とを解説する．すなはちまず Hilbert 空間論においては特に，Hilbert 空間において定義せられた有界線形汎函数が内積の形に与えられるという Riesz の定理の応用として積分論における Lebesgue-Nikodym の定理や Aronszajn の再生核，Bergman の核函数など古典的な解析学に関連した事項の現代的取扱いについて述べ，ついでフーリエ積分論における Plancherel 定理や自己共役作用素のスペクトル分解に関する von Neumann の理論を紹介する．超函数についてはその定義，諸性質の解説とそれが特に楕円的偏微分方程式の解の存在証明に有効なことを示した Schwartz の定理の Gårding による証明を紹介した．

本講座は高木先生の解析概論程度の予備知識で叙述した積りであるから，基礎講座の部分特に「微分積分学」,「函数論」,「積分論」などを理解されれば，容易に読んで頂けることと信ずる．なお特別講座の「積分方程式」は近代解析の出発点となった Fredholm の理論を近代解析的に解説せられたものであるから本講座と相補って作用素の理論の有効性を諒解して頂けるものと考える．

昭和 31 年 1 月

吉 田 耕 作

再版に際して

基礎数学再版の機会に，初版の誤りを正すとともに第 15 章以下第 21 章まで約 100 頁の増補をすることができた．まず対称作用素の共役作用素の構造に関する von Neumann の研究を述べ，ついで対称作用素の一般化されたスペクトル分解に関する Neumark の研究を紹介する．これらは近頃とくに微分作用素の取扱いに際してその重要性が認められつつあるのである．つぎに正規作用素や作用素の函数について述べ，作用素の函数の重要な例として，Schrödinger 方程式の積分に関連した Stone の定理を半群に拡張した理論を紹介する．半群の微分可能性に関する §18·6 は拡散方程式の解の正則性を論ずる上に役立つものと信ずる．最後の章には，第 13 章に述べた正射影の方法の函数空間論的拡張としての Friedrichs の定理を述べた．これは楕円的偏微分方程式を近代的に取扱う上に基本的な役割りを演ずるのである．頁数の関係もあって，von Neumann の還元理論について紹介する余裕のなかったことは残念であるが，これに関連して，連続スペクトルの多重度の定義や単純スペクトルの作用素の標準型などについて簡単に触れておいた．

目　次

第1章　Hilbert 空間

1·1　Hilbert（ヒルベルト）空間の定義

線状空間　複素数体（または実数体）を係数とする加法群 $\mathfrak{H}$ を**線状空間**という．すなわち $\mathfrak{H}$ は加法 $x+y$ 及び複素数（または実数）α を乗ずる算法 αx に対して通常のベクトル算法の規則：

$$x, y \in \mathfrak{H} \text{ ならば } x+y \in \mathfrak{H}, \quad \alpha x \in \mathfrak{H} \tag{1·1}$$[1]

$$x+y=y+x \tag{1·2}$$

$$(x+y)+z=x+(y+z) \tag{1·3}$$

$$\left\{\begin{array}{l}\text{すべての } x, z \text{ に対して } x+y=z \text{ なる如き } y \text{ が} \\ \text{一つしかもただ一つ存在する．}\end{array}\right. \tag{1·4}$$

$$1 \cdot x=x \tag{1·5}$$

$$\alpha(\beta x)=(\alpha\beta)x \tag{1·6}$$

$$\alpha(x+y)=\alpha x+\beta y \tag{1·7}$$

$$(\alpha+\beta)x=\alpha x+\beta x \tag{1·8}$$

がすべて成立する集合である．(1·4) によって定まる y を $z-x$ と書けば $\Theta=x-x$ は x に無関係に定まりかつすべての x に対して $x+\Theta=x$．(1·8) において $\alpha=1, \beta=-1$ とおいて $0 \cdot x=\Theta$ を得る．また (1·8) において $\alpha=0, \beta=-1$ とおいて $(-1)x=\Theta-x$ をも得る．したがって Θ, $\Theta-x$ をそれぞれ 0, $-x$ と書いて計算規則 $y-x=y+(-1)x$ 適を用しても不都合を生じないことは容易にわかる．

内積　線状空間 $\mathfrak{H}$ の任意の二元 x, y の組に対して次の条件を満足する複素数 (x, y) が定まるときに，(x, y) を x と y との**内積** (inner product) という：

$$(x, x) \geqq 0 \text{ かつ } x=0 \text{ と } (x, x)=0 \text{ とは同等} \tag{1·9}$$

---

1)　以下 $\mathfrak{H}$ の元 x, y, z をなどローマ小字でまた複素数を α, β などギリシヤ小字で表わす．

$$(x, y)=\overline{(y, x)} \text{ (共役複素数)} \tag{1·10}$$

$$(x_1+x_2, y)=(x_1, y)+(x_2, y) \tag{1·11}$$

$$(\alpha x, y)=\alpha(x, y) \tag{1·12}$$

以上から

$$(x, y_1+y_2)=(x, y_1)+(x, y_2),\ (x, \alpha y)=\overline{\alpha}(x, y)$$

が成立つ.

ノルム $\|x\|=(x, x)^{1/2}$ を x のノルム (norm) とよぶ.

定理 1·1

$$\|x\|\geqq 0 \text{ かつ } \|x\|=0 \text{ と } x=0 \text{ とは同等} \tag{1·13}$$

$$\|x+y\|\leqq\|x\|+\|y\|, \quad \|\alpha x\|=\alpha\cdot\|x\| \tag{1·14}$$

証明 まず Schwarz の不等式

$$|(x, y)|\leqq\|x\|\cdot\|y\| \tag{1·15}$$

を証明しよう. 任意の実数 λ に対して実数係数による λ の二次式

$$(x+\lambda(x, y)y, x+\lambda(x, y)y)$$
$$=\|x\|^2+2\lambda|(x, y)|^2+\lambda^2|(x, y)|^2\|y\|^2$$

が $\geqq 0$ であるから

$$\text{判別式} \quad |(x, y)|^4-\|x\|^2\cdot|(x, y)|^2\|y\|^2\leqq 0$$

でなければならない. よって $|(x, y)|\neq 0$ ならば (1·15) を得る— $(x, y)=0$ ならば (1·15) は明らか.

したがってまた

$$\|x+y\|^2=(x+y, x+y)=\|x\|^2+(x, y)+(x, y)+\|y\|^2$$
$$\leqq\|x\|^2+2\|x\|\cdot\|y\|+\|y\|^2=(\|x\|+\|y\|)^2$$

によって (1·4) を得る.

注意 上の証明から Schwarz の不等式 (1·15) において等号の成立つのは, $x=0$ または $y=0$ なる場合か, または $x\neq 0$ かつ $y\neq 0$ としてある λ の値 λ_0 に対して $x=-\lambda_0(x, y)y$ となるときに限ることがわかる. すなわち (1·15) おいて等号の成立つのは x が y の定数 (0 を含む) 倍になるか, y が x の定数倍 (0 を含む) になるかのときに限ることがわかった.

距離空間としての $\mathfrak{H}$ $\|x-y\|=d(x, y)$ は距離の公理 :

$$d(x, y) \geqq 0 \text{ かつ } d(x, y)=0 \text{ と } x=y \text{ とは同等} \tag{1・16}$$

$$d(x, y)=d(y, x) \tag{1・17}$$

$$d(x, z) \leqq d(x, y)+d(y, z) \quad (\text{三角不等式}) \tag{1・18}$$

を満足する（定理 1・1 による）．以下この距離の意味の収束 $\lim_{n\to\infty}\|x_n-x\|=0$ を $\lim_{n\to\infty} x_n=x$ または略して $x_n\to x$ と書く．かかる収束点列 $\{x_n\}$ は $\|x_n-x_m\|\leqq\|x_n-x\|+\|x-x_m\|$ からわかるようにいわゆる **Canchy の収束条件**を満足する：

$$\lim_{n, m\to\infty}\|x_n-x_m\|=0 \tag{1・19}$$

Hilbert 空間の定義 内積の定義せられた線状空間 $\mathfrak{H}$ が距離 $d(x, y)=\|x-y\|$ の意味で **完備**（complete）な距離空間になるとき，すなわち収束条件（1・19）を満足する点列 $\{x_n\}$ に対して必らず $x_n\to x$ なる如き収束点 x が $\mathfrak{H}$ 内に存在するときに[1] $\mathfrak{H}$ を **Hilbert 空間**という．

次の定理はたびたび用いられる．

定理 1・2 内積 (x, y) は x, y の連続函数である．すなわち $x_n\to x$, $y_n\to y$ ならば $\lim_{n\to\infty}(x_n, y_n)=(x, y)$．特に $x_n\to x$ ならば $\lim_{n\to\infty}\|x_n\|=\|x\|$.

証明 $\|x_n\|\leqq\|x_n-x\|+\|x\|$ が n に関して有界なことと

$$\begin{aligned}|(x, y)-(x_n, y_n)| &\leqq |(x-x_n, y)+(x_n, y-y_n)| \\ &\leqq \|x-x_n\|\cdot\|y\|+\|x_n\|\cdot\|y-y_n\|\end{aligned}$$

とからわかる．

1・2 Hilbert 空間の例 $L^2(\alpha, \beta)$

$L^2(\alpha, \beta)$ 実数軸上の有限または無限区間 (α, β) で定義せられた複素数値可測函数 $x(t)$ で $|x(t)|^2$ が，この区間で Lebesgue 式可積分であるような $x(t)$ の全体を $L^2(\alpha, \beta)$ と書く．

定理 1・3 $L^2(\alpha, \beta)$ は $x+y$, αx を

$$(x+y)(t)=x(t)+y(t), \quad (\alpha x)(t)=\alpha x(t) \tag{1・20}$$

によって定義すると内積

$$(x, y)=\int_\alpha^\beta x(t)\overline{y(t)}dt \tag{1・21}$$

1) このような x が存在すればただ一つに限ることは (1・18) からわかる．

の意味で Hilbert 空間を作る．ただしほとんどすべての t に対して $x(t)\equiv y(t)$ なる如き x, y は同一の元（ベクトル）と見做すことにして．

証明 x, y とともに $x+y$ が $L_2(\alpha,\beta)$ に属することは $|\gamma+\delta|^2\leqq 4(|\gamma|^2+|\delta|^2)$ から明らか．また (1・21) の存在することは $2|\gamma\delta|\leqq\gamma^2+\delta^2$ からわかる．ノルム $\|x\|=\left(\int_\alpha^\beta |x(t)|^2dt\right)^{1/2}$ による完備性の証明は次の通り

$\lim_{n,m\to\infty}\|x_n-x_m\|=0$ とすると適当に $\{x_n\}$ の部分点列 $\{x_{n_k}\}$ を選び，$\sum_{k=1}^\infty\|x_{n_{k+1}}-x_{n_k}\|<\infty$ ならしめ得る．そうすると函数列：

$$\{y_m(t)\},\quad \text{ただし}\quad y_m(t)=|x_{n_1}(t)|+\sum_{k=1}^m|x_{n_{k+1}}(t)-x_{n_k}(t)|$$

は $\epsilon L^2(\alpha,\beta)$，かつほとんどすべての t に対して $\lim_{m\to\infty}y_m(t)<\infty$ である．Lebesgue–Fatou の定理[1]と三角不等式と (1・14) を用い

$$\int_\alpha^\beta(\lim_{m\to\infty}y_m(t)^2)dt\leqq\underline{\lim}_{m\to\infty}\int_\alpha^\beta y_m(t)^2dt=\underline{\lim}_{m\to\infty}\|y_m\|^2$$

$$\leqq\lim_{m\to\infty}(\|x_{n_1}\|+\sum_{k=1}^m\|x_{n_{k+1}}-x_{n_k}\|)^2<\infty$$

を得るからである．故に

$$x_{n_{m+1}}(t)=x_{n_1}(t)+\sum_{k=1}^m(x_{n_{k+1}}(t)-x_{n_k}(t))$$

は $m\to\infty$ なるとき，ほとんどすべての t に対して収束し，かつこの極限函数 $x_\infty(t)=\lim_{m\to\infty}x_{n_{m+1}}(t)$ は $\epsilon L^2(\alpha,\beta)(\|x_{n_{m+1}}\|^2\leqq\lim_{k\to\infty}\|y_k\|^2)$．また (1・2) を用い

$$\|x_\infty-x_{n_k}\|=\lim_{m\to\infty}\|x_{n_m}-x_{n_k}\|\leqq\sum_{i=k}^\infty\|x_{n_{i+1}}-x_{n_i}\|$$

したがって
$$\lim_{k\to\infty}x_{n_k}=x_\infty.$$

よって三角不等式を用い仮定から

$$\lim_{n\to\infty}\|x_\infty-x_m\|\leqq\lim_{k\to\infty}\|x_\infty-x_{n_k}\|+\lim_{k,m\to\infty}\|x_{n_k}-x_m\|=0$$

系 $L^2(\alpha,\beta)$ においてノルムの意味で $\{x_n(t)\}$ が $x(t)$ に収束するならば，適当な部分列 $\{x_{n_k}(t)\}$ はほとんどすべての t において $x(t)$ に収束する．

---

1) 第3章3・1参照

(l^2) $\sum_{n=1}^{\infty}|\xi_n|^2<\infty$ であるような複素数列 $x=\{\xi_n\}$ の全体を (l^2) とすれば (l^2) は $(y=\{\eta_n\}$ とする$)$

$$x+y=\{\xi_n+\eta_n\},\quad \alpha x=\{\alpha\xi_n\},\quad (x,\,y)=\sum_{n=1}^{\infty}\xi_n\bar{\eta}_n$$

によって Hilbert 空間を作る.

1·3 Hilbert 空間の例 $A^2(G)$

$A^2(G)$ z-平面の有界開領域 G において一価正則な函数 $f(z)$ で

$$\iint_G|f(z)|^2dxdy<\infty,\quad z=x+iy \tag{1·22}$$

が成立つようなものの全体を $A^2(G)$ とする.

定理 1·4 $A^2(G)$ は

$$(f+g)(z),\ (\alpha f)(z)=\alpha f(z) \tag{1·23}$$

及び内積

$$(f,g)=\iint_G f(z)\overline{g(z)}dxdy \tag{1·24}$$

によって Hilbert 空間を作る.

証明 完備性の証明以外は $L^2(\alpha,\beta)$ の場合と同様である. いま $\{f_n\}$ を $A^2(G)$ の点列で $\lim\limits_{n,m\to\infty}\|f_n-f_m\|=0$ を満足するとすると, 定理 1·3 系と同様にして, 適当な部分列 $\{f_{n'}(z)\}$ をとるとき

$$\begin{cases} G \text{ のほとんどすべての } z \text{ で } \lim\limits_{n\to\infty}f_{n'}(z)=f_\infty(z) \text{ が存在し} \\ \text{かつ } \displaystyle\iint_G|f_\infty(z)|^2dxdy<\infty. \end{cases}$$

ところが G 内の任意の開領域 $|z-z_0|<r$ に対して, $0<r_0<r$ ならば $r-r_0>\delta>0$ として不等式

$$|z-z_0|\leqq r_0 \text{ なるとき } (w=x+iy \text{ として})$$

$$|f_{n'}(z)-f_{m'}(z)|^2\leqq\frac{1}{\pi\delta^2}\iint_{|w-z|\leqq\delta}|f_{n'}(w)-f_{m'}(w)|^2dxdy \tag{1·25}$$

$$\leqq\frac{1}{\pi\delta^2}\iint_G|f_{n'}(w)-f_{m'}(w)|^2dxdy$$

を証明することができる. よって $|z-z_0|\leqq r_0$ において $\{f_{n'}(z)\}$ が一様収束

する，したがって $f_\infty(z)$ は $|z-z_0|<r$ において正則となる．かくして $f_\infty(z)$ が G において正則なことがわかった．

最後に (1·25) の証明．$f(w)$ が $|w-z|<\delta$ において正則なときに

$$|f(z)|^2 \leqq \frac{1}{\pi\delta^2}\iint_{|w-z|\leqq\delta}|f(w)|^2 dxdy,\quad w-z=x+iy \tag{1·25}'$$

を証明すればよい．$f(w)$ の Taylor 展開を

$$f(w)=\sum_{n=0}^{\infty}a_n(w-z)^n,\quad a_0=f(z)\ (|w-z|<\delta)$$

とすれば，$0<\delta_0<\delta$ なるとき $w-z=x+iy=\rho e^{i\theta}$ として

$$f(w)\overline{f(w)}=\sum_{n,m=0}^{\infty}a_n\bar{a}_m\rho^{n+m}e^{i(n-m)\theta}$$

は $0\leqq\rho\leqq\delta_0$, $0\leqq\theta\leqq 2\pi$ において絶対かつ一様収束するから項別積分して

$$\iint_{|w-z|\leqq\delta_0}|f(w)|^2 dxdy=\int_0^{\delta_0}\rho d\rho\int_0^{2\pi}|f(w)|^2 d\theta$$

$$=\sum_{n=0}^{\infty}|a_n|^2\frac{1}{2n+2}\delta_0^{2n+2}\cdot 2\pi \geqq \pi\delta_0^2|f(z)|^2$$

1·4 加法的作用素，有界作用素

部分空間 Hilbert 空間 $\mathfrak{H}$ の部分集合 $\mathfrak{D}$ が

$$x, y\in\mathfrak{D}\quad ならば\quad \alpha x+\beta y\in\mathfrak{D} \tag{1·26}$$

を満足するときに $\mathfrak{D}$ を $\mathfrak{H}$ の（**線状**）**部分空間** (linear subspace) という．距離 $d(x, y)=\|x-y\|$ による収束の意味で $\mathfrak{H}$ の閉集合になっているような部分空間を閉部分空間という．閉部分空間もまた一つの Hilbert 空間である．

加法的作用系 $\mathfrak{H}$ の部分空間 $\mathfrak{D}$ の各元 x に Hilbert 空間 $\mathfrak{H}_1$（$\mathfrak{H}$ と同じものであってもよい）の元 $T\cdot x$ を対応させる広義の函数 T が

$$T(\alpha x+\beta y)=\alpha Tx+\beta Ty \tag{1·27}$$

を満足するときに T を**加法的作用素** (additive operator) という．このとき

$$\mathfrak{D}(T)=\mathfrak{D},\quad \mathfrak{W}(T)=\{y\,;\,y=Tx,\ x\in\mathfrak{D}\}$$

をそれぞれ T の**定義域** (domain)，**値域** (range, Wertvorrat) という．特に $\mathfrak{W}(T)$ が (Hilbert 空間としての) 複素数体[1]に属するときに T を加法

1) 内積 (α,β) を $\alpha\bar{\beta}$ で定義して

的汎函数 (additive functional) ということもある． 加法的作用素 T の連続性は条件

$$x_n,\ x\epsilon\mathfrak{D}(T)\ \text{かつ}\ x_n\to x\ \text{ならば}\ Tx_n\to Tx \tag{1·28}$$

によって定義される．このとき

定理 1·5 加法的作用素 T が連続なための必要かつ十分な条件は

$$\text{すべての}\ x\epsilon\mathfrak{D}(T)\ \text{に対して}\ \|Tx\|\leqq\gamma\|x\| \tag{1·29}$$

の成立つような正数 γ の存在することである．

証明 まず $T\cdot 0=T(x-x)=Tx-Tx=0$ に注意する．（必要） $\|Tx_n\|>n\|x_n\|$ であるような点列 $\{x_n\}$ が存在したとすると上の注意から $x_n\neq 0$. よって $y_n=x_n/\sqrt{n}\,\|x_n\|$ を考えることができるが，このとき

$$\|y_n\|=1/\sqrt{n}\to 0,\quad \|Ty_n\|>n\|x_n\|/\sqrt{n}\,\|x_n\|=\sqrt{n}$$

となるから T の 0 における連続性に反する．

$$\text{（十分）}\qquad \|Tx_n-Tx\|=\|T(x_n-x)\|\leqq\gamma\|x_n-x\|$$

有界作用素 $\mathfrak{D}(T)=\mathfrak{H}$ なる如き加法的作用素 T についてはその連続性は $\{\|Tx\|\}$ が $\|x\|\leqq 1$（原点を中心半径 1 の球）において有界なことと同等なことが上に示された．よって $\mathfrak{D}(T)=\mathfrak{H}$ なる如き加法的連続作用素を**有界作用系** (bounded additive operator) とよぶことにする． このような T に対して (1·29) の成立つような γ の下限を $\|T\|$ で表わし T の**ノルム**とよぶ． T の加法性から

$$\|T\|=\sup_{\|x\|\leqq 1}\|Tx\|^{1)} \tag{1·30}$$

逆作用素 加法的作用素 T が $\mathfrak{D}(T)$ と $\mathfrak{W}(T)$ との間の一対一対応を与えるための必要かつ十分な条件は

$$Tx=0\ \text{ならば}\ x=0\ \text{である．} \tag{1·31}$$

この条件が満足されているときには写像 $T: x\to Tx$ の逆写像として得られる T^{-1} は

$$T^{-1}(Tx)=x,\quad x\epsilon\mathfrak{D}(T)\ ;\ T(T^{-1}y)=y,\quad y\epsilon\mathfrak{W}(T) \tag{1·32}$$

1) sup＝supremum＝the least upper bound＝上限
inf＝infimum＝the greatest lower bound＝下限

を満足する加法的作用素である —— $\mathfrak{D}(T^{-1})=\mathfrak{W}(T), \mathfrak{W}(T^{-1})=\mathfrak{D}(T)$. T^{-1} を T の**逆作用系** (inverse operator) という.

定理 1·6　加法的作用素 T が連続な逆作用素 T^{-1} をもつための必要かつ十分な条件は

$$\text{すべての } x\in\mathfrak{D}(T) \text{ に対して } \|Tx\|\geqq\beta\|x\| \tag{1·33}$$

なる如き正数 β の存在することである.

証明は定理 1·5 を使えばよい.

作用系の和，積　$\mathfrak{D}(T), \mathfrak{D}(S)\subset\mathfrak{H}$ かつ $\mathfrak{W}(T), \mathfrak{W}(S)\subset\mathfrak{H}_1$ であるような加法的作用素 T, S の和 $T+S$ を

$$(T+S)x=Tx+Sx,\quad x\in\mathfrak{D}(T)\cap\mathfrak{D}(S)^{1)}$$

によって定義する．また αT を

$$(\alpha T)x=\alpha(Tx),\quad x\in\mathfrak{D}$$

によって定義する．ただし $\alpha=0$ ならば $\alpha T=0$ (すべての $x\in\mathfrak{H}$ に対して $\alpha T\cdot x=0$) とする．次に $\mathfrak{D}(U)\subset\mathfrak{H}_1$ ならば US の積を (積の順序に注意)

$$(UT)x=U(Tx),\quad \mathfrak{D}(UT)=\{x\,;\, x\in\mathfrak{D}(T) \text{ かつ } Tx\in\mathfrak{D}(U)\}$$

によって定義する．特に $\mathfrak{D}(T), \mathfrak{W}(T)$ ともに $\subset\mathfrak{H}$ なるとき TT を T^2 と書き，なお一般に $T^n=TT^{n-1}$ によって T の冪を定義する.

---

1)　集合 A と集合 B との共通集合を $A\cap B$ でまた和集合を $A\cup B$ で表わす.

第2章　凸集合，射影，Riesz の定理

2·1　一つの極値定理

まず三角形の中線定理を証明する．

定理 2·1　Hilbert 空間 $\mathfrak{H}$ においては次の等式が成立つ．

$$\|x+y\|^2+\|x-y\|^2=2(\|x\|^2+\|y\|^2) \tag{2·1}$$

証明　$\|x+y\|^2=(x+y,\ x+y)=\|x\|^2+(x,\ y)+(y,\ x)+\|y\|^2$，$\|x-y\|^2=(x-y, x-y)=\|x\|^2-(x, y)-(y, x)+\|y\|^2$ から明らか．

凸集合　Hilbert 空間 $\mathfrak{H}$ の部分集合 $\mathfrak{K}$ は

$$x, y\in\mathfrak{K} \text{ かつ } 1\geqq\alpha\geqq 0 \text{ ならば } \alpha x+(1-\alpha)y\in\mathfrak{K} \tag{2·2}$$

を満足するときに**凸集合**（convex set）であるといわれる．

定理 2·2　$\mathfrak{H}$ の凸集合 $\mathfrak{K}$ に対して

$$\alpha=\inf_{x\in\mathfrak{K}}\|x\| \tag{2·3}$$

とおくと $x_n\in\mathfrak{K}$ かつ $\lim_{n\to\infty}\|x_n\|=\alpha$ なる $\mathfrak{K}$ の **極小点列** (minimal sequence) $\{x_n\}$ を選ぶことができるはずである．このとき $\{x_n\}$ は Cauchy の収束条件を満足する．

証明　(2·1) から

$$\|(x_n-x_m)/2\|^2=\|x_n\|^2/2+\|x_m\|^2/2-\|(x_n+x_m)/2\|^2$$

ところが $(x_n+x_m)/2$ は $\in\mathfrak{K}$ であるから，そのノルム $\geqq\alpha$．よって左辺の $\overline{\lim}_{n,m\to\infty}$ は $\leqq\alpha^2/2+\alpha^2/2-\alpha^2=0$.

直交　$(x, y)=0$ であるときベクトル y はベクトル x に直交するといい $x\perp y$ と書く．$x\perp y$ ならば $y\perp x$ である．$\mathfrak{H}$ の部分集合 $\mathfrak{M}$ に対し $\mathfrak{M}^\perp=\{x\,;\,x\perp y, y\in\mathfrak{M}\}$ とおく．

定理 2·2　$\mathfrak{M}^\perp$ は閉部分空間である．

証明　部分空間であることは (1·11)—(1·12) からわかる．閉なことは定理 1.2 から明らか．

定理 2·3　$\mathfrak{H}$ と一致しない閉部分空間 $\mathfrak{M}$ に対して $\mathfrak{M}^\perp\neq\{0\}$ である．

すなわち $g \neq 0$ が存在して $g \in \mathfrak{M}^{\perp}$.

証明 $y \bar{\in} \mathfrak{M}$ として凸集合 $\mathfrak{K}=\{y-x\,;\,x\in\mathfrak{M}\}$ を考える．定理 2·1 によって

$$\alpha=\inf_{x\in\mathfrak{M}}\|y-x\|,\ \lim_{n\uparrow\infty}\|y-x_n\|=\alpha,\ \{x_n\}\supset\mathfrak{M}$$

とするとき $\{y-x_n\}$ は，したがって $\{x_n\}$ は Cauchy の収束条件を満足する．$\mathfrak{H}$ の完備性から $\lim_{n\to\infty}x_n=x_\infty$ なる如き x_∞ が存在する．$\mathfrak{M}$ が閉集合であるから $x_\infty\in\mathfrak{M}$. しかし $y-x_\infty-(y-x_n)=x_n-x_\infty$ であるから $\lim_{n\to\infty}(y-x_n)=y-x_\infty$. よって $y\bar{\in}\mathfrak{M}$ と $\alpha=\lim_{n\to\infty}\|y-x_n\|=\|y-x_\infty\|$ とから $\alpha>0$. したがって $g=y-x_\infty\neq 0$.

$g\in\mathfrak{M}^{\perp}$ を証明すればよい．$x\in\mathfrak{M}$ ならば $x_\infty+\lambda x\in\mathfrak{M}$. よってすべての実数に対して[1)]

$$\alpha^2\leqq\|y-x_\infty-\lambda x\|^2=\|g-\lambda x\|^2=\|g\|^2-2\lambda\Re(g,x)+\lambda^2\|x\|^2$$

$\alpha=\|g\|$ であるから

$$\lambda^2\|x\|^2-2\lambda\Re(g,x)\geqq 0$$

これから $\Re(g,x)=0$. x の代りに ix を代入して $\Im m(g,x)=0$ をも得て結局 $g\perp x$.

2·2 射影，Riesz（リース）の定理

定理 2·4 $\mathfrak{H}$ の部閉分空間 $\mathfrak{M}$ が与えられたとき任意の $y\in\mathfrak{H}$ は

$$y=x+z,\quad x\in\mathfrak{M},\quad z\in\mathfrak{W}^{\perp} \qquad (2\cdot4)$$

と一意的に分解される．

証明 $y\bar{\in}\mathfrak{M}$ ならば前定理の x_∞ を用い $y=x_\infty+(y-x_\infty)$ とおけばよい．また $y\in\mathfrak{M}$ ならば $y=y+0$ とおけばよい．分解の一意性は $w\in\mathfrak{M}$ かつ $\in\mathfrak{M}^{\perp}$ ならば $w\perp w$ となって $w=0$ となることからわかる．すなわち $y=x+z=x_1+z_1$, $x\in\mathfrak{M}$, $x_1\in\mathfrak{M}$, $z\in\mathfrak{M}^{\perp}$, $z_1\in\mathfrak{M}^{\perp}$ として $w=x-x_1=z_1-z$ とおくと $w=0$.

射影 分解 (2·4) における x を y の $\mathfrak{M}$ への**射影** (projection) といい，$x=P(\mathfrak{M})y$ と書いて $P(\mathfrak{M})$ を**射影作用素** (projector) とよぶ．

定理 2·5 射影作用素 P は有界作用素でありかつ

$$P^2=P \qquad (冪等性) \qquad (2\cdot5)$$

1) $\Re(\beta)$, $\Im m(\beta)$ はそれぞれ β の実数部，虚数部を示す．

$$(Px, y)=(x, Py) \qquad (\text{対称性}) \tag{2·6}$$

を満足する．逆に (2·5)—(2·6) を満足する有界作用素 P は射影作用素である．

証明 射影の定義から (2·5) は明らか．また射影の定義からすべての $y\epsilon\mathfrak{H}$ に対して

$$P(\mathfrak{M})y+P(\mathfrak{M}^{\perp})y=y \tag{2·7}$$

したがって $P(\mathfrak{M})y\perp P(\mathfrak{M}^{\perp})y$ を用い

$$\begin{aligned}(P(\mathfrak{M})x, y)&=(P(\mathfrak{M})x, P(\mathfrak{M})y+P(\mathfrak{M}^{\perp})y)=(P(\mathfrak{M})x, P(\mathfrak{M})y)\\&=(P(\mathfrak{M})x+P(\mathfrak{M}^{\perp})x, P(\mathfrak{M})y)=(x, P(\mathfrak{M})y)\end{aligned}$$

しかし $P(\mathfrak{M})$ の加法性は分解 (2·4) の一意性からわかる．また有界なことは

$$\begin{aligned}\|x\|^2&=\|P(\mathfrak{M})x+P(\mathfrak{M}^{\perp})x\|^2=(P(\mathfrak{M})x+P(\mathfrak{M}^{\perp})x, P(\mathfrak{M})x+P(\mathfrak{M}^{\perp})x)\\&=\|P(\mathfrak{M})x\|^2+\|P(\mathfrak{M}^{\perp})x\|^2\geqq\|P(\mathfrak{M})x\|^2\end{aligned}$$

から明らかである．

逆の部分の証明 $\mathfrak{W}(P)=\mathfrak{M}$ とすれば，$x\epsilon\mathfrak{M}$ なるとき $x=Py=P^2y=Px$．したがって $x\epsilon\mathfrak{M}$ と $x=Px$ とは同等である．$\mathfrak{M}$ が閉なことは，$\{x_n\}\subset\mathfrak{M}$, $x_n\to y$ とすると P の有界性から $x_n=Px_n\to Py$ となり，したがって $Py=y$ となることからわかる．$P=P(\mathfrak{M})$ の証明は次のようにするとよい．$x\epsilon\mathfrak{M}$ ならば $Px=x=P(\mathfrak{M})x$．また $y\epsilon\mathfrak{M}^{\perp}$ ならば $P(\mathfrak{M})y=0$ 及び $(Py, Py)=(y, P^2y)=(y, Py)=0$ すなわち $Py=0$ を得る．よって (2·7) と $P, P(\mathfrak{M})$ の加法性とによって P と $P(\mathfrak{M})$ とが一致しなければならない．

定理 2·6 (F. Riesz)[1] $\mathfrak{H}$ で定義せられた有界な加法的汎函数 $f(x)$ に対して $y_f\epsilon\mathfrak{H}$ を選んで

$$\text{すべての } x\epsilon\mathfrak{H} \text{ に対して } f(x)=(x, y_f) \tag{2·8}$$

の成立つようにできる．しかもこの y_f は f に対して一意的に定まる．逆に任意の $y\epsilon\mathfrak{H}$ に対して $f(x)=(x, y)$ は有界加法的汎函数である．

証明 f の連続性と加法性とによって $\mathfrak{M}=\{x\,;\,f(x)=0\}$ は閉部分空間であ

1) Zur Theorie des Hilbertschen Raumes, Acta Sci. Math. Szeged 7 (1934), 34—38.

る．$f(x)\equiv 0$ ならば $y_f=0$ ととればよいから，$f(x)\not\equiv 0$ したがって $\mathfrak{M}\neq\mathfrak{H}$ として証明する． 定理 2·3 によって $y_0\in\mathfrak{M}^{\perp}$ かつ $\|y_0\|=1$ を満足する y_0 が存在する．

$$y_f=\overline{f(y_0)}y_0 \tag{2·8$'$}$$

が求めるものである．まず $x\in\mathfrak{M}$ または $x=\alpha y_0$ ならば明らかに $f(x)=(x,y_f)$．ところが任意の x に対して $x_0=x-y_0f(x)/f(y_0)$ とおけば $f(x_0)=0$ となり $x_0\in\mathfrak{M}$．故に

$$\begin{aligned}0=f(x_0)&=(x_0,y_f)=(x,y_f)-(y_0,y_f)f(x)/f(y_0)\\&=(x,y_f)-f(x)\end{aligned}$$

y_f が一意的に定まることは $\mathfrak{H}^{\perp}=\{0\}$ からわかる．最後に定理の逆は (1·11)—(1·12) 及び (1·15) から容易に証明される．

第3章　Riesz の定理の応用 1

(Lebesgue-Nikodym の定理)

3·1　Lebesgue (ルベック) 式積分の説明

σ-加法的集合系　抽象集合 Ω の部分集合のある系 $\mathfrak{A}$ が次の条件を満足するときに $\mathfrak{A}$ を σ-加法的集合系という：

$$\Omega \epsilon \mathfrak{A}\,;\ A \epsilon \mathfrak{A} \text{ ならば補集合 } A^C = \Omega - A \epsilon \mathfrak{A}\,; \tag{3·1}$$

$$A_i \epsilon \mathfrak{A}\ (i=1,2,\cdots) \text{ ならば和集合 } \bigcup_{i=1}^{\infty} A_i \epsilon \mathfrak{A}$$

一般に de Morgan (ド・モルガン) の公式

$$\Omega - \bigcup_{i=1}^{\infty} A_i = \text{共通集合 } \bigcap_{i=1}^{\infty} (\Omega - A_i) \tag{3·2}$$

が成立つから $\Omega - A \epsilon \mathfrak{A}$, $\Omega - (\Omega - A) = A$ を用い

$$A_i \epsilon \mathfrak{A} (i=1,2,\cdots) \text{ ならば } \bigcap_{i=1}^{\infty} A_i \epsilon \mathfrak{A} \tag{3·1$'$}$$

であることもわかる.

可測函数　Ω の上で定義せられた実数値函数 $x(t)$ はすべての実数 α に対して $\{t\,;\,x(t) < \alpha\} \epsilon \mathfrak{A}$ なるとき **$\mathfrak{A}$-可測** (measurable) であるといわれる. $x(t)$ の値として $-\infty$, ∞ をとることも許すこととしておく.

測度　$\mathfrak{A}$ の各集合 A に対して負ならざる実数 $\varphi(A)$ が対応させられかつ σ-加法性：

$$\varphi\left(\sum_{i=1}^{\infty} A_i\right)^{1)} = \sum_{i=1}^{\infty} \varphi(A_i) \tag{3·3}$$

が成立つならば φ を集合系 $\mathfrak{A}$ の上で定義せられた**測度** (measure) という. ただし $\varphi(A)$ の値として ∞ をも許すが, もし $\varphi(\Omega) = \infty$ ならば Ω が

$$\Omega = \bigcup_{i=1}^{\infty} A_i,\ \varphi(A_i) < \infty \tag{3·4}$$

の如く表わされることを仮定する.

Lebesgue 式積分　負の値をとらない $\mathfrak{A}$-可測函数 $x(t)$ の測度 φ による **Lebesgue 式積分**を次のように定義する. Ω を $\mathfrak{A}$ に属するような集合の有限

---

1)　二つ宛は互いに共通点のないような集合の和集合を $\sum_{\alpha} A_{\alpha}$ と書いて A_{α} の**直和**とよぶ.

個の直和に分割して

$$\Omega=\sum_{i=1}^{n}A_i,\quad A_i\in\mathfrak{A}(i=1,2,\cdots,n) \tag{3·5}$$

としこの分割を $\varDelta$ とよぶことにする．この分割 $\varDelta$ に応じて

$$s_\varDelta=\sum_{i=1}^{n}x_i\varphi(A_i),\quad x_i=\inf_{t\in A_i}x(t) \tag{3·6}$$

を作る．ただし $0\cdot\infty=\infty\cdot 0=0$ として $s_\varDelta$ を計算する．上のような Ω の分割 $\varDelta$ のすべてに関する $s_\varDelta$ の値の上限が有限ならば，その値を

$$\int_\Omega x(t)\varphi(dt) \tag{3·7}$$

と書いて $x(t)$ の φ による Ω における**定積分**という．またこのとき $x(t)$ は Ω において φ-**可積分**であるという．もしも $x(t)$ の符号が一定でないときには

$$x(t)=x^+(t)-x^-(t) \tag{3·8}$$

ただし　$x^+(t)=(|x(t)|+x(t))/2,\quad x^-(t)=(|x(t)|-x(t))/2$

とおいて，$x^+(t), x^-(t)$ が双方ともに φ-可積分であるときに $x(t)$ が φ-可積分であるといい，その積分の値を

$$\int_\Omega x(t)\varphi(dt)=\int_\Omega x^+(t)\varphi(dt)-\int_\Omega x^-(t)\varphi(dt) \tag{3·9}$$

によって定義する．よって $x(t)$ が φ-可積分ということと $|x(t)|$ が φ-可積分ということとは同等である．

ほとんど到る所　$\varphi(A)=0$ なる如き集合 $A\in\mathfrak{A}$ に含まれるような集合 $\subset\Omega$ を φ-測度 0 の集合または φ-**零集合** (null set) といい，φ-零集合はすべて $\mathfrak{A}$ に属するものと仮定しておく．変数 $t\in\Omega$ に関係した事柄がある φ-零集合に属さないような t のすべてにおいては成立つときに，この事柄は（Ω の上）φ-**ほとんど到る所** (almost everywhere) 成立つという．

積分の諸性質　$\Omega=(-\infty,\infty)$ の場合の通常の Lebesgue 積分と同じく次の諸事実の成立つことを証明することができる[1]．

加法性：　$x(t), y(t)$ が双方ともに φ-可積分ならば $\alpha x(t)+\beta y(t)$ も φ-

1) 例えば S. Saks : Theory of the the Integral, New York (1937) または P. Halmos : Measure Theory, New York (1950).

可積分で

$$\int_{\Omega}\{\alpha x(t)+\beta y(t)\}\varphi(dt)=\alpha\int_{\Omega}x(t)\varphi(dt)+\beta\int_{\Omega}y(t)\varphi(dt)$$

正値性： φ–可積分な $x(t)$ が φ–ほとんど到るところ $\geqq 0$ ならば $\int_{\Omega}x(t)\varphi(dt)\geqq 0$ かつ $\int_{\Omega}x(t)\varphi(dt)=0$ となるのは φ–ほとんど到るところ $x(t)=0$ であるときに限る．

Lebesgue–Fatou の定理： φ–可積分な函数の列 $\{x_i(t)\}$ のすべての函数 $x_i(t)$ に対して φ–ほとんど到るところ $x(t)\geqq x_i(t)$（または $x(t)\leqq x_i(t)$）であるような φ–可積分函数 $x(t)$ が存在するときには

$$\int_{\Omega}\{\overline{\lim_{i\to\infty}}\,x_i(t)\}\varphi(dt)\geqq\overline{\lim_{i\to\infty}}\int_{\Omega}x_i(t)\varphi(dt)$$

$$\left(\text{または}\int_{\Omega}\{\underline{\lim_{i\to\infty}}\,x_i(t)\}\varphi(dt)\leqq\underline{\lim_{i\to\infty}}\int_{\Omega}x_i(t)\varphi(dt)\right)$$

ただし $\overline{\lim_{i\to\infty}}\,x_i(t)$（または $\underline{\lim_{i\to\infty}}\,x_i(t)$）が φ–可積分でないとき両辺ともに $-\infty$（または両辺ともに ∞）．

3·2 Lebesgue–Nikodym（ニコディム）の定理の証明

前 § と同様にして任意の $A\in\mathfrak{A}$ における定積分 $\int_A x(t)\varphi(dt)$ が定義される．$x(t)$ が Ω において φ–可積分ならば，$x(t)$ はすべての $A\in\mathfrak{A}$ において可積分である．このとき

$$X(A)=\int_A x(t)\varphi(dt) \tag{3·10}$$

を $\mathfrak{A}$ の上で定義せられた実数値の函数と考えて（φ–による）**不定積分**という．

不定積分の特徴 不定積分（3·10）は σ 加法的：

$$X\left(\sum_{i=1}^{\infty}A_i\right)=\sum_{i=1}^{\infty}X(A_i) \tag{3·11}$$

かつ **φ–絶対連続**（absolutely continuous）である：

$$\varphi(A)=0 \text{ ならば } X(A)=0 \tag{3·12}$$

逆に σ–加法的かつ φ–絶対連続な $X(A)$ は（φ による）不定積分であることを主張するのが標題にいう **Lebesgue–Nikodym の定理**である．すなわち

定理 3·1 (Lebesgue–Nikodym) $\mu(A)$ 及び $\nu(A)$ を $\mathfrak{A}$ の上で定義せら

れた測度とし $\nu(\Omega)<\infty$ かつ ν が μ–絶対連続 ($\mu(A)=0$ ならば $\nu(A)=0$) とする. このとき μ–可積分な $\mathfrak{A}$–可測函数 $p(t)$ が存在して

$$\nu(A)=\int_A p(t)\mu(dt), \quad A\in\mathfrak{A} \tag{3·13}$$

が成立つ.

証明 $\mu(\Omega)<\infty$ と仮定して証明する. 測度

$$\rho(A)=\mu(A)+\nu(A) \tag{3·14}$$

に関して $|x(x)|^2$ が可積分であるような $\mathfrak{A}$–可測函数 $x(t)$ の全体 $L^2(\Omega\,;\,\rho)$ が作る Hilbert 空間を考える[1]. このとき

$$f(x)=\int_\Omega x(t)\nu(dt), \quad x\in L^2(\Omega\,;\,\rho) \tag{3·15}$$

は $L^2(\Omega\,;\,\rho)$ の上で定義せられた有界な加法的汎函数である. 何者, Schwarz の不等式で

$$|f(x)|\leqq\int_\Omega|x(t)|\nu(dt)\leqq\left(\int_\Omega|x(t)|^2\nu(dt)\right)^{1/2}\left(\int_\Omega 1\cdot\nu(dt)\right)^{1/2}$$

$$\leqq\|x\|_\rho\cdot\nu(\Omega)^{1/2}, \quad \text{ただし } \|x\|_\rho=\left(\int_\Omega|x(t)|^2\rho(dt)\right)^{1/2}$$

を得るからである[2]. 故に Riesz の定理 2·6 によって $y\in L^2(\Omega\,;\,\rho)$ が存在してすべての $x(t)\in L^2(\Omega\,;\,\rho)$ に対して

$$\int_\Omega x(t)\nu(dt)=\int_\Omega x(t)\overline{y(t)}\rho(dt)$$

$$=\int_\Omega x(t)\overline{y(t)}\mu(dt)+\int_\Omega x(t)\overline{y(t)}\nu(dt)$$

が成立つ. 以下 $x(t)$ は $\geqq 0$ として両辺の実数部分を考え $y(t)$ は実数値函数であると考えても差支えない. よって

$$\left.\begin{array}{l} x(t)\in L^2(\Omega\,;\,\rho) \text{ かつ } x(t)\geqq 0 \text{ なるとき} \\ \displaystyle\int_\Omega x(t)(1-y(t))\nu(dt)=\int_\Omega x(t)y(t)\mu(dt) \end{array}\right\} \tag{3·16}$$

1) 内積 $(x,y)_\rho=\int_\Omega x(t)\overline{y(t)}\rho(dt)$ として

2) 測度 ν,μ は負の値をとらないとしてある (前 §) から $\rho(A)\geqq\nu(A)$, $\mu(A)$。

次に (3·16) を利用して

$$\rho\text{-ほとんど到るところ}\quad 0 \leqq y(t) < 1 \tag{3·17}$$

を証明する. $\{t\,;\,y(t)<0\}=E_1$, $\{t\,;\,y(t)\geqq 1\}=E_2$ とおく. (3·16) において

$$x(t)=\begin{cases}1, & t\in E_1\\ 0, & t\bar{\in} E_1\end{cases}$$

とすると左辺 $\geqq 0$ であるから右辺すなわち $\int_{E_1} y(t)\mu(dt)\geqq 0$. E_1 において $y(t)\leqq 0$ であるから $\mu(E_1)=0$ でなければならない. また (3·16) において

$$x(t)=\begin{cases}1, & t\in E_2\\ 0, & t\bar{\in} E_2\end{cases}$$

とすると左辺 $\leqq 0$ であるから右辺すなわち $\int_{E_2} y(t)\mu(dt)\leqq 0$. E_2 において $y(t)\geqq 1$ であるから $\mu(E_2)=0$ でなければならない. 故に ν がμ-絶対連続という仮定から $\nu(E_1)=0$, $\nu(E_2)=0$ となり, $\rho(E_1)=\rho(E_2)=0$.

いま $x(t)$ を $\mathfrak{A}$-可測かつ $\geqq 0$ とし

$$x_n(t)=\begin{cases}x(t), & x(t)\leqq n \text{ なるとき}\\ n, & x(t)>n \text{ なるとき}\end{cases}$$

とおけば $\rho(\Omega)<\infty$ によって $x_n\in L^2(\Omega\,;\,\rho)$ である. よって (3·16) から

$$\int_\Omega x_n(t)(1-y(t)\nu(dt)=\int_\Omega x_n(t)y(t)\mu(dt) \quad (n=1,2,\cdots)$$

(3·17) によって被積分函数は ρ-（したがって ν- 及び μ-）ほとんど到るところ $\geqq 0$ である. 被積分函数は n とともに単調増加するから,

$$\lim_{n\to\infty}\int_\Omega x_n(t)(1-y(t))\nu(dt)=\lim_{n\to\infty}\int_\Omega x_n(t)y(t)\mu(dt)=L \tag{3·18}$$

また Lebesgue–Fatou の定理を $\geqq 0$ なる被積分函数に応用して

$$\left.\begin{aligned}L &\geqq \int_\Omega (\varliminf_{n\to\infty} x_n(t)(1-y(t))\nu(dt)=\int_\Omega x(t)(1-y(t))\nu(dt),\\ L &\geqq \int_\Omega (\varliminf_{n\to\infty} x_n(t)y(t))\mu(dt)=\int_\Omega x(t)y(t)\mu(dt)\end{aligned}\right\} \tag{3·19}$$

ただし $x(t)(1-y(t))$が ν-可積分でないときは L も右辺も ∞ として——$x(t)\ y(t)$の方も同様にして.

もし $x(t)y(t)$ が μ-可積分ならば Lebesgue-Fatou の定理によって

$$L \leqq \int_\Omega (\overline{\lim_{n\to\infty}} x_n(t)y(t))\mu(dt) = \int_\Omega x(t)y(t)\mu(dt) \tag{3·20}$$

またもし $x(t)y(t)$ が μ-可積分でないならば，右辺$=\infty$ と約束して (3·20) が成立つ．同様にして $x(t)(1-y(t))$ が ν-可積分でないときには $\int_\Omega x(t)(1-y(t))\nu(dt)=\infty$ と約束して，つねに

$$L \leqq \int_\Omega x(t)(1-y(t))\nu(dt) \tag{3·21}$$

が成立つ．(3·18)―(3·21) から

$x(t)$ が$\mathfrak{A}$-可測かつ $\geqq 0$ とすれば

$$\int_\Omega x(t)(1-y(t))\nu(dt) = \int_\Omega x(t)y(t)\mu(dt) \tag{3·16)'}$$

ただし $x(t)(1-y(t))$ が ν-可積分でないならば，$x(t)y(t))$ も μ-可積分でないし，$x(t)y(t)$ が μ-可積分でないならば $x(t)(1-y(t))$ も ν-可積分でないことになって (3·16)′ の両辺を $=\infty$ とすることにして，

ここにおいて

$$x(t)(1-y(t))=z(t),\quad y(t)/(1-y(t))=p(t)$$

とおくと，(3·16)′ と同様なただし書きのもとに

$z(t)$ が $\mathfrak{A}$-可測かつ $\geqq 0$ とすれば，　(3·16)″

$$\int_\Omega z(t)\nu(dt) = \int_\Omega z(t)p(t)\mu(dt)$$

故に

$$z(t)=\begin{cases} 1, & t\in A \\ 0, & t\bar{\in} A \end{cases}$$

とおいて $\nu(A)=\int_A p(t)\mu(dt)$ が得られた．

注　上には $\nu(\Omega)<\infty$, $\mu(\Omega)<\infty$ とした．この制限がなくて $\mu(\Omega)=\infty$ としても μ が (3·4) を満足するときには，$\nu(A)$ が μ による不定積分であることを（上の $\mu(\Omega)<\infty$ なる特別の場合から容易に）導くことができるのであるがここには省く，ついでながら上の証明は J. von Neumann : On rings of operators, III, Annals of Math., 41, No.1 (1940), p.127 による．

第4章　Riesz の定理の応用 2
（再　生　核）

4·1　再生核の定義及び存在定理

再生核[1]　抽象集合 Ξ の上で定義せられた複素数値函数 $f(x)$ のある系 $\mathfrak{K}$ が Hilbert 空間であるとし，その内積 (f,g) を x の函数 $f(x)$ と $g(x)$ との内積ということを明示するために，

$$(f,g)=(f(x),g(x))_x \tag{4·1}$$

と書くことにする．このとき二変数 $x,y\in\Xi$ の複素数値函数 $K(x,y)$ が次の二条件を満足するときに K を $\mathfrak{K}$ の再生核（reproducing kernel）という：

任意の $y\in\Xi$ に対して $K(x,y)$ は x の函数として $\mathfrak{K}$ に属する　(4·2)

任意の $y\in\Xi$ と任意の $f\in\mathfrak{K}$ とに対して

$$f(y)=(f(x),\quad K(x,y))_x \tag{4·3}$$

したがって，もちろん

$$\overline{f(y)}=(K(x,y),\ f(x))_x \tag*{(4·3)′}$$

定理 4·1　もしも $\mathfrak{K}$ の再生核が存在すれば，それは一意的に定まる．

証明　$K(x,y)$, $K_1(x,y)$ を $\mathfrak{K}$ の再生核とすれば，任意の $y_0\in\Xi$ に対して

$$\begin{aligned}\|K(x,y_0)-K_1(x,y_0)\|^2&=(K(x,y_0)-K_1(x,y_0),K(x,y_0)-K_1(x,y_0))_x\\&=(K(x,y_0)-K_1(x,y_0),K(x,y_0))_x\\&\qquad-(K(x,y_0)-K_1(x,y_0),K_1(x,y_0))_x\end{aligned}$$

であるが，右辺第一項は K が再生核であることから

$$=K(y_0,y_0)-K_1(y_0,y_0)$$

また右辺第二項も K' が再生核であることか

$$=K(y_0,y_0)-K_1(y_0,y_0)$$

したがって $\|K(x,y_0)-K_1(x,y_0)\|^2=0$ となり，各 $y_0\in\Xi$ に対して $\mathfrak{K}$ の元素として $K(x,y_0)=K_1(x,y_0)$ すなわち $K(x,y)\equiv K_1(x,y)$.

---

1)　N. Aronszajn : Theory of reproducing kernels, Trans. Amer. Math. Soc. 68 (1950), 337–404

定理 4・2　$\mathfrak{K}$ に再生核 K が存在するための必要かつ十分な条件は，任意の $y_0 \in \Xi$ に対して

$$|f(y_0)| \leqq C_{y_0} \cdot \|f\|, \quad f \in \mathfrak{K} \tag{4·4}$$

であるような $f \in \mathfrak{K}$ に無関係な定数 C_{y_0} が存在することである．この条件は $f(y_0)$ が $f \in \mathfrak{K}$ の有界な加法的汎函数になるということと同等である．

証明　（必要）$f(y_0) = (f(x),\ K(x, y_0))_x$ に Schwarz 不等式 (1·15) を応用して

$$|f(y_0)| \leqq \|f\| \cdot (K(x, y_0), K(x, y_0))_x{}^{1/2} = \|f\| \cdot K(y_0, y_0)^{1/2} \tag{4·5}$$

（十分）Riesz の定理 2·6 によって $\mathfrak{K}$ に属する $g_{y_0}(x)$ が存在して

$$f(y_0) = (f(x), g_{y_0}(x))_x$$

したがって $K(x, y) = g_y(x)$ とすればよい．

注意　$\mathfrak{K}$ に再生核 K が存在するならば

$$\max_{\|f\|=1} |f(g_0)| = \mathrm{K}(y_0, y_0)^{1/2} \tag{4·6}$$

しかして，この最大値を実際にとる函数は $|\rho|=1$ として $f_0(x) = \rho K(x, y_0)/K(y_0, y_0)^{1/2}$ の如きものに限る．

証明　(4·5) の証明から $\sup\limits_{\|f\|=1} |f(y_0)| \leqq K(y_0, y_0)^{1/2}$ は明らか．同じく (4·5) において等号の成立つのは，定理 1·1 の注意に示すように $f(x) = \lambda_0 K(x, y_0)$ なる定数 λ_0 の存在するときに限る．ここにおいて $\|f\|=1$ という条件をつけると

$$1 = |\lambda_0|(K(x, y_0), K(x, y_0))^{1/2} = |\lambda_0| K(y_0, y_0)^{1/2}$$

となって $|\lambda_0| = K(y_0, y_0)^{-1/2}$．すなわち $f_0(x) = \rho K(x, y_0)/K(y_0, y_0)^{1/2}$．

4·2　Bergman の核函数

定理 4·3　$A^2(G)$ は再生核 K をもつ．この $K(x, y)$ を $K_G(x, y)$ と書いて領域 G に関する Bergman の**核函数** (kernel function) とよぶ．

証明　(1·25)′ と定理 4·2 とから明らかである．

Bergman の核函数の函数論的意義　G を単一連結[1]な有界開領域とし $z_0 \in G$

1)　G の内部に画いた任意の閉曲線が G の内部での連続的変形で一点に縮少し得ること．

とすれば，Riemann の写像定理[1]によって，G を w-平面の開いた球 $|w|<\rho_G$ に一対一に写すような正則函数 $w=f_0(z\,;\,z_0)$ で

$$f_0(z_0\,;\,z_0)=0,\quad (df_0(z\,;\,z_0)/dz)_{z=z_0}=1 \tag{4·7}$$

を満足するものが存在する．このとき

定理 4·4 (Bergman)

$$f_0(z\,;\,z_0)=K_G(z_0\,;\,z_0)^{-1}\int_{z_0}^{z}K_G(t,z_0)dt \tag{4·8}$$

ここに $\int_{z_0}^{z}dt$ は G 内で z_0 を z に結ぶ長さのある曲線に沿うての曲線積分である．

証明 (第一段) G において一価正則で $f'\epsilon A^2(G)$ かつ

$$f(z_0)=0,\quad f'(z_0)=1 \tag{4·9}$$

を満足するような $f(z)$ の全体を $\mathfrak{F}_G$ とおき各 $f(z)\epsilon\mathfrak{F}_G$ に対して

$$A_f=\iint_G|f'(z)|^2dxdy=\|f'\|^2,\quad z=x+iy \tag{4·10}$$

を作る．A_f は $w=f(z)$ によって G を w-平面に写像した像の面積（ただし n 重に写されたところは n 倍に数えることにして）である．実際

$$w=f(z)=u(x,y)+iv(x,y)$$

とすると Cauchy-Riemann の偏微分方程式

$$u_x=v_y,\quad u_y=-v_x$$

によって Jacobi 行列式

$$\frac{\partial(u,v)}{\partial(x,y)}=u_xv_y-v_xu_y=u_x{}^2+u_y{}^2=|u_x+iv_x|^2=|f'(z)|^2$$

となるからである．

Riemann の写像函数 $w=f_0(z\,;\,z_0)$ の逆函数を $z=\varphi(w)$ として変数変換をすれば，上に示した如く

$$dxdy=\frac{\partial(x,y)}{\partial(u,v)}dudv=|\varphi'(z)|^2dudv$$

であるから

1) 例えば吉田洋一：函数論（岩波全書）をみよ．

$$A_f=\iint_{|w|<\rho_G}|f'(\varphi(w))|^2|\varphi'(w)|^2dudv,\quad w=u+iv \tag{4·11}$$

となる．$f'(\varphi(w))\varphi'(w)$ は $F(w)=f(\varphi(w))$ を w に関して微分したものであり，かつ (4·7)，(4·9) によって $|w|<\rho_G$ における $F(w)$ の Taylor 展開は

$$F(w)=w+\sum_{n=2}^{\infty}a_nw^n \tag{4·12}$$

の如く w の項から始まる．故に $(1·25)'$ を得たときと同様にして

$$A_f=\iint_{|w|<\rho_G}|F'(w)|^2dudv=\iint_{|w|<\rho_G}|1+\sum_{n=2}^{\infty}na_nw^{n-1}|^2dudv$$

$$=\int_0^{\rho_G}dr\int_0^{2\pi}\{1+\sum_{n=2}^{\infty}n^2|a_n|^2r^{2n-2}\}rd\theta$$

$$=\pi\rho_G{}^2+\sum_{n=2}^{\infty}\pi n|a_n|^2\rho_G{}^{2n}$$

を得る．

故に $f(z)$ を $\mathfrak{F}_G$ の中に動かしたときの A_f の最小値は $\pi\rho_G{}^2$ であり，かつこの最小値 $\pi\rho_G{}^2$ は $F(w)=f(\varphi(w))\equiv w$ のときすなわち $f(z)\equiv f_0(z\,;\,z_0)$ であるときにのみ達せられる．

（第二段）おのおのの $f(z)\in\mathfrak{F}_G$ に対して $f(z)/\sqrt{A_f}=g(z)$ とおけば $A_g=\|g'(z)\|=1$ である．第一段から $A_f\geqq A_{f_0}=\pi\rho_G{}^2$ であるから，$g(z_0)=0$, $g'(z_0)>0$ かつ $\|g'(z)\|=1$ であるような $g(z)$ の中で $g'(z_0)$ の値が最大になるのは $g_0(z)=f_0(z\,;\,z_0)/\sqrt{A_{f_0}}=f_0(z\,;\,z_0)/\pi^{1/2}\rho_G$ にしてかつこのときに限る．したがって定理 4·2 の注意から $(|\lambda|=1)$

$$g_0{}'(z)=(\pi^{1/2}\rho_G)^{-1}df_0(z\,;\,z_0)/dz=\lambda K_G(z\,;\,z_0)/K_G(z\,;\,z_0)^{1/2}$$

ここにおいて $z=z_0$ とおいて

$$\lambda^{-1}(\pi^{1/2}\rho_G)^{-1}\cdot 1=K_G(z\,;\,z_0)/K_G(z_0\,;\,z_0)^{1/2}=K_G(z_0\,;\,z_0)^{1/2}$$

したがって

$$df_0(z\,;\,z_0)/dz=K_G(z_0\,;\,z_0)/K_G(z_0\,;\,z_0)$$

第5章　正規直交系

5·1　Schmidt（シュミット）の直交化定理

一次独立　線状空間の元 $x_1, x_2, \cdots, x_m$ が**一次独立**（linearly independent）であるとは，複素数 $\alpha_1, \alpha_2, \cdots, \alpha_m$ のすべては 0 でないならば**一次結合** $\sum_{i=1}^{m}\alpha_i x_i \neq 0$ なることをいう．またすべては 0 でない複素数 $\alpha_1, \alpha_2, \cdots, \alpha_m$ を適当にとると $\sum_{i=1}^{m}\alpha_i x_i = 0$ とできるときに $x_1, x_2, \cdots, x_m$ は**一次従属**（linearly dependent）であるという．

正規直交系　Hilbert 空間 $\mathfrak{H}$ の部分集合 $\{x_\alpha\}$ が

$$(x_\alpha, x_\beta) = \delta_{\alpha\beta} = \begin{cases} 1 & (\alpha = \beta) \\ 0 & (\alpha \neq \beta) \end{cases} \tag{5·1}$$

を満足するときに $\{x_\alpha\}$ は**正規直交系**（orthonormal system）をなすといわれる．

定理 5·1　(Schmidt) $\mathfrak{H}$ の有限個または可算個の元 $\{\psi_i\}$ が一次独立すなわち $\{\psi_i\}$ からとり出したどの有限個も一次独立であるとする．このとき正規直交系 $\{\varphi_i\}$ を作り

$$\left.\begin{array}{l} \text{各 } \varphi_i \text{ は } \psi_1, \psi_2, \cdots, \psi_i \text{ の一次結合であり，また各 } \psi_i \\ \text{は } \varphi_1, \varphi_2, \cdots, \varphi_i \text{ の一次結合である}\quad (i = 1, 2, \cdots) \end{array}\right\} \tag{5·2}$$

ようにできる．

証明　逐次に

$$\varphi_1 = \psi_1/\|\psi_1\|$$

$$\varphi_2 = (\psi_2 - (\psi_2, \varphi_1)\varphi_1)/\|\psi_2 - (\psi_2, \varphi_1)\varphi_1\|$$

$$\cdots\cdots\cdots\cdots$$

$$\varphi_n = (\psi_n - \textstyle\sum_{m=1}^{n-1}(\psi_n, \varphi_m)\varphi_m)/\|\psi_n - \textstyle\sum_{m=1}^{n-1}(\psi_n, \varphi_n)\varphi_m\|$$

$$\cdots\cdots\cdots\cdots$$

を作る．φ_1 を作るときの $\|\psi_1\|$ が 0 でないとことは $\{\psi_i\}$ の一次独立の仮定からわかる．同じく φ_2 を作るときの分母が 0 でないことは ψ_1 と ψ_2 との

一次独立の仮定からわかる．また同じく φ_2 が ψ_2 と φ_1 とのすなわち ψ_2 と ψ_1 との一次結合であるから ψ_3 を φ_1 と φ_2 との一次結合として表わすことはできない．したがって φ_3 を定義するときの分母は 0 でない．以下同様に繰返して φ_n を定義するときの分母は 0 でない．

$\{\varphi_i\}$ が正規直交系であることの証明．まず $\|\varphi_i\|=1$ は明らかである．また $(\varphi_2, \varphi_1)=0$ も明らかであるから $(\varphi_3, \varphi_1)=0$． よってまた $(\varphi_4, \varphi_1)=0$ 以下繰返して…．$(\varphi_n, \varphi_1)=0$ を得る．したがってまた $(\varphi_3, \varphi_2)=0$. 以下逐次に $(\varphi_4, \varphi_2)=0, \cdots, (\varphi_n, \varphi_2)=0$ が得られる．同様にして結局 $(\varphi_i, \varphi_j)=0$ $(i>j)$ が得られる．

最後に (5·2) は φ_i の作り方から明らかである．

可分な Hilbert 空間 Hilbert 空間 $\mathfrak{H}$ が**可分** (separable) であるというのは，適当に $\mathfrak{H}$ の高々可算個の元 $\{\chi_i\}$ をもってくれば，$\mathfrak{H}$ の任意の元 f は $\{\chi_i\}$ の元の列の極限として

$$f=\lim_{i\to\infty}\chi_{i'} \tag{5·3}$$

の如くに表わし得ること，すなわち $\{\chi_i\}$ が $\mathfrak{H}$ において **稠密** (dense) なことをいう．

可分な Hilbert 空間の例

1. $L^2(0,1)$ は可分である．Lebesgue 積分の定義から，任意の $f\in L^2(0,1)$ と任意の $\varepsilon>0$ とに対して $\|f-f_\varepsilon\|^2=\int_0^1|f(x)-f_\varepsilon(x)|^2dx<\varepsilon^2$ なる如き連続函数 $f_\varepsilon(x)$ を選ぶことができる．また Weierstrass (ワイアストラス) の多項式近似定理[1]により，連続函数 $f_\varepsilon(x)$ と任意の $\varepsilon>0$ とに対して多項式 $P_\varepsilon(x)=\sum_{m=1}^n a_m x^m$ を閉区間 [0,1] において一様に $|f_\varepsilon(x)-P_\varepsilon(x)|<\varepsilon$ なる如く選ぶことができる．よって $\|f-P_\varepsilon\|\leqq\|f-f_\varepsilon\|+\|f_\varepsilon-P_\varepsilon\|<2\varepsilon$. 故に係数 a_m の実数部，虚数部ともに有理数であるような多項式 $\chi(x)=\sum_{m=1}^n a_m x^m$ の全体を考えると，これは可算であり $L^2(0,1)$ において稠密である．

2. $L^2(-\infty,\infty)$ は可算である．Lebesgue 積分の定義から，任意の $f\in L^2(-\infty,\infty)$ と任意の $\varepsilon>0$ とに対して十分大きな n をとれば $\int_{|x|>n}|f(x)|^2dx<\varepsilon^2$. 所が，1. におけると同じく，$L^2(-n,n)$ は可分であるから $L^2(-n,n)$ 内に可算個の $\{g_i^{(n)}\}_{i=1,2,\cdots}$

1) 例えば高木貞治：解析概論，p. 327

が存在して $L^2(-n,n)$ において稠密である．よって任意の $\varepsilon>0$ に対して $\int_{-n}^{n}|f(x)-g_k^{(n)}(x)|^2dx<\varepsilon^2$ とできる．

$$\psi_i^{(n)}(x)=\begin{cases} g_i^{(n)}(x), & |x|\leqq n \text{ のとき} \\ 0, & |x|>n \text{ のとき} \end{cases}$$

とおけば $\int_{-\infty}^{\infty}|f(x)-\psi_k^{(n)}(x)|^2dx<2\varepsilon^2$ となるから，可算個の $\{\psi_i^{(n)}(x)\}_{i,n=1,2,\cdots}$ は $L^2(-\infty,\infty)$ において稠密である．

完全正規直交系 Hilbert 空間 $\mathfrak{H}$ の正規直交系 $\{x_\alpha\}$ が**完全**（complete）であるというのは

$$\text{すべての } \alpha \text{ に対して } (f,x_\alpha)=0 \text{ ならば } f=0 \tag{5·4}$$

が成立つことをいう．

定理 5·2 可分な Hilbert 空間 $\mathfrak{H}$ には高々可算個からなる完全正規直交系を作ることができる．

証明 $\{\chi_i\}$ を高々可算個からなるもので $\mathfrak{H}$ において稠密とする．もしも χ_{i_0} が $\chi_1,\chi_2,\cdots,\chi_{i_0-1}$ の一次結合になるならば χ_{i_0} を $\{\chi_i\}$ からはずすという操作を繰返して，高々可算個からなる $\{\psi_n\}$ を作り，$\{\psi_n\}$ は一次独立かつ任意の χ_i は有限個の ψ の一次結合になるようにできる．

Schmidt の方法（定理 5·1）によって $\{\psi_n\}$ から正規直交系 $\{\varphi_n\}$ を作ると $\{\varphi_n\}$ は完全正規直交系である．以下その証明．任意の χ_i は有限個の ψ のしたがって，(5·2) により，有限個の φ の一次結合になる．故にもしも $(f,\varphi_n)=0$ $(n=1,2,\cdots)$ であったとすれば，任意の χ_i に対して $(f,\chi_i)=0$．稠密という仮定から，適当な部分列 $\{\chi_i'\}$ をとると $\lim_{i\to\infty}\chi_i'=f$．よって内積の連続性（定理 1·2）によって

$$(f,f)=\lim_{i\leftarrow\infty}(f,\chi_i')=0 \quad \text{したがって} \quad f=0$$

5·2 Bessel（ベッセル）不等式，Fourier（フーリエ）式展開

定理 5·3 $\{\varphi_i\}$ を正規直交系とすれば，任意の $f\in\mathfrak{H}$ に対して **Bessel 不等式**

$$\|f\|^2\geqq\sum_{i=1}^{\infty}|(f,\varphi_i)|^2 \tag{5·5}$$

が成立つ．

証明 $\|f-\sum_{i=1}^{n}(f,\varphi_i)\varphi_i\|^2=(f-\sum_{i=1}^{n}(f,\varphi_i)\varphi_i,\ f-\sum_{i=1}^{n}(f,\varphi_i)\varphi_i)$

$$=\|f\|^2-\sum_{i=1}^{n}|(f,\varphi_i)|^2 \quad (n=1,2,\cdots)$$

定理 5·4 $\{\varphi_i\}$ が完全正規直交系ならば完全関係

$$\|f\|^2=\sum_{i=1}^{\infty}|(f,\varphi_i)|^2 \tag{5·6}$$

が成立ち，また

$$f=\lim_{n\to\infty}\sum_{i=1}^{n}(f,\varphi_i)\varphi_i \tag{5·7}$$

が成立つ．(f,φ_i) を f の正規直交系 $\{\varphi_i\}$ に関する **Fourier 係数**といい，また (5·7) の右辺を **Fourier 式展開**という．

証明 (5·5) を得たと同様にして，$n>m$ ならば

$$\|\sum_{i=1}^{n}(f,\varphi_i)\varphi_i-\sum_{i=1}^{m}(f,\varphi_i)\varphi_i\|^2\leqq\sum_{i=m+1}^{n}|(f,\varphi_i)|^2$$

を得る．この右辺は (5·5) からわかるように $m,n\to\infty$ なるとき 0 に収束する．よって (5·7) の右辺の極限が存在することがわかる．ところが内積の連続性と $\{\varphi_i\}$ の正規直交性から

$$(f-\lim_{n\to\infty}\sum_{i=1}^{n}(f,\varphi_i)\varphi_i,\varphi_m)=\lim_{n\to\infty}(f-\sum_{i=1}^{n}(f,\varphi_i)\varphi_i,\varphi_m)$$
$$=(f,\varphi_m)-(f,\varphi_m)=0 \quad (m=1,2,\cdots)$$

を得る．よって $\{\varphi_i\}$ の完全性から (5·7) が成立たねばならない．

同じくノルムの連続性を用い

$$0=\lim_{n\to\infty}\|f-\sum_{i=1}^{n}(f,\varphi_i)\varphi_i\|^2=\lim_{n\to\infty}(\|f\|^2-\sum_{i=1}^{n}|(f,\varphi_i)|^2)$$

これが (5·6) に他ならない．

5·3 再生核の具体的表現

定理 5·5 再生核 $K(x,y)$ を有する $\mathfrak{K}$ が可分な Hilbert 空間であるならば，$\mathfrak{K}$ の任意の完全正規直交系 $\{\varphi_n(x)\}$ に対して

$$\sum_{n=1}^{\infty}\varphi_n(x)\overline{\varphi_n(y)} \text{ は各 } x,y \text{ に対して収束し } =K(x,y)$$

$$\text{かつ } \lim_{m\to\infty}\|K(x,y)-\sum_{n=1}^{m}\varphi_n(x)\overline{\varphi_n(y)}\|_x=0 \tag{5·8}$$

証明 K が再生核であるから，x の函数としての $K(x,y)$ の Fourier 係

数

$$(K(x, y), \varphi_n(x))_x = \overline{(\varphi_n(x), K(x, y))_x} = \overline{\varphi_n(y)}$$

よって (5·8) の後半の部分は定理 5·4 から得られる.

前半の部分の証明. 一般に再生核 $K(x, y)$ のある $\mathfrak{K}$ において $\lim_{n\to\infty} \|f(x) - f_n(x)\|_x = 0$ ならば各 x に対して $\lim_{n\to\infty} f_n(x) = f(x)$ が成立つことをいうとよい. ところが, これはSchwarz 不等式で

$$\begin{aligned} |f_n(x) - f(x)| &= |(f_n(y) - f(y), K(y, x))_y| \\ &\leqq \|f_n(y) - f(y)\|_y \cdot (K(y, x), K(y, x))^{1/2}{}_y = \|f_n - f\| \cdot K(x, x)^{1/2} \end{aligned}$$

を得るから明らかである.

5·4 Bergman の核函数の具体的表現

定理 5·6[1] $A^2(G)$ は可分な Hilbert 空間である. その完全正規直交系を次のようにして作ることができる. 条件:

$$\left.\begin{array}{l} \text{任意に点 } z_0 \in G \text{ をとり, } A^2(G) \text{ に属する函数 } g(z) \text{ で} \\ g(z_0) = 0, \;\; g'(z_0) = 0, \cdots, \;\; g^{(n-1)}(z_0) = 0, \;\; g^{(n)}(z_0) = 1 \end{array}\right\} \tag{5·9}$$

を満足する $g(z)$ の全体を $\mathfrak{F}^{(n)}$ とおく ($n = 0, 1, 2, \cdots$). $\mathfrak{F}^{(n)}$ は空集合ではないことは $(z - z_0)^n/n!$ が (5·9) を満足することからわかる. $\mathfrak{F}^{(n)}$ の中に $g_n(z)$ が一意的に存在して

$$\|g_n\|^2 = \inf_{g \in \mathfrak{F}^{(n)}} \|g\|^2 = m^{(n)} \tag{5·10}$$

を満足する. これを用いて作った

$$\{\varphi_n(z)\}_{n=1,2,\cdots} \; ; \; \varphi_n(z) = g_{n-1}(z)/\|g_{n-1}\| \tag{5·11}$$

が $A^2(G)$ の完全正規直交系である.

証明 $\mathfrak{F}^{(n)}$ は凸集合であるから, 定理 2·2 によって, $\mathfrak{F}^{(n)}$ の函数列 $\{h_j(z)\}$ を適当に選んで (5·10) を満足する $g_n(z) \in A^2(G)$ に対して

$$\lim_{j\to\infty} \|g_n(z) - h_j(z)\|^2 = \lim_{j\to\infty} \iint_G |g_n(z) - h_j(z)|^2 dxdy, \;\; z = x + iy$$

ところが G の内部にとった任意の閉領域で一様に $\lim_{j\to\infty} h_j(z) = g_n(z)$ の成立

1) S. Bergman : The kernel function and conformal mapping, New York (1950), p. 12

つことは，(1·25)′ を得たと同じく

$$|g_n(z)-h_j(z)|^2 \leqq (2\pi\delta^2)^{-1}\iint_{|w-z|\leqq\delta}|g^n(w)-h_j(w)|^2 dudv,\quad w=u+iv$$

を得ることからわかる．ここに z を中心とし半径 δ の球 $|w-z|\leqq\delta$ は w-平面にあるものと考えた G の内部に含まれるものとする．

$g_n(z)$ が $h_j(z)$ とともに (5·9) を満足することの証明．正則函数ということから，δ を十分小さくとって $|z-z_0|\leqq\delta$ なる球が G の内部に横わるとすると Cauchy の積分表示により

$$|h_j^{(m)}(z_0)-g_n^{(m)}(z_0)|=\frac{m!}{2\pi}\left|\int_{|z-z_0|=\delta}(h_j(z)-g_n(z))(z-z_0)^{-m-1}dz\right|$$
$$\leqq m!(2\pi)^{-1}\cdot\delta^{-m-1}\cdot 2\pi\delta\cdot\max_{|z-z_0|=\delta}|h_j(z)-g_n(z)|$$

を得る ($m=0,1,2,\cdots$) が，この右辺は $j\to\infty$ なるとき 0 に収束するからである[1)]．

次に

$$\left.\begin{array}{l} f(z)\in A^2(G) \text{ かつ } f(z_0)=f'(z_0)=\cdots=f^{(n)}(z_0) \text{ ならば} \\ (f,g_n)=0 \end{array}\right\} \qquad (5\cdot 12)$$

を示す．任意の定数 α に対して $g_n(z)+\alpha f(z)\in\mathfrak{F}^{(n)}$ であるから

$$(m^{(n)})^2\leqq\|g_n+\alpha f\|^2=(g_n+\alpha f,\ g_n+\alpha f)$$
$$=(m^{(n)})^2+\alpha(f,g_n)+\bar{\alpha}(g_n,f)+|\alpha|^2\|f\|^2$$

$f(z)\equiv 0$ したがって $\|f\|=0$ ならば $(f,g_n)=0$ であるから，$f(z)\not\equiv 0$ したがって $\|f\|\neq 0$ として上式において $\alpha=-(g_n,f)/\|f\|^2$ とおけば

$$0\leqq -|(g_n,f)|^2/\|f\|^2$$

を得て $(g_n,f)=0$ となるのである．

よって上の $g_n(z)$ が一意的に定まることがわかった．何者，$g_n^*(z)\in\mathfrak{F}^{(n)}$ かつ $\|g_n^*\|=m^{(n)}$ とすると $f(z)=g_n(z)-g_n^*(z)$ は (5·12) の条件を満足するから $(f,g_n)=0$ 同じく $(f,g_n^*)=0$ を得て $\|f\|^2=(f,f)=(f,g_n-g_n^*)=0$

---

1) 正則函数列 $\{h_j(z)\}$ が $g_n(z)$ に一様収束すれば項別微分定理 $\lim_{j\to\infty}h_j^{(m)}(z_0)=g_n^{(m)}(z_0)$ が成立ったわけである．

となるからである.

(5·12) によって $\{\varphi_n(z)\}$ が $A^2(G)$ の正規直交系であることがわかった. 故に, 定理 5·4 における証明と同様にして, 任意の $h(z)\epsilon A^2(G)$ の Fourier 展開を考えることができる. すなわち $h_n(z)=\sum_{m=1}^{n}(h,\varphi_n)\varphi_n(z)$ は $n\to\infty$ なるときノルムの意味で $h_\infty(z)\epsilon A^2(G)$ に収束する. 再び (1·25)′ と同様な不等式を用いて, G の内部にとった任意の閉領域で一様に

$$\lim_{n\to\infty} h_n(z)=h_\infty(z)$$

であることがわかる. $h_\infty(z)\equiv h(z)$ であることがいえれば, $\{h_n(z)\}$ が完全なことがわかったことになる. よって

$h_\infty(z)\equiv h(z)$ の証明. 定数 a_k^s $(k=1,2,\cdots,s)$ を

$$f_s(z)=\sum_{k=1}^{s}a_k^s\varphi_k(z) \tag{5·13}$$

が条件

$$(d^mf_s(z)/dz^m)_{z=z_0}=(d^mh(z)/dz^m)_{z=z_0}\ (m=0,1,2,\cdots,s-1) \tag{5·14}$$

を満足するように定める. そのためにこの条件を書き下してみると未知数 a_k^s に関する連立一次方程式

$$\sum_{k=1}^{s}a_k^s\varphi_k(z_0)=h(z_0)$$

$$\sum_{k=1}^{s}a_s^k\varphi_k'(z_0)=h'(z_0)$$

$$\cdots\cdots\cdots$$

$$\sum_{k=1}^{s}a_k^s\varphi_k^{(s-1)}(z_0)=h^{(s-1)}(z_0)$$

となる. これが一意的に解けることは行列式

$$\begin{vmatrix} \varphi_1(z_0) & \varphi_2(z_0) & \cdots & \varphi_s(z_0) \\ \varphi_1'(z_0) & \varphi_2'(z_0) & \cdots & \varphi_s'(z_0) \\ \cdots\cdots & & & \\ \varphi_1^{(s-1)}(z_0) & \varphi_2^{(s-1)}(z_0) & \cdots & \varphi_s^{(s-1)}(z_0) \end{vmatrix}=\varphi_1(z_0)\varphi_2'(z_0)\cdots\varphi_s^{(s-1)}(z_0)\neq 0 \tag{5·15}$$

からわかる. (5·15) は (5·11) と (5·10) とによって明らかである.

ところが実は

$$a_k^s=(h,\varphi_k)\quad (k=1,2,\cdots,s) \tag{5·15′}$$

である．実際 (5·14) から (5·12) を用い

$$(f_s-h, g_k)=0 \quad (k=0,1,,\cdots,s-1)$$

したがって $(f_s-h, \varphi_k)=0 \quad (k=1,2,\cdots,s)$ を得て (5·15)$'$ が成立つ．

故に $f_s(z)=h_s(z)=\sum_{k=0}^{s}(h,\varphi_k)\varphi_k(z)$ となって

$$(d^m h_s(z)/dz^m)_{z=z_0}=(d^m h(z)/dz^m)_{z=z_0} \quad (m=0,1,\cdots,s-1)$$

しかして G の内部にとった任意の閉領域で一様に $\lim_{s\to\infty} h_s(z)=h_\infty(z)$ であるから，項別微分の定理によって

$$\lim_{s\to\infty}(d^m h_s(z)/dz^m)_{z=z_0}=(d^m h_\infty(z)/dz^m)_{z=z_0}$$

となる．したがって G 内で正則な $h(z), h_\infty(z)$ は

$$(d^m h_\infty(z)/dz^m)_{z=z_0}=(d^m h(z)/dz^m)_{z=z_0} \quad (m=0,1,2,\cdots)$$

を満足する．よって $h(z), h_\infty(z)$ の $z=z_0$ の近傍における Taylor（テイロル）展開が一致し，正則函数であるから G 内において $h(z)\equiv h_\infty(z)$ が成立たねばならない．

第6章　Gelfand の定理, 強収束及び弱収束

6·1　Gelfand（ゲルファンド）の定理及び共鳴定理

劣加法的汎函数　Hilbert 空間 $\mathfrak{H}$ で定義せられた実数値函数 $p(x)$ が**劣加法的汎函数**（subadditive functional）であるというのは

$$p(\alpha x)=|\alpha|p(x),\quad p(x+y)\leqq p(x)+p(y) \tag{6·1}$$

を満足することである．例えば $p(x)=\|x\|$ を（6·1）満足する．

半連続性　$\mathfrak{H}$ で定義せられた実数値函数 $p(x)$ が x_0 において**下に半連続**（lower semi-continuous）であるというのは

$$\varliminf_{x\to x_0} p(x)\geqq p(x_0) \tag{6·2}$$

の成立つこと，すなわち任意の $\varepsilon>0$ に対して $\delta>0$ を定めて $\|x-x_0\|\leqq\delta$ ならば $p(x)\geqq p(x_0)-\varepsilon$ とできることである．

定理 6·1　(Gelfand)[1]　$\mathfrak{H}$ で定義せられ劣加法的かつ

$$0\leqq p(x)<\infty,\quad x\in\mathfrak{H} \tag{6·3}$$

なる $p(x)$ が有界汎函数であることすなわち

$$\text{すべて } x\in\mathfrak{H} \text{ のに対して } p(x)\leqq\gamma\|x\| \tag{6·4}$$

なる如き $\gamma>0$ が存在することのためには $p(x)$ が下に半連続なことが必要かつ十分である．

証明　（必要）　$p(x_0)\leqq p(x_0+y)+p(-y)=p(x_0+y)+p(y)$ から明らか．

（十分）　$p(x)$ が一つの閉じた球 $\mathfrak{K}=\{x;\ \|x-x_0\|\leqq\delta,\ \delta>0\}$ で有界で $\leqq\gamma_1$ あるとすると，$\|y\|\leqq\delta$ なるとき x_0 と $y+x_0$ の双方ともに $\in\mathfrak{K}$ となり

$$p(y)\leqq p(-x_0)+p(x_0+y)=p(x_0)+p(x_0+y)\leqq 2\gamma_1$$

を得る．よってこのときは $\gamma=2\gamma_1/\delta$ として（6·4）を得る．故にもしも（6·4）を否定すれば，如何なる閉じた球 $\mathfrak{K}_0$ においても $p(x)$ は有界でないことになって，$\mathfrak{K}_0$ の内部の点 x_1 が存在して $p(x_1)>1$ となる．p の下半連続性によ

---

1) Sur un lemme de la théorie der espaces, Commun. Inst. Sci. Math. et Mech. Univ. Kharkoff, 4 (1946), 35—40.

って，x_1 を中心とし半径 δ_1 が十分小さい閉じた球 $\mathfrak{K}_1=\{x\,;\,\|x-x_1\|\leqq\delta_1,\ \delta_1>0\}$ を作り，$\mathfrak{K}_1$ は $\mathfrak{K}_0$ に含まれ $\delta_1<1$ かつ $\mathfrak{K}_1$ において到るところ $p(x)>2$ であるようにできる．同じ論法を繰返して，点列 $\{x_n\}$ と x_n を中心とする半径 δ_n の閉じた球 $\mathfrak{K}_n$ の列を，$\mathfrak{K}_n\leqq\mathfrak{K}_{n-1}$，$0<\delta_n<1/n$ かつ $\mathfrak{K}_n$ において到るところ $p(x)>n$ なる如く選ぶことができる．このとき

$m<n$ ならば x_m, x_n ともに $\epsilon\mathfrak{K}_m$ であるから $\|x_n-x_m\|\leqq\delta_m$．したがって $\{x_n\}$ が Cauchy の収束条件を満足し $\mathfrak{H}$ の完備性によって $\|x_n-x\|\to 0$ なる如き $x\epsilon\mathfrak{H}$ が存在する．

ところが $\lim_{n\to\infty}\|x_n-x_m\|\leqq\delta_m$ であるから定理 1.2 によって $\|x-x_m\|\leqq\delta_m$，したがって $x\epsilon\mathfrak{K}_m(m=1,2,\cdots)$．故に $p(x)>m(m=1,2,\cdots)$ を得て (6·3) に矛盾する．

以上の定理によって次の**共鳴定理**（resonance theorem）が得られる．

定理 6·2　$\mathfrak{D}(T_n)=\mathfrak{H}$，$\mathfrak{W}(T_n)=\mathfrak{H}_1$（$\mathfrak{H}$ と一致してもよい）なる如き有界作用素 T_n の列が与えられたとする．もしもすべての x のおのおのに対して数列 $\{\|T_n\cdot x\|\}$ が有界であるとすれば，これに共鳴して数列 $\{\|T_n\|\}$ が有界になる．

証明　$p(x)=\sup_{n\geqq1}\|T_n\cdot x\|$ が (6·3) を満足する劣加法的汎函数であることは定理 1·1 から容易にわかる．$\|T_n\cdot x\|$ は x の連続函数である（定理 1·2）からその sup として $p(x)$ は下に半連続になる．何者，$p(x_0)=\sup_{n\geqq1}\|T_n\cdot x_0\|$ から任意の $\varepsilon_1>0$ に対して n_0 が存在して

$$p(x_0)-\varepsilon_1<\|T_{n_0}\cdot x_0\|$$

となるが，$\|T_{n_0}\cdot x\|$ の x に関する連続性から任意の $\varepsilon_2>0$ に対して $\delta>0$ を選んで，$\|x-x_0\|<\delta$ ならば $\|T_{n_0}\cdot x_0\|-\varepsilon_2\leqq\|T_{n_0}\cdot x\|$ が成立つようにできる．故に $\|x-x_0\|<\delta$ ならば

$$p(x_0)-\varepsilon_1-\varepsilon_2<\|T_{n_0}\cdot x_0\|-\varepsilon_2\leqq\sup_{n\geqq1}\|T_n\cdot x\|=p(x)$$

故に，定理 6·1 によって，$\gamma>0$ が存在して $\|T_n\cdot x\|\leqq p(x)\leqq\gamma\|x\|$ $(n=1,2,\cdots)$ よって $\|T_n\|\leqq\gamma$ $(n=1,2,\cdots)$．

系　特にすべての x において $\lim_{n\to\infty}T_nx=Tx$ が存在するときに T は有界作用素となり，かつ

$$\|T\| \leqq \varliminf_{n\to\infty} \|T_n\| \leqq \varlimsup_{n\to\infty} \|T_n\| < \infty \tag{6·5}$$

証明 T が加法的なことは明らか．また定理 1·2 を $\|T_n x\| \leqq \|T_n\| \cdot \|x\|$ に応用して

$$\|Tx\| \leqq \varliminf_{n\to\infty} \|T_n\| \cdot \|x\|$$

6·2 強収束及び弱収束

弱収束 Hilbert 空間 $\mathfrak{H}$ の点列 $\{t_n\}$ が与えられたとき，すべての $x \in \mathfrak{H}$ に対して数列 $\{(x, t_n)\}$ が収束するとすれば，前定理系及び Riesz の定理 2·6 によって

$$\lim_{n\to\infty} (x, t_n) = (x, t), \quad x \in \mathfrak{H} \tag{6·6}$$

なる如き $t \in \mathfrak{H}$ が存在し，かつ

$$\|t\| \leqq \varliminf_{n\to\infty} \|t_n\| \leqq \varlimsup_{n\to\infty} \|t_n\| < \infty \tag{6·7}$$

が成立つ．このとき点列 $\{t_n\}$ は点 t に**弱収束** (weakly converge) するといい $\lim_{n\to\infty} t_n = t$ (弱) または略して $t_n \to t$ (弱) と書く．ついでながら

(6·7) の証明．$T_n \cdot x = (x, t_n)$ によって定義せられる有界作用素(汎函数) T_n のノルムは Schwarz 不等式 (1·15) により

$$\|T_n\| = \sup_{\|x\|=1} |(x, t_n)| \leqq 1 \cdot \|t_n\|$$

しかしてまた

$$\|t_n\|^2 = (t_n, t_n) = T_n \cdot t_n \leqq \|T_n\| \cdot \|t_n\|$$

を得て $\|T_n\| = \|t_n\|$ が成立つから，(6·5) により (6·7) を得る．

強収束 弱収束に対して，ノルムの意味の収束 $\lim_{n\to\infty} \|t_n - t\| = 0$ を**強収束** (strongly converge) といい，$\lim_{n\to\infty} t_n = t$ (強) または略して $t_n \to t$ (強) と書くことがある．

定理 6·3 $t_n \to t$ (強) ならば $t_n \to t$ (弱) であるが，逆は一般には成立たない．

証明 定理の始めの部分は

$$|(x, t) - (x, t_n)| = |(x, t - t_n)| \leqq \|x\| \cdot \|t - t_n\|$$

から明らか，次に $\mathfrak{H}$ を可分としかつ $\{\varphi_n\}_{n=1,2,\cdots}$ を $\mathfrak{H}$ の完全正規直交系とすれば $\varphi_n\to 0$（弱）である．任意の $x\in\mathfrak{H}$ に対して，Bessel の不等式（5·5）により

$$\|x\|^2\geqq\sum_{n=1}^{\infty}|(x,\varphi_n)|^2$$

が成立つから $\lim\limits_{n\to\infty}(x,\varphi_n)=0$ となるからである．しかし $\|\varphi_n\|=1$（$n=1,2,\cdots$）であるから $\varphi_n\to 0$（強）ではない．

定理 6·4　$\{\|t_n\|\}$ が有界数列ならば $\{t_n\}$ の適当な部分列 $\{t_n'\}$ が弱収束する．

証明　$\|t_n\|\leqq 1$（$n=1,2,\cdots$）としても一般性を失わない．$\sum_{i=1}^{m}\alpha_i t_i$（$\alpha$ も m も任意）の形の点全体にその（強収束の意味の）集積点をすべて附け加えたものを $\mathfrak{M}$ とすると，$\mathfrak{M}$ は $\mathfrak{H}$ の閉部分空間としてヒルベルト空間であるが $\mathfrak{M}$ は可分である．その実数部，虚数部ともに有理数であるような係数 α による一次結合 $\sum_{i=1}^{m}\alpha_i t_i$（$m$ は任意の正整数）の全体は可算集合であるから，これを $\{y_n\}$ としたとき $\{y_n\}$ は $\mathfrak{M}$ において稠密であるからである．

各 m に対して数列 $\{(t_n,y_m)\}_{n=1,2,\cdots}$ は有界である（$|(t_n,y_m)|\leqq\|t_n\|\cdot\|y_m\|\leqq\|y_m\|$）から，対角線論法により，適当な部分列 $\{t_n'\}$ を選んで，すべての y_m に対して有限な $\lim\limits_{n\to\infty}(t_n',y_m)$ が存在するようにできる．

ところが $\{y_m\}$ の稠密性により，任意の $y\in\mathfrak{M}$ と任意の $\varepsilon>0$ とに対して $\|y-y_{m_0}\|<\varepsilon$ なるような m_0 が存在する．よって

$$\begin{aligned}|(t_n',y)-(t_k',y)|&=|(t_n',y)-(t_n',y_{m_0})+(t_n',y_{m_0})-(t_k',y_{m_0})\\&\quad+(t_k',y_{m_0})-(t_k',y)|\\&\leqq\|t_n'\|\cdot\|y-y_{m_0}\|+|(t_n',y_{m_0})-(t_k',y_{m_0})|+\|t_k'\|\cdot\|y_{m_0}-y\|\\&\leqq 1\cdot\varepsilon+|(t_n',y_{m_0})-(t_k',y_{m_0})|+1\cdot\varepsilon\end{aligned}$$

を得る．右辺第二項は $n',k'\to\infty$ なるとき 0 に収束する．したがって数列 $\{(t_n',y)\}$ が収束する．しかして任意の $z\in\mathfrak{H}$ に対して $P(\mathfrak{M})z=y$ とおけば $t_n'\in\mathfrak{M}$ により

$$(t_n',z)=(P(\mathfrak{M})t_n',z)=(t_n',P(\mathfrak{M})z)=(t_n',y)$$

となり，$y\in\mathfrak{M}$ であるから数列 $\{(t_n',z)\}$ は収束する．

6·3 平均エルゴード定理

固有値, 固有ベクトル 有界作用素 T と複素数 λ とに対して

$$Tx=\lambda x \tag{6·8}$$

なる $x \neq 0$ が存在するとき, λ を T の**固有値** (eigenvalue), x をこの固有値に属する**固有ベクトル** (eigenvector) という.

T の固有値 1 に属する固有ヴェクトルをすべて決定するのに, 次の**平均エルゴード定理** (mean ergodic theorem)[1] は都合がよい.

定理 6·5 有界作用素 T が

$$\|T^n\| \leqq \alpha < \infty \quad (n=1, 2, \cdots) \tag{6·9}$$

を満足するならば, 任意の $x \in \mathfrak{H}$ に対して

$$T_n \cdot x = n^{-1}\sum_{m=1}^{n} T^m \cdot x = t_n \tag{6·10}$$

は $n \to \infty$ なるとき強収束しその強極限 x_∞ は

$$Tx_\infty = x_\infty \tag{6·11}$$

を満足する.

証明 $T_n x = x_n$ とおけば (6·9) から $\|x_n\| \leqq \alpha \|x\|$ $(n=1, 2, \cdots)$. 故に, 前定理により, $x_{n'} \to x_\infty$ (弱) となるような部分列 $\{x_{n'}\}$ が存在する.

ところが $\|TT_n \cdot x - T_n \cdot x\| \leqq n^{-1}\|T^{n+1}x - Tx\| \leqq n^{-1}\|T^{n+1} - T\| \|x\|$ であるから, (6·9) によって $(TT_n \cdot x - T_n x) \to 0$(強). また任意の有界加法的汎函数 $F(y)$ に対して $F(T \cdot y)$ もまた有界加法的汎函数になるから, Riesz の定理 2·6 により $T_{n'} x \to x_\infty$ (弱) から $TT_{n'} x \to Tx_\infty$ (弱) を得る. 故に結局 $Tx_\infty = x_\infty$ を得る.

$x = x_\infty + (x - x_\infty)$ とおくと (6·11) から $x_n = (x_\infty)_n + (x - x_\infty)_n = x_\infty + (x - x_\infty)_n$ を得るから, $(x - x_\infty)_n \to 0$ (強) がいえればよい. ところが $z = y - Ty$ の形の点 z に対しては, $z_n = n^{-1}(T - T^{n+1})y$ を得るから, (6·9) によって $z_n \to 0$ (強). これから部分空間 $\mathfrak{W}(I-T)$ に強収束による集積点を附

1) F. Riesz : Some mean ergodic theorem, J. London Math. Soc. 13 (1938), 274—278. K. Yosida : Mean ergodic theorem in Banach spaces, Proc. Imp. Acad. Tokyo, 14 (1938), 292—294. S. Kakutani : Iteration of linear operators in complex Banach spaces, ibid. 14 (1938), 295—300.

け加えた閉部分空間 $\mathfrak{W}(I-T)^a$ に属する w に対しても $w_n \to 0$（強）がいえる．何者，任意の $\varepsilon>0$ に対して $\|w-z\| \leqq \varepsilon$ なる如き $z \in \mathfrak{W}(I-T)$ が存在する．$w-z=u$ とおくとき $w_n=z_n+u_n$，かつ $z \in \mathfrak{W}(I-T)$ によって上に示した如く $z_n \to 0$（強）であるのみならず，(6·9) によって $\|u_n\| \leqq \alpha\|u\| \leqq \alpha\varepsilon$．したがって $\varepsilon>0$ が任意であったことから $w_n \to 0$（強）．

かくして定理の証明には $(x-x_\infty) \bar{\in} \mathfrak{W}(I-T)^a$ から矛盾を出せばよい．もし $(x-x_\infty) \in \mathfrak{W}(I-T)^a$ とすれば，定理2·3の証明によって $y \in \{\mathfrak{W}(I-T)^a\}^\perp$ かつ $(x-x_\infty, y) \neq 0$ を満足する y が存在する．ところがこのような y の存在することは

$$x-x_{n'}=(n')^{-1}\textstyle\sum_{m=1}^{n'}\{(x-Tx)+(x-T^2x)+\cdots+(x-T^mx)\}$$

$$\in \mathfrak{W}(I-T), (\text{何者，} x-T^jx=(I-T)(I+T+\cdots T^{j-1})x),$$

$$(x-x_{n'}, y) \to (x-x_\infty, y) \quad (n' \to \infty),$$

$$(x-x_{n'}, y)=0, (x-x_\infty, y) \neq 0,$$

に矛盾する．

系 x に x_∞ を対応させる作用素を T_∞ とすると T_∞ は有界作用素でありかつ

$$TT_\infty=T_\infty=T_\infty T=T_\infty{}^2 \tag{6·12}$$

証明 T_∞ が有界作用素であることは定理6·2の系からわかる．また (6·11) から $TT_\infty=T_\infty$，従って $T^nT_\infty=T_\infty$ を得て $T_nT_\infty=T_\infty$．故に $T_\infty{}^2=T_\infty$ しかして，また $T_nT-T_n=n^{-1}(T^{n+1}-T)$ と(6·9)とから $T_\infty T=T_\infty$ も得られる．

注 $Tx=x$ ならば $T^nx=x$，したがって $T_n \cdot x=x$ を得て $T_\infty \cdot x=x$．すなわち $x \in \mathfrak{W}(T_\infty)$ また逆に $x=T_\infty y$ とすると (6·12) から $Tx=TT_\infty y=T_\infty y=x$．よって

$Tx=x$ と $x \in \mathfrak{W}(T_\infty)$ とは同等である． (6·13)

すなわち T の固有値1に属する固有ベクトルの全体に 0 を附け加えたものは T_∞ の値域と一致する．

なお $|\lambda|=1$ とすれ $(\lambda^{-1}T)$ は (6·9) はを満足するから $(\lambda^{-1}T)$ に定理 6·5 を応用して固有値問題 $Tx=\lambda x$ $(\lambda^{-1}Tx=x)$ が解けるわけである．

6·4 J. von Neumann の平均エルゴード定理

保測変換 抽象集合 Ω の部分集合 A の作る σ- 加法的集合系を $\mathfrak{A}$ とし，

$\mathfrak{A}$ において定義せられた測度 φ が $\varphi(\Omega)=1$ を満足するとする．Ω の Ω への一対一変換

$$\omega \longleftrightarrow \omega_1 = \bar{T}\omega \tag{6·14}$$

が **φ-保測変換** (equi-measure transformation) であるというのは，$A_1 = \bar{T}\cdot A = \{\omega_1 = \bar{T}\omega\,;\ \omega \in A\}$ とおくとき

$$\left.\begin{array}{l} A_1 \in \mathfrak{A} \text{ と } A \in \mathfrak{A} \text{ とは同等かつ } A \in \mathfrak{A} \text{ ならば} \\ \varphi(A) = \varphi(A_1) \end{array}\right\} \tag{6·15}$$

が満足されていることである．

例 ユークリッド空間内の有界領域 Ω において行われる非圧縮な定常な流 (incompressible steady flow) を考える．この流れによって Ω の点 ω が n 単位時間の後に Ω の点 ω_n に移されるとする：

$$\omega \to \omega_n \quad (n=0, \pm 1, \pm 2, \cdots;\ \omega_0 = \omega) \tag{6·16}$$

定常という仮定は，流れの状況が時間の原点の採り方に無関係なことを意味するから，群性質

$$(\omega_n)_m = \omega_{n+m} \tag{6·17}$$

に反映される．非圧縮ということは次の意味に解釈する．すなわち集合 $A \subseteqq \Omega$ が n 単位時間の後に A_n に移されたとすると，A_n は A が（通常の Lebesgue 積分の意味で）可測なとき，かつこのときに限って可測で，しかもその体積（通常の Lebesgue 測度）$|\ |$ が

$$|A_n| = |A| \tag{6·18}$$

を満足することとするのである．

エルゴード理論 "流れ"

$$\omega \to \omega_n = \bar{T}^n \cdot \omega \quad (n=0, \pm 1, \pm 2, \cdots) \tag{6·16$'$}$$

において時間 $n \to \infty$ なるときの状況を Lebesgue 式測度論に基いて統計的に研究しようというのがエルゴード理論の出発点である．例えば Ω 内に可測集合 $A \in \mathfrak{A}$ をfix し A の定義函数

$$x_A(\omega) = \begin{cases} 1, & \omega \in A \\ 0, & \omega \bar{\in} A \end{cases} \tag{6·19}$$

を考える．Ω 内に一点 ω をとり $n^{-1}\sum_{m=1}^{n} x_A(\omega_m)$ を作れば，これは ω から出発して n 単位時間内に――単位時間目ごとに測定することにして――A を訪れた回数を n で除した分数を表わす．この分数が $n\to\infty$ なるとき定まった極限に近ずくであろうか．すなわち ω から出発して A への**平均訪問回数** (mean sojourn) が存在するであろうか．これに対して

J. von Neumann の平均エルゴード定理[1]　$x(\omega)\epsilon L^2(\Omega)$ に対して"時間平均"

$$x^*(\omega)=\underset{n\to\infty}{\text{l. i. m.}}\, n^{-1}\sum_{m=1}^{n} x(\bar{T}^m\omega) \tag{6·20}$$

が存在する．すなわち $x(\omega)\epsilon L^2(\Omega)$ に対して $x^*(x)\epsilon L^2(\Omega)$ が存在して

$$\lim_{n\to\infty}\int_\Omega \left| x^*(\omega)-n^{-1}\sum_{m=1}^{n} x(\bar{T}^m\omega)\right|^2 \varphi(d\omega)=0 \tag{6·20$'$}$$

証明　$\bar{T}$ が保測変換であるから

$$\int_\Omega |x(\bar{T}\omega)|^2\varphi(d\omega)=\int_\Omega |x(\bar{T}\omega)|^2\varphi(d\bar{T}\omega)=\int_\Omega |x(\omega)|^2\varphi(d\omega)$$

よって $L^2(\Omega)$ から $L^2(\Omega)$ への一対一加法的作用素 T：

$$x(\omega)\to(Tx)(\omega)=x(\bar{T}\omega) \tag{6·21}$$

はウニタリである．この T に対して定理 6·5 を応用するとよい．

6·5 エルゴード性と測度的可遷性

"流れ" $\omega\to\bar{T}^m\omega$ の**エルゴード性** (ergodicity) を

$$\left.\begin{array}{l}\text{すべての } x(\omega)\epsilon L^2(\Omega) \text{ に対してその時間平均}\\ x^*(\omega) \text{ が} \varphi\text{-ほとんど到るところ定数 } \chi\end{array}\right\} \tag{6·22}$$

によって定義する．

定理 6·6　"流れ" $\omega\to\bar{T}^m\omega$ のエルゴード性は φ-ほとんど到るところ

$$\text{時間平均 } x^*(\omega)=\text{相空間平均}\int_\Omega x(\omega)\varphi(d\omega) \tag{6·23}$$

なることと同等である．

---

1) Zur Operatorenmethode in der classischen Mechanik, Ann. of Math., 33 (1932), 587.

証明 $n^{-1}\sum_{m=1}^{n}x(\bar{T}^m\omega)$ が $x^*(\omega)$ に強収束するから，任意の $y\in L^2(\Omega)$ に対して

$$\lim_{n\to\infty}n^{-1}\sum_{m=1}^{n}(x\bar{T}^m\omega),y(\omega))=\lim_{n\to\infty}n^{-1}\sum_{m=1}^{n}\int_\Omega x(\bar{T}^m\omega)\overline{y(\omega)}\varphi(d\omega)$$

$$=\int_\Omega x^*(\omega)\overline{y(\omega)}\varphi(\omega)=\chi\int_\Omega\overline{y(\omega)}\varphi(d\omega) \tag{6·24}$$

よって特に $y(\omega)\equiv 1$ とすれば，

$$\int_\Omega x(\bar{T}^m\omega)\varphi(d\omega)=\int x(\bar{T}^m\omega)\varphi(d\bar{T}^m\omega)=\int_\Omega x(\omega)\varphi(d\omega)$$

及び

$$\int_\Omega\varphi(d\omega)=\varphi(\Omega)=1$$

によって，

$$\chi=\int_\Omega x(\omega)\varphi(d\omega) \tag{6·25}$$

系 "流れ" $\omega\to\bar{T}^m\omega$ のエルゴード性は，すべての $x(\omega),y(\omega)\in L^2(\Omega)$ に対して

$$\int_\Omega x^*(\omega)\overline{y(\omega)}\varphi(d\omega)=\int_\Omega x(\omega)\varphi(d\omega)\int_\Omega y(\omega)\varphi(d\omega) \tag{6·26}$$

の成立つことと同等である.

証明 エルゴード的ならば，(6·24)—(6·25) によって (6·26) が成立つ. 逆に (6·26) が成立つとして $y(\omega)$ を可測集合 $A\in\mathfrak{A}$ の定義函数[1] とすれば

$$\int_A x^*(\omega)\varphi(d\omega)=\left(\int_\Omega x(\omega)\varphi(d\omega)\right)\varphi(A)$$

したがって $x^*(\omega)=$ほとんど到るところ $\int_\Omega x(\omega)\varphi(d\omega)$ となって $\omega\to\bar{T}^m\omega$ はエルゴード的である.

注 $x(\omega),y(\omega)$ をそれぞれ可測集合 $B,A\in\mathfrak{A}$ の定義函数とすれば，

$$\int_\Omega x(\bar{T}^m\omega)\overline{y(\omega)}\varphi(d\omega)=\varphi(\bar{T}^{-m}B\cap A)=\varphi(B\cap\bar{T}^mA),$$

$$\int_\Omega x^*(\omega)\overline{y(\omega)}\varphi(d\omega)=\int_\Omega x(\omega)\varphi(d\omega)\int_\Omega\overline{y(\omega)}\varphi(d\omega)=\varphi(B)\varphi(A)$$

によって，「A の点が m 単位時間後に B に落ちる確率（=測度）$\varphi(B\cap\bar{T}^mA)$ の時間平均は積 $\varphi(B)\varphi(A)$ に等しい」. すなわちエルゴード的な流れにおいては，時間平均

1) $$y(\omega)=\begin{cases}1, & \omega\in A\\ 0, & \omega\bar{\in}A\end{cases}$$

の意味では Ω の各部分が Ω の各部分に均等に遷移するわけである．これがエルゴード性の通観的な意味である．

エルゴード性と測度的可遷性　"流れ" $\omega \to \bar{T}^m\omega$ の**測度的可遷性** (metric transitivity) を次の如く定義する：

$$\left.\begin{array}{l}\varphi(\bar{T}A \cup A - \bar{T}A \cap A) = 0 \text{ となるような } A \in \mathfrak{A} \text{ は} \\ \varphi(A) = 0 \text{ または } \varphi(\Omega - A) = 0 \text{ を満足する．}\end{array}\right\} \qquad (6\cdot 27)$$

すなわち A と $\bar{T}A$ との**対称差**(symmetric difference)が φ-測度 0 なる如き集合 A は，測度 0 であるかまたは Ω 自身との対称差の測度が 0 であるときに $\omega \to \bar{T}^m\omega$ が測度的に可遷的であるという．直観的に測度 0 の集合を無視していえば，変換 $\bar{T}$ によって全体として不変であるような集合は Ω に限るときに $\omega \to \bar{T}^m\omega$ を測度的に可遷的であるというのである．このとき

定理 6·7[1]　エルゴード性と測度的可遷性とは同等である．

証明　$\varphi(\Omega) > \varphi(A) > 0$ かつ $\varphi(\bar{T}A \cup A - \bar{T}A \cap A) = 0$ であるとする．すなわち $\omega \to \bar{T}^m\omega$ が測度的可遷性をもたないとする．A の定義函数 $x_A(\omega)$ は $x_A(\omega) = x_A(\bar{T}\omega)$ (φ-ほとんど到るところ) を満足するから $x_A^*(\omega) = x_A(\omega)$ (φ-ほとんど到るところ)．よって $x_A^*(\omega)$ がほとんど到るところ定数とはならず，したがって $\omega \to \bar{T}^m\omega$ はエルゴード的でない．

次に $\omega \to \bar{T}^m\omega$ がエルゴード的でないとすれば，$x^*(\omega)$ が φ-ほとんど到るところ定数ではないような $x(\omega) \in L^2(\Omega)$ が存在する．平均エルゴード定理 6·5 によって $x^*(\bar{T}\omega) = x^*(x)$ (φ-ほとんど到るところ)．$x^*(\omega)$ の実数部または虚数部をとって，実数値函数 $y^*(\omega)$ が φ-ほとんど到るところ定数ではなくて，かつ $y^*(\bar{T}\omega) = y^*(\omega)$ (φ-ほとんど到るところ) を満足するとしてよい．このときは適当な実数 α をとると $A = \{\omega\,;\, y^*(\omega) - \alpha > 0\}$ と $B = \{\omega\,;\, y^*(\omega) - \alpha \leqq 0\}$ は双方ともに φ-測度 > 0 となる．$y^*(\bar{T}\omega) - \alpha = y^*(\omega) - \alpha$ (φ-ほとんど到るところ) であるから $\varphi(\bar{T}A \cup A - \bar{T}A \cap A) = 0$ しかも $\varphi(\Omega) = 1 > \varphi(A) > 0$ となって $\omega \to \bar{T}^m\omega$ は測度的に可遷的ではない．

---

1) G. D. Birkhoff and P. A. Smith : Structure analysis of surface trasformations, J. Math. pures appl. 7 (1928), 345.

第7章　Fourier 変換，Plancherel の定理

7·1　ウニタリ作用素

共役作用素　T を $\mathfrak{D}(T)=\mathfrak{W}(T)=\mathfrak{H}$ であるような有界作用素とするとき，すべての $x, y \in \mathfrak{H}$ に対して

$$(Tx, y)=(x, T^*y) \tag{7·1}$$

となるような有界作用素 T^* が一意的に定まる．この T^* を T の**共役（軛）作用素** (conjugate operator) という．

T^* の存在の証明．$(Tx, y)=F_y(x)$ は明らかに x の加法的汎函数であり，また $|F_y(x)|=|(Tx, y)|\leqq\|Tx\|\cdot\|y\|\leqq\|T\|\cdot\|x\|\cdot\|y\|$ であるから，x の連続な汎函数である．故に，Riesz の定理 2·6 によって，すべての x に対して $(Tx, y)=(x, y^*)$ となるような y^* が一意的に定まる．$y^*=T^*y$ とおけば T^* は加法的でありかつ上の計算から $|(x, T^*y)|=|(Tx, y)|\leqq\|T\|\cdot\|x\|\cdot\|y\|$．よって $x=T^*y$ として $\|T^*y\|^2\leqq\|T\|\cdot\|T^*y\|\cdot\|y\|$ を得て，$\|T^*\|\leqq\|T\|$．同じく $(T^*y, x)=(y, Tx)$ から $T=(T^*)^*$ したがって $\|T^*\|\geqq\|T\|$ も得られて結局

$$\|T\|=\|T^*\| \tag{7·2}$$

が成立つことがわかった．

ウニタリ作用素　$\mathfrak{D}(T)=\mathfrak{W}(T)=\mathfrak{H}$ かつ**等距離条件**

$$\|Tx\|=\|x\|,\quad x\in\mathfrak{H} \tag{7·3}$$

を満足する加法的作用素 T を**ウニタリ作用素**であるという．例えば $\mathfrak{H}=L^2(-\infty, \infty)$ として $x(t)\in\mathfrak{H}$ に $x_1(t)=x(t+1)\in\mathfrak{H}$ を対応させる作用素はウニタリである．

定理 7·1　有界作用素 T がウニタリであるための必要かつ十分な条件は

$$T^*=T^{-1} \tag{7·4}$$

が成立つことである．

証明　（必要）$4\Re(Tx, Ty)=\|T(x+y)\|^2-\|T(x-y)\|^2=\|x+y\|^2-\|x-y\|^2$
$=4\Re(x, y)$

y を iy として $4\mathfrak{I}m(Tx, Ty)=4\mathfrak{I}m(x, y)$ も得られるから

$$(Tx, Ty)=(x, y) \quad (x, y\in\mathfrak{H}) \tag{7·5}$$

故に $(x, y)=(x, T^*Ty)$ したがって $T^*T=I$. ところが $\mathfrak{D}(T^{-1})=\mathfrak{W}(T)=\mathfrak{H}$ なる T^{-1} の存在することは T がウニタリという定義からわかる．故に (7·4) が成立たねばならない．

（十分）T とともに T^* がしたがって T^{-1} が有界作用素となるから $\mathfrak{D}(T)=\mathfrak{W}(T)=\mathfrak{H}$ である．しかも $(Tx, Ty)=(x, T^{-1}Ty)=(x, y)$ となるから，$y=x$ として (7·3) が成立ち T はウニタリである．

7·2　$L^2(\alpha, \beta)$ におけるウニタリ作用素，Bochner（ボッホナー）の定理[1]

$L^2(\alpha, \beta)$ におけるウニタリ作用素の形をすべて決定した Bochner 結果を次の二つの定理に述べる．

定理 7·2　$\infty\leqq\alpha<0<\beta\leqq\infty$ とし $g=Tf$ を Hilbert 空間 $L^2(\alpha, \beta)$ のウニタリ作用素とする．この T に対して $\alpha<\xi, x<\beta$ において定義せられた核（kernel）$K(\xi, x), H(\xi, x)$ で，次の条件を満足するものが定まる：$K(\xi, x), H(\xi, x)$ は ξ を定めると x の函数として $L^2(\alpha, \beta)$ に属し

$$\int_0^\xi g(x)dx=\int_\alpha^\beta \overline{K(\xi, x)}f(x)dx \tag{7·6}$$

$$\int_0^\xi f(x)dx=\int_\alpha^\beta \overline{H(\xi, x)}g(x)dx$$

$$\int_0^\eta K(\xi, x)dx=\int_0^\xi \overline{H(\eta, x)}dx \tag{7·7}$$

$$\int_\alpha^\beta \overline{K(\xi, x)}K(\eta, x)dx=\int_\alpha^\beta \overline{H(\xi, x)}H(\eta, x)dx \tag{7·8}$$

$$=\begin{cases} \lim\{|\xi|, |\eta|\}, & \xi\eta\geqq 0 \text{ のとき} \\ 0 & , \xi\eta\leqq 0 \text{ のとき} \end{cases}$$

証明　$\xi>0$ または $\xi<0$ にしたがって $\mathrm{sign}\,\xi=1$ または -1 とおき，函数 $e_\xi(x)$ を，x が 0 と ξ との間にあるとき $\mathrm{sign}\,\xi$ に等しく，また x が 0 と ξ との間にないとき 0 に等しいものとする．

1) S. Bochner : Inversion fomulae and unitary transformations, Annals of Math. **35** (1934), 111—115.

$$H(\xi,x)=Te_\xi(x),\quad K(\xi,x)=T^{-1}e_\xi(x) \tag{7·9}$$

とおくと $g=Tf$ と $T^*=T^{-1}$ とによって

$$(g,e_\xi)=(Tf,e_\xi)=(f,T^{-1}e_\xi), \tag{7·10}$$

$$(f,e_\xi)=(T^{-1}g,e_\xi)=(TT^{-1}g,Te_\xi)=(g,Te_\xi)^{1)} \tag{7·11}$$

を得る. これは (7·6) に他ならない.

次に $f=e_\eta$ したがって $g(x)=Te_\eta(x)=H(\eta,x)$ として (7·10) から (7·7) を得る. また $g(x)=Te_\eta(x)=H(\eta,x)$, したがって $f=e_\eta$ として (7·11) から

$$\int_\alpha^\beta H(\eta,x)\overline{H(\xi,x)}dx=(e_\eta,e_\xi)=(T^{-1}e_\eta,T^{-1}e_\xi)^{2)}$$

$$=\int_\alpha^\beta K(\eta,x)\overline{K(\xi,x)}dx=\begin{cases}\min\{|\xi|,|\eta|\}, & \xi\eta\geqq 0 \text{ のとき}\\ 0, & \xi\eta\leqq 0 \text{ のとき}\end{cases}$$

を得る. 最後の値は (e_η,e_ξ) の値に他ならない.

定理 7·3 $L^2(\alpha,\beta)$ に属する函数 $f(x), g(x)$ が (7·6)—(7·8) によって結びつけられているとき $g=Tf$ はウニタリ作用素である.

証明 $(Ue_\xi)(x)=H(\xi,x)$, $(Ve_\xi)(x)=K(\xi,x)$ によって作用素 U, V を定義する. (7·7)—(7·8) によって

$$\left.\begin{aligned}&(Ve_\xi,Ve_\eta)=(e_\xi,e_\eta),\quad (Ue_\xi,Ue_\eta)=(e_\xi,e_\eta)\\&(Ve_\xi,e_\eta)=(e_\xi,Ue_\eta)\end{aligned}\right\} \tag{7·12}$$

が成立つ.

(α,β) に属する互いに重なり合わない有限個の有限区間の上で 0 ならざる定数値をとり, これら有限個の区間の外部では 0 となるような函数を**階段函数**とよぶことにする. 階段函数 $f(x)$ は $e_\xi(x)$ の如きものの有限個の一次結合として一意的に[3] $f(x)=\sum_i c_ie_{\xi_i}(x)$ と書き表わされる. かかる f に対して $Uf=\sum_i c_iUe_{\xi_i}$, $Vf=\sum_i c_iVe_{\xi_i}$ によって U, V の定義範囲を拡張すれば, (7·12) から, 階段函数 f, g に対して

$$(Vf,Vg)=(f,g),\quad (Uf,Ug)=(f,g),\quad (Vf,g)=(f,Ug) \tag{7·12$'$}$$

1) (7·5) によって $(Th,Tk)=(h,k)$.
2) T^{-1} が T とともにウニタリだから $(T^{-1}h,T^{-1}k)=(h,k)$.
3) 有限個の点 x における値を無視すれば

の成立つことがわかる．

ところが階段函数の全体は $L^2(\alpha,\beta)$ において稠密であるから任意の $h\in L^2(\alpha,\beta)$ に対して $f_n\to h$（強）なる如き階段函数 $\{f_n\}$ 列が存在する．等距離性 $(7\cdot12)'$ によって

$$\|V(f_n-f_m)\|^2=\|f_n-f_m\|^2$$

を得るから $\{Vf_n\}$ が強収束しかつこの強極限が h を定義する点列 $\{f_n\}$ のとり方に関係しないことは，$f_n'\to h$（強）とするとき $(f_n-f_n')\to0$（強）となりしかも $\|V(f_n-f_n')\|^2=\|f_n-f_n'\|^2$ を得ることからわかる．$Vh=\lim_{n\to\infty}Vf_n$（強）によって V の定義範囲を $L^2(\alpha,\beta)$ 全体に拡張し，同じく U の定義範囲を $L^2(\alpha,\beta)$ 全体に拡張すると，内積の連続性 $(1\cdot2)$ と $(7\cdot12)'$ によって

すべての $h,k\in L^2(\alpha,\beta)$ に対して

$$(Vh,Vk)=(h,k),\ (Uh,Vk)=(h,k),\ (Vh,k)=(h,Uk) \qquad (7\cdot13)$$

の成立つことがわかった．故に

$$V^*V=I,\ U^*U=I,\ V^*=U$$

が得られる．故に $UV=I$．また $(V^*)^*=V$ と $V^*=U$ とから $V=U^*$ であるから上から $VU=I$ も得られて $U=V^{-1}$ であることがわかった．故に $U^{-1}=V=U^*$ となって U がウニタリ作用素となった．この U を T にとれば定理を得る．

7·3 Fourier 変換，Plancherel（プランシュレル）の定理

まず **Watson**[1] **の定理**を述べる．

定理 7·4 $\chi(x)/x\in L^2(-\infty,\infty)$ かつ

$$\int_{-\infty}^{\infty}\{\overline{\chi(\xi x)}\chi(\eta x)/x^2\}dx=\begin{cases}\min\{|\xi|,|\eta|\}, & \xi\eta\geqq0 \text{ のとき}\\ 0, & \xi\eta\leqq0 \text{ のとき}\end{cases} \qquad (7\cdot14)$$

ならば $\alpha=-\infty,\ \beta=\infty$ として

$$K(\xi,x)=\overline{\chi(\xi x)}/x,\ H(\xi,x)=\chi(\xi x)/x \qquad (7\cdot15)$$

は前定理の条件を満足する．

$\chi(x)$ の例

1) G. N. Watson : General Transforms, Proc. London Math. Soc. (2) **35** (1933), 156—199.

$$\chi(x)=(\sqrt{2\pi}\,i)^{-1}(1-e^{-ix}),\quad i=\sqrt{-1} \tag{7·16}$$

が定理 7·4 の条件を満足する．まず $(e^{-ix}-1)/x\in L^2(-\infty,\infty)$ は明らかである．また，虚数部分は 0 となるから，

$$\frac{1}{2\pi}\int_{-\infty}^{\infty}(e^{i\xi x}-1)(e^{-i\eta x}-1)x^{-2}dx$$

$$=\frac{1}{2\pi}\int_{-\infty}^{\infty}\{\cos(\xi-\eta)x-\cos\xi x-\cos\eta x+1\}x^{-2}dx$$

$$=\frac{1}{2\pi}\{-|\xi-\eta|+|\xi|+|\eta|\}\int_{-\infty}^{\infty}u^{-2}\sin^2 u\,du=\frac{1}{2}\{-|\xi-\eta|+|\xi|+|\eta|\}$$

$$=\begin{cases}\min(|\xi|,|\eta|), & \xi\eta\geqq 0 \text{ のとき}\\ 0, & \xi\eta\leqq 0 \text{ のとき}\end{cases}$$

であるからである．

よって定理 7·2，定理 7·4 から **M. Plancherel の定理**[1]を得る．すなわち

定理 7·5 $f(y)\in L^2(-\infty,\infty)$ に対して $\int_{-\infty}^{\infty}(iy)^{-1}(1-e^{-ixy})f(y)dy$ を作ると，これは x の函数としてほとんどすべての x に対して微分可能になり，かつ $f(x)$ に

$$g(x)=\frac{1}{\sqrt{2\pi}}\frac{d}{dx}\int_{-\infty}^{\infty}(iy)^{-1}(1-e^{-ixy})f(y)dy \tag{7·17}$$

を対応させる作用素 T はウニタリである．しかも T^{-1} は

$$f(x)=\frac{1}{\sqrt{2\pi}}\frac{d}{dx}\int_{-\infty}^{\infty}(iy)^{-1}(e^{ixy}-1)g(y)dy \tag{7·18}$$

によって与えられる．

証明 $g(x)$ が $L^2(-\infty,\infty)$ であれば，任意有限区間 (a,b) において $g(x)$ が可積分であることは Schwarz の不等式

$$\left(\int_a^b|g(x)|dx\right)^2\leqq\int_a^b 1^2dx\cdot\int_a^b|g(x)|^2dx<\infty$$

からわかる．よって，不定積分の微分定理[2]により，ほとんどすべての ξ に対して $\int_0^\xi g(x)dx$ が微分可能かつ

$$\frac{d}{d\xi}\int_0^\xi g(x)dx=g(\xi)$$

1) Contributions á l'étude de la representations d'une fonction arbitraire par des intégrales définies, Rend. Circ. Math. Palermo, 30 (1910), 289—335.

2) 高木貞治：解析概論 p. 520.

となる．この事実を (7·6) に応用すればよい．

Fourier 変換　$f(x)\in L^2(-\infty,\infty)$ に対して

$$f_n(x)=\begin{cases} f(x), & -n\leqq x\leqq n \text{ のとき} \\ 0, & |x|>n \text{ のとき} \end{cases} \tag{7·19}$$

とおけば，T を前定理におけるユニタリ作用素として $g_n=Tf_n$ とおくとき

$$g_n(x)=\frac{1}{\sqrt{2\pi}}\lim_{h\to 0}h^{-1}\int_{-n}^{n}(-iy)^{-1}(e^{-i(x+h)y}-e^{-ixh})f(y)dy$$

$$=\frac{1}{\sqrt{2\pi}}\lim_{h\to 0}\int_{-n}^{n}\left(\frac{hy}{2}\right)^{-1}\sin\frac{hy}{2}\,e^{ihy/2}e^{-ixy}f(y)dy$$

ところが被積分函数の絶対値は $\leqq|f(y)|$ かつ $f(y)\in L^2(\infty-,\infty)$ であるから，$(-n,n)$ においては $|f(y)|$ は積分可能である[1]．故に Lebesgue-Fatou の定理で $\lim\limits_{h\to 0}$ を積分の中に入れることができて

$$g_n(x)=\frac{1}{\sqrt{2\pi}}\int_{-n}^{n}e^{-ixy}f(y)dy \tag{7·20}$$

しかるに $\|f-f_n\|\to 0$ $(n\to\infty)$ であるから，T の等距離性によって $\|g-g_n\|=\|Tf-Tf_n\|=\|f-f_n\|\to 0$．すなわち

$$g(x)=\underset{n\to\infty}{\text{l. i. m.}}\frac{1}{\sqrt{2\pi}}\int_{-n}^{n}e^{-ixy}f(y)dy \tag{7·21}$$

ここに $\underset{n\to\infty}{\text{l. i. m.}}$ は**平均収束** (limit in the maen) の略語で

$$\lim_{n\to\infty}\int_{-\infty}^{\infty}|g(x)-g_n(x)|^2dx=0$$

を意味する．かくして $f\in L^2(-\infty,\infty)$ に対して (7·21) で与えられる $g\in L^2(-\infty,\infty)$ を対応させる作用素 T はユニタリで，$T^*=T^{-1}$ は

$$f(x)=\underset{n\to\infty}{\text{l. i. m.}}\frac{1}{\sqrt{2\pi}}\int_{-n}^{n}e^{ixy}g(y)dy \tag{7·22}$$

で与えられることがわかった．Plancherel の定理をこのように書き替えたのは E.C. Titchmarsh (ティッチュマーシュ)[2] である．(7·21) で与えられる $g(x)$ を $f(x)$ の**Fourier 変換** (Fourier transform) という．

---

1) 上に $g(x)$ に対して示したと同様の理由で

2) A pair of inversion formulae, Proc. London Math. Soc,. 22 (1924).

第8章　ウニタリ作用素のスペクトル分解

8·1　Fourier 変換のスペクトル分解

Fourier 変換

$$(Uf)(x)=\underset{n\to\infty}{\mathrm{l.i.m.}}(2\pi)^{-1/2}\int_{-n}^{n}e^{-ixy}f(y)dy \tag{8·1}$$

及び Fourier 逆変換

$$(U^*g)(y)=(U^{-1}g)(y)=\underset{n\to\infty}{\mathrm{l.i.m.}}(2\pi)^{-1/2}\int_{-n}^{n}e^{ixy}g(x)dx \tag{8·2}$$

の定義から

$$(Uf)(x)=(U^{-1}f)(-x)$$

したがって

$$(U^2f)(x)=f(-x),\quad (U^4f)(x)=f(x)$$

を得る．すなわち

$$U^4=I\ \text{（恒等作用素）} \tag{8·3}$$

定理 8·1

$$P_0=4^{-1}(I+U+U^2+U^3),\ \ P_1=4^{-1}(I-iU-U^2+iU^3) \tag{8·4}$$

$$P_2=4^{-1}(I-U+U^2-U^3),\ \ P_3=4^{-1}(I+iU-U^2-iU^3)$$

は射影作用素であり，かつ

$$P_jP_k=0\ (j\neq k),\ \sum_{j=0}^{3}P_j=I,\ \ P_kU=UP_k=i^kP_k\ (k=0,1,2,3) \tag{8·5}$$

を満足する．

証明　$U^*=U^{-1}$，$U^{k+4}=U^kU^4=U^k$ を用いて計算するとよい．

Fourier 変換 U のスペクトル分解　λ を U の固有値とすれば $Uf=\lambda f$，$f\neq 0$，なる f が存在する．(8·5) によって $f=\sum_{k=0}^{3}P_kf$ であるからある k_0 に対して $P_{k_0}f\neq 0$．再び (8·5) を用い

$$P_kUf=UP_kf=i^kP_kf=\lambda P_kf$$

を得るから $k=k_0$ とおいて $\lambda=i^{k_0}$ でなければならないことがわかる．よって

$k_1 \neq k_0$ ならば $P_{k_1}f=0$. もし $P_{k_1}f \neq 0$ とすると上と同じく $\lambda=i^{k_1}$ を得て $\lambda=i^{k_0}$ に矛盾するからである. よって U の固有値は

$$1,\ i,\ -1,\ -i \text{ すなわち } i^k\ (k=0,1,2,3) \tag{8·6}$$

の四つであり, また U の固有値 i^k に属する固有ベクトルの全体に 0 を附け加えたもの, すなわち U の固有空間 (eigenspace) は $\mathfrak{W}(P_k)=\{P_kf;\ f\in L^2(-\infty,\infty)\}$ に一致する.

すなわち $L^2(-\infty,\infty)$ の任意のベクトル f は, U の固有値 i^k に属する固有空間に属するベクトルの直和として表わされる：

$$f=If=\sum_{k=0}^{3} P_kf \tag{8·7}$$

また U も

$$U=UI=U(P_0+P_1+P_2+P_3)=P_0+iP_1-P_2-iP_3 \tag{8·8}$$

と分解される. ここにおいて実数 λ に依存する射影作用素の系 E_λ を

$$\left.\begin{aligned} E_\lambda &= 0, & 0 &\leqq \lambda < \pi/2 \\ &= P_1, & \pi/2 &\leqq \lambda < \pi \\ &= P_1+P_2, & \pi &\leqq \lambda < 3\pi/2 \\ &= P_1+P_2+P_3, & 3\pi/2 &< \lambda < 2\pi \\ &= I, & \lambda &= 2\pi \end{aligned}\right\} \tag{8·9}$$

によって導入する (各 E_λ が射影作用素であることは (8·5) からわかる) と, (8·8) は Stieltjes 積分の形に

$$U=\int_0^{2\pi} e^{i\lambda}dE_\lambda \text{ すなわち } Uf=\int_0^{2\pi} e^{i\lambda}d(E_\lambda f) \tag{8·10}$$

と書ける. しかして (8·5) と (8·9) とから

$$E_\lambda E_\mu = E_{\min(\lambda,\mu)},\quad E_0=0,\quad E_{2\pi}=I \tag{8·11}$$

及び

$$E_{\lambda+0}=E_\lambda \text{ すなわち } \lim_{\varepsilon\downarrow 0} E_{\lambda+\varepsilon}f=E_\lambda f\ (\text{強}) \tag{8·12}$$

も得られた. $\{E_\lambda\}$ を U の**単位 I の分解** (resolution of the identity), (8·10) を U の**スペクトル分解** (spectral resolution)[1] という. U の固有

1) スペクトルの語義は後に (第 11 章) 説明される.

値は E_λ の不連続点 $\pi/2, \pi, 3\pi/2, 2\pi$ $(=0 \bmod 2\pi)$ に対応する $e^{i\lambda}$ の値 i, $-1, -i, 1$ であり，かつこれらの固有値に対する固有空間への射影作用素は

$$P_1 = E_{\pi/2} - E_{\pi/2-0},\quad P_2 = E_\pi - E_{\pi-0},\quad P_3 = E_{3\pi/2} - E_{3\pi/2-0},\quad P_0 = E_{2\pi} - E_{2\pi-0} \qquad \left(E_{\lambda-0}f = \lim_{\varepsilon\downarrow 0} E_{\lambda-\varepsilon}f \text{ (強)}\right)$$

であることがわかる.

われわれは以下に一般のウニタリ作用素に対しても，上の如く U の固有値問題を解くのに十分な形にそのスペクトル分解が得られることを示す．そのために §8·2 を準備する.

8·2 Helly（ヘリイ）の選出定理

定理 8·2（Helly の選出定理）閉区間 $[0,1]$ において単調増加な函数の列 $\{v_n(\theta)\}$ が一様に有界すなわち

$$\sup_{n\,;\,0\leqq\theta\leqq 1} |v_n(\theta)| < \infty \tag{8·13}$$

を満足するならば，適当に収束部分列 $\{v_{n'}(\theta)\}$ 及び単調増加右連続[1]な $v_\infty(\theta)$ を選んで $v_\infty(\theta)$ の連続点 θ（ただし $0<\theta<1$）及び $\theta=1$ においては

$$\lim_{n'\to\infty} v_{n'}(\theta) = v_\infty(\theta)$$

が成立つようにできる.

証明 $[0,1]$ に属する有理数の全体は可算であるから，これらを $\theta_1, \theta_2, \theta_3, \cdots$ の如くに並べることができる．(8·13) によって数列

$$v_1(\theta_1), v_2(\theta_1), v_3(\theta_1), \cdots$$

は有界であるから Bolzano-Weierstrass の定理によって収束部分列

$$v_{1(1)}(\theta_1), v_{2(1)}(\theta_1), v_{3(1)}(\theta_1), \cdots$$

を選ぶことができる．同じく有界数列

$$v_{1(1)}(\theta_2), v_{2(1)}(\theta_2), v_{3(1)}(\theta_2), \cdots$$

から収束部分列

$$v_{1(2)}(\theta_2), v_{2(2)}(\theta_2), v_{3(2)}(\theta_2), \cdots$$

を選ぶことができる．同様に繰り返して，$\theta=\theta_1, \theta_2, \cdots, \theta_n$ において収束する

1) $v_\infty(\theta+0) = \lim_{\varepsilon\downarrow 0} v_\infty(\theta+\varepsilon) = v_\infty(\theta)$ なること

$v_{1(n)}(\theta)$, $v_{2(n)}(\theta)$, $v_{3(n)}(\theta)$, $\cdots$の部分列 $v_{1(n+1)}(\theta), v_{2(n+1)}(\theta), v_{3(n+1)}(\theta), \cdots$ を選んで $\theta=\theta_{n+1}$ においても収束するようにできる．故に $\{v_m(\theta)\}$ の部分列

$$v_{1(1)}(\theta),\ v_{2(2)}(\theta),\ v_{3(3)}(\theta),\ \cdots,\ v_{n(n)}(\theta),\ \cdots \tag{8·14}$$

を選べば，これは $\theta=\theta_1, \theta_2, \theta_3, \cdots, \theta_n, \cdots$において収束する（いわゆる対角線論法）．(8·14) を $\{v''(\theta)\}$ と書くことにすると

$$-\infty < \lim_{n''\to\infty} v_{n''}(\theta_j)=\tau_j < \infty \tag{8·15}$$

である．$v_{n''}(\theta)$ の単調増加性から

$$\theta_k < \theta_m \text{ ならば } \tau_k \leqq \tau_m$$

したがって

$$v_\infty(\theta)=\inf_{\theta_j>\theta} \tau_j \quad (0 \leqq \theta < 1 \text{ のとき})$$

$$v_\infty(1)=\lim_{n''\to\infty} v_{n''}(1)$$

によって定義せられた $v_\infty(\theta)$ は単調増加である．

$0\leqq\theta<1$ なるとき $v_\infty(\theta)=v_\infty(\theta+0)$ なることは

$$\inf_{\theta_j>\theta} \tau_j=\lim_{\varepsilon\downarrow 0} \inf_{\theta_k>\theta+\varepsilon} \tau_k$$

からわかる．また有理数の稠密性から任意の $\theta(0<\theta<1)$ と任意の $\varepsilon>0$（ただし $0<\theta-2\varepsilon$ とする）に対して

$$\theta>\theta_j>\theta-\varepsilon>\theta_k>\theta-2\varepsilon$$

なる θ_j, θ_k をとることができる．よって

$$v_\infty(\theta) \geqq \tau_j \geqq v_\infty(\theta-\varepsilon) \geqq \tau_k \geqq v_\infty(\theta-2\varepsilon)$$

を得て

$$v_\infty(\theta-0)=\sup_{\theta_j<\theta} \tau_j$$

次に $0<\theta<1, \theta<\theta_j$ とすると $v_n(\theta) \geqq v_n(\theta_j)$ となって $\overline{\lim_{n''\to\infty}} v_{n''}(\theta) \geqq \tau_j$ したがって

$$\overline{\lim_{n''\to\infty}} v_{n''}(\theta) \leqq \inf_{\theta_j>\theta} \tau_j=v_\infty(\theta)=v_\infty(\theta+0)$$

同じく $0<\theta<1, \theta_j<\theta$ とすると $\tau_j \leqq \underline{\lim_{n''\to\infty}} v_{n''}(\theta)$ したがって

$$\sup_{\theta_j<\theta} \tau_j=v_\infty(\theta-0) \leqq \underline{\lim_{n''\to\infty}} v_{n''}(\theta)$$

故に $v_\infty(\theta-0)=v_\infty(\theta+0)$ の成立つような θ（ただし $0<\theta<1$）及び $\theta=1$ においては $\lim_{n''\to\infty} v_{n''}(\theta)$ が存在して $v_\infty(\theta)$ に等しい.

ところが単調増加右連続な有界函数 $v(\theta)$ の不連続点の集合は高々可算個である. 証明は次の通り. $0=\lambda_1<\lambda_2<\cdots<\lambda_k=1$ とすると

$$v(1)-v(0)=\sum_{i=1}^{k-1}(v(\lambda_{j+1})-v(\lambda_j))$$

であるから, $v(\lambda)-v(\lambda-0)\geqq 1$ であるような $\lambda(0<\lambda\leqq 1)$ の個数は $v(1)-v(0)$ より大きくない. 同じく $1>v(\lambda)-v(\lambda-0)\geqq 1/2$ なる如き $\lambda(0<\lambda\leqq 1)$ の個数は $2(v(1)-v(2))$ より大きくない. 一般に $1/n>v(\lambda)-v(\lambda-0)\geqq 1/(n+1)$ なる如き $\lambda(0<\lambda\leqq 1)$ の個数は $(n+1)(v(1)-v(0))$ より大きくない. しかるに $v(\theta)$ が $\theta=\lambda$ において不連続とすると $(v(\lambda)-v(\lambda-0))\geqq 1$ であるかまたはある整数 $n\geqq 1$ に対して $1/n>v(\lambda)-v(\lambda-0)\geqq 1/(n+1)$ が成立たねばならない. よって $v(\theta)$ の不連続点の集合は高々可算である.

以上から $\lim_{n''\to\infty} v_{n''}(\theta)$ が存在しないような θ がもし存在したとしても, それは高々可算個しかない. それらを $\lambda_1, \lambda_2, \lambda_3, \cdots$ とし再び対角線論法を使えば, $\{v_{n''}(\theta)\}$ の部分列 $\{v_{n'}(\theta)\}$ で $\lim_{n'\to\infty} v_{n'}(\lambda_k)$ $(k=1,2,\cdots)$ が存在するようなものを選ぶことができる. すなわち $\{v_{n'}(\theta)\}$ は全ての θ において収束する.

8·3 正の定符号数列, Herglotz（ヘルグロッツ）の定理

正の定符号数列 複素数列 $\{\cdots u_{-n},\cdots,u_{-1},u_0,u_1,\cdots,u_n,\cdots\}$ は, 任意の n と任意の複素数 $\xi_0,\xi_1,\xi_2,\cdots,\xi_n$ とに対して

$$\sum_{j,k=0}^{n} u_{j-k}\xi_j\bar{\xi}_k\geqq 0 \tag{8·16}$$

を満足するときに**正の定符号数列** (positive definite sequence) とよばれる.

定理 8·3 正の定符号数列 $\{u_n\}$ は

$$u_n=\bar{u}_{-n} \tag{8·17}$$

$$|u_n|\leqq u_0 \quad (n=0,\pm 1,\pm 2,\cdots) \tag{8·18}$$

を満足する.

証明 (8·16) から任意の ξ に対して $u_0\xi\bar{\xi}\geqq 0$, したがって $u_0\geqq 0$. 次に任意の ξ,η に対して (8·16) から

$$u_0\xi\bar{\xi}+(u_n\eta\bar{\xi}+u_{-n}\xi\bar{\eta})+u_0\eta\bar{\eta}\geqq 0 \tag{8·19}$$

$u_0\geqq 0$ であるから上式の ( ) は実数である. よって $\eta\bar{\xi}=1$ 及び $=i$ とおいて (u_n+u_{-n}), $i(u_n-u_{-n})$ の双方ともに実数となって $u_n=\bar{u}_{-n}$. よって (8·19) において $\xi=\eta e^{i\theta}$ として

$$\Re(u_n e^{i\theta})+u_0\geqq 0,$$

θ を $\Re(u_n e^{i\theta})=-|u_n|$ なる如くとって $|u_n|\leqq u_0$.

定理 8·4 (Herglotz の定理) 正の定符号数列 $\{u_n\}$ に対して $[0,1]$ において単調増加かつ右連続な $v(\theta)$ を選んで

$$u_n=\int_0^1 e^{2\pi i n\theta}dv(\theta) \quad (n=0,\pm 1,\pm 2,\cdots) \tag{8·20}$$

ならしめ得る. しかもこのような $v(\theta)$ は $v(0)=0$ なる条件のもとに一意的に定まる.

証明 (8·16) において $n=m-1$ とし

$$\xi_0=1,\ \xi_1=e^{-2\pi i\theta},\ \cdots,\ \xi_{m-1}=e^{-2\pi i(m-1)\theta}$$

とすると

$$0\leqq m^{-1}\sum_{m-1}^{j,k=0}u_{j-k}e^{-2\pi(i-k)\theta}$$

$$=\sum_{k=-m+1}^{m-1}\left(1-\frac{|k|}{m}\right)u_k e^{-2\pi ik\theta}$$

を得る. この右辺を $p_m(\theta)$ とおけば, 両辺に $e^{2\pi ik\theta}$ を乗じて 0 から 1 まで積分することによって

$$u_k=m(m-|k|)^{-1}\int_0^1 p_m(\theta)e^{2\pi ik\theta}d\theta \tag{8·21}$$

$$=m(m-|k|)^{-1}\int_0^1 e^{2\pi ik\theta}dv_m(\theta),$$

ただし

$$v_m(\theta)=\int_0^\theta p_m(\theta)d\theta$$

を得る. $p_m(\theta)\geqq 0$ であるから, $v_m(\theta)$ は θ に関して単調増加かつ $v_m(0)=0$, $v_m(1)=u_0$ である.

故に Helly の選出定理が使えて, 単調増加右連続な $v^\infty(\theta)$ が存在して $v^\infty(\theta)$ の連続点 θ のすべて (ただし $0<\theta<1$) 及び $\theta=1$ において

$$v^\infty(\theta)=\lim_{n'\to\infty}v_{n'}(\theta) \tag{8·22}$$

となるような部分列 $\{v_{n'}(\theta)\}$ を選び出すことができる.

ところが $e^{2\pi ik\theta}$ は $0\leqq\theta\leqq 1$ において連続であるから一様連続, したがって任意の $\varepsilon>0$ に対して $[0,1]$ を分割して $0=\theta_0<\theta_1<\cdots<\theta_s=1$ とし, θ,θ' 双方ともに一つの部分区間に入っているときの $\sup\limits_{\theta,\theta'}|e^{2\pi ik\theta}-e^{2\pi ik\theta'}|<\varepsilon$ であるようにできる. しかしてなお, 単調増加有界函数 $v_\infty(\theta)$ の不連続点の集合は高々可算であるから, θ_j $(j=1,\cdots,s)$ で (8.22) が成立つようにできる. $v(\theta)=v_\infty(\theta)-v_\infty(0)$ $(0<\theta<1)$, $v(1)=v_\infty(1)+v_\infty(0)$ とする.

$$g_\varepsilon(\theta)=e^{2\pi ik\theta_j},\quad \theta_j\leqq\theta<\theta_{j+1}\quad (j=0,1,\cdots,s-1)$$

とすると

$$\left|\int_0^1 g_\varepsilon(\theta)dv_{m'}(\theta)-\int_0^1 e^{2\pi ik\theta}dv_{m'}(\theta)\right|\leqq\varepsilon\sup_\theta v_{m'}(\theta)=\varepsilon u_0,$$

同じく $e^{2\pi i\theta_j}=1$ $(j=0,s)$ を用い

$$\left|\int_0^1 g_\varepsilon(\theta)dv(\theta)-\int_0^1 e^{2\pi ik\theta}dv(\theta)\right|\leqq\varepsilon u_0$$

しかるに (8·22), $v_{n'}(0)=0$ と $v(0)=0$ により

$$\lim_{m'\to\infty}\int_0^1 g_\varepsilon(\theta)dv_{m'}(\theta)=\lim_{m'\to\infty}\left\{\sum_{j=0}^{s-1}e^{2\pi ik\theta_j}(v_{m'}(\theta_{j+1})-v_{m'}(\theta_j))\right\}$$

$$=\sum_{j=0}^{s-1}e^{2\pi ik\theta_j}(v(\theta_{j+1})-v(\theta_j))=\int_0^1 g_\varepsilon(\theta)dv(\theta)$$

$\varepsilon>0$ は任意であったから結局

$$\lim_{m'\to\infty}\int_0^1 e^{2\pi ik\theta}dv_{m'}(\theta)=\int_0^1 e^{2\pi ik\theta}dv(\theta)$$

故に (8·21) よって

$$u_k=\lim_{m'\to\infty}m'(m'-|k|)^{-1}\int_0^1 e^{2\pi ik\theta}dv_{m'}(\theta)=\int_0^1 e^{2\pi ik\theta}dv(\theta)$$

最後に $v(0)=0$ なる条件のもとに右連続で (8・20) を満足する $v(\theta)$ が一意的に定まることの証明，このような v が二つあったとしその差を $w(\theta)$ とおく．有界変分かつ右連続な $w(\theta)$ で $w(0)=0$ 及び

$$\int_0^1 e^{2\pi in\theta}dw(\theta)=0 \quad (n=0, \pm 1, \pm 2, \cdots) \tag{8.20$'$}$$

を満足するものは $w(\theta)\equiv 0$ に限ることを示せばよい．上式から $e^{2\pi i\theta}$ 及び $e^{-2\pi i\theta}$ の任意の多項式 $P(\theta)$ に対して

$$\int_0^1 P(\theta)dw(\theta)=0$$

任意の $\varepsilon>0$ と1を週期とする任意の連続函数 $f(\theta)$ とに対して，Weierstrass の多項式近似定理[1]により，$\sup_\theta |f(\theta)-P(\theta)|<\varepsilon/c$ ($c=w(\theta)$ の全変分) となるような $P(\theta)$ が存在する．したがって

$$\left|\int_0^1 f(\theta)dw(\theta)\right|<\varepsilon$$

すなわち

$$\int_0^1 f(\theta)dw(\theta)=0$$

いま θ_0, θ_1 を $0<\theta_0<\theta_1<1$ であるような $w(\theta)$ の連続点とし

$$f_n(\theta)=0 \begin{cases}0\leqq\theta\leqq\theta_0\\ \theta_1\leqq\theta\leqq 1\end{cases} \text{において}$$

$f_n(\theta)=1,\ \theta_0+1/n\leqq\theta\leqq\theta_1-1/n$ において

かつ $f_n(\theta)$ は $\theta_0\leqq\theta\leqq\theta_0+1/n$ 及び $\theta_1-1/n\leqq\theta\leqq\theta_1$ においては一次函数となる．

ような週期1の連続函数 $f_n(\theta)$ を作ると $\int_0^1 f_n(\theta)dw(\theta)=0$. よって項別積分定理により

$$w(\theta_1)-w(\theta_0)=\int_0^1 \lim_{n\to\infty} f_n(\theta)dw(\theta)=\lim_{n\downarrow\infty}\int_0^1 f_n(\theta)dw(\theta)=0$$

を得る．$w(\theta)$ の不連続点の集合が高々可算なること，したがって $w(\theta)$ の連続点が $[0,1]$ において稠密に存在することと $w(\theta)$ の右連続性，(8.20)$'$ 及び $w(0)=0$ によって上式から $w(\theta)\equiv 0$ を得る．

1) 高木，472 頁

8·4 ウニタリ作用素のスペクトル分解

定理 8·5 ウニタリ作用素 U に対して

$$F(0)=0,\ F(1)=I,$$
$$F(\theta)F(\theta')=F(\min(\theta,\theta')),\ (0\leqq\theta,\ \theta'\leqq 1)$$
$$F(\theta)x=F(\theta+0)x=\lim_{\varepsilon\downarrow 0}F(\theta+\varepsilon)x\ \text{(強)}$$

を満足する射影作用素の系 $\{F(\theta)\}_{0\leqq\theta\leqq 1}$ が存在して

$$(U^n x, y)=\int_0^1 e^{2\pi in\theta}d(F(\theta)x, y),\quad x, y\in\mathfrak{H}(n=0, \pm 1, \pm 2, \cdots) \tag{8·23}$$

が成立つ．しかもこのような条件を満足する $\{F(\theta)\}$ はただ一通りに定まる．(8·23)右辺の積分は有界変分函数 $(F(\theta)x, y)$ に関する Stieltjes 積分である．

証明[1] まずすべての整数 n に対して U^n がウニタリイなことに注意する：$U^{-n}=(U^*)^n=(U^n)^*$

$$u_n=u(n, x)=(U^n x, x),\quad (n=0, \pm 1, \pm 2, \cdots)$$

とおけば $\{u_n\}$ が正の定符号数列であることが

$$\sum_{j,k}u_{j-k}\xi_j\bar{\xi}_k=\sum_{j,k}(U^{j-k}x, x)\xi_j\bar{\xi}_k$$
$$=\sum_{j,k}(U^j x, U^k x)\xi_j\bar{\xi}_k=(\sum_j\xi_j U^j x, \sum_k\xi_k U^k x)\geqq 0$$

からわかる．故に定理 8·4 によって

$$(U^n x, x)=\int_0^1 e^{2\pi in\theta}dv(\theta),\quad (n=0, \pm 1, \pm 2, \cdots) \tag{8·24}$$

であるような単調増加右連続かつ $v(0)=0$ を満足する $v(\theta)=v(\theta\,;\,x, x)$ が一意的に定まる．故に

$$(U^n x, y)=\int_0^1 e^{2\pi in\theta}dv(\theta\,;\,x, y),\quad (n=0, \pm 1, \pm 2, \cdots) \tag{8·24$'$}$$

ただし $v(\theta\,;\,x, y)=4^{-1}\{v(\theta\,;\,x+y, x+y)-v(\theta\,;\,x-y, x-y)$
$+iv(\theta\,;\,x+iy, x+iy)-iv(\theta\,;\,x-iy, x-iy)\}$

定理 8·4 の証明の最後の部分と全く同様にして，(8·24)$'$ の左辺によって $v(\theta\,;\,x, y)$ が $v(0\,;\,x, y)=0$ なる条件のもとに一意的に定まる．このことから

1) S. Bochner : Spektralzerlegung linearer Scharer unitärer Operatoren, Sitzgsber. Preusz. Akad. Wiss, (1933), 371 の考えによる．

$v(\theta;x,y)$ が $(U^n x, y)$ と同じく x に関して加法的なことがわかる．また $(8\cdot24)'$ と $\overline{(U^n x, y)}=(U^n y, x)$ とによって，再び v の一意性を用いて

$$v(\theta;x,y)=\overline{v(\theta;y,x)}$$

しかして

$$0=v(0;x,x)\leqq v(\theta;x,x)\leqq v(1;x,x)$$

であるから，Schwarz 不等式 $(1\cdot15)$ を得たと同様にして

$$|v(\theta;x,y)|^2\leqq v(\theta;x,x)v(\theta;y,y) \qquad (8\cdot25)$$
$$\leqq v(1;x,x)v(1;y,y)$$

また $(8\cdot24)$ から

$$v(1;y,y)=(y,y)=\|y\|^2 \qquad (8\cdot26)$$

よって結局 $\overline{v(\theta;x,y)}$ は y の函数として有界加法的汎函数になる．故に定理 2·6 によって

$$v(\theta;x,y)=(F(\theta)x,y),\quad F(0)=0 \qquad (8\cdot27)$$

であるような作用素の系 $\{F(\theta)\}_{0\leqq\theta\leqq1}$ の存在することがわかった．しかして $(8\cdot26)$ から $F(1)=I$ である．また $v(\theta;x,y)=\overline{v(\theta;y,x)}$ から $F(\theta)$ が対称である．かくして

$$(U^n x,y)=\int_0^1 e^{2\pi i\theta}d(F(\theta)x,y) \qquad (8\cdot28)$$

を得た．次に $(8\cdot28)$ を用い

$$\int_0^1 e^{2\pi in\theta}d(F(\theta)U^m x,y)=(U^n U^m x,y)=(U^{n+m}x,y)$$
$$=\int_0^1 e^{2\pi i(n+m)\theta}d(F(\theta)x,y)=\int_0^1 e^{2\pi in\theta}d_\theta\left\{\int_0^\theta e^{2\pi im\theta'}d(F(\theta')x,y)\right\}$$

を得る．$(F(\theta)x,y)=v(\theta;x,y)$ の右連続性から上式右辺の $\{\ \}$ も θ の右連続函数である．よって表現 $(8\cdot24)'$ の一意性から

$$(F(\theta)U^m x,y)=\int_0^\theta e^{2\pi im\theta'}d(F(\theta')x,y)$$
$$=\int_0^1 e^{2\pi im\theta'}d_{\theta'}(F(\min(\theta,\theta')x,y)$$

この左辺は $F(\theta)$ の対称性から

$$=(U^m x,\ F(\theta)y)=\int_0^1 e^{2\pi im\theta'}d_{\theta'}(F(\theta')x,\ F(\theta)y)$$

$$=\int_0^1 e^{2\pi im\theta'}d_{\theta'}(F(\theta)F(\theta')x,\ y)$$

に等しい．したがって再び表現 (8·24)′ の一意性を用い

$$(F(\theta)F(\theta')x,\ y)=(F(\min(\theta,\theta'))x,\ y)$$

すなわち

$$F(\theta)F(\theta')=F(\min(\theta,\theta')) \tag{8·29}$$

が得られた．これから特に $F(\theta)^2=F(\theta)$ を得て，$F(\theta)$ が射影作用素であることがわかった．

次に $F(\theta)$ の右強連続性

$$F(\theta)x=\lim_{\varepsilon\downarrow 0}F(\theta+\varepsilon)x \quad (\text{強}) \tag{8·30}$$

は次のようにしてわかる．まず $(F(\theta)x,\ y)$ の右連続性から

$$\lim_{\varepsilon\downarrow 0}(\{F(\theta+\varepsilon)-F(\theta)\}x,\ y)=0$$

ところが対称作用素 $\{F(\theta+\varepsilon)-F(\theta)\}$ が $\{F(\theta+\varepsilon)-F(\theta)\}^2=F(\theta+\varepsilon)-F(\theta)$ を満足することは (8·28) からわかるから

$$\lim_{\varepsilon\downarrow 0}(\{F(\theta+\varepsilon)-F(\theta)\}x,\ y)=\lim_{\varepsilon\downarrow 0}(\{F(\theta+\varepsilon)-F(\theta)\}^2x,\ y)$$

$$=\lim_{\varepsilon\downarrow 0}(\{F(\theta+\varepsilon)-F(\theta)\}x,\ \{F(\theta+\varepsilon)-F(\theta)\}y)=0$$

が成立つ．したがって $y=x$ として (8·30) を得る．

以上の証明によって $\{F(\theta)\}$ が U から一意的に定まることは明らかである．

U に関する固有値問題がスペクトル分解 (8·23) によって完全に解けることについての説明は後章にゆづって

スペクトル分解の例

1. $y(s)\epsilon L_2(-\infty,\infty)$ に $e^{is}y(s)$ を対応させる作用素 T はウニタリである．このとき $2n\pi<s\leqq 2(n+1)\pi$ ならば

$$\begin{cases} F(\theta)y(s)=y(s), & s\leqq 2\pi\theta+2n\pi\leqq 2(n+1)\pi \text{ なるとき} \\ F(\theta)y(s)=0, & 2\pi\theta+2n\pi<s \text{ なるとき} \end{cases}$$

$$(n=\cdots,-1,0,1,\cdots)$$

によって定義される $\{F(\theta)\}_{1\geq\theta\geq 0}$ は (8·22) を満足する．しかして $0=\theta_1<\theta_2<\cdots<\theta_n=1$, θ_j' を $[\theta_{j-1}, \theta_j]$ の内点とすれば，s が 2π を法 (modulus) として $[2\pi\theta_{j-1}, 2\pi\theta_j]$ の内点であるとき

$$e^{is}y(s)-\sum_{j=1}^{n-1}e^{2\pi i\theta_j}(F(\theta_j)-F(\theta_{j-1}))y(s)=(e^{is}-e^{2\pi i\theta_j'})y(s)$$

したがって

$$\|Ty-\sum_{j=1}^{n-1}e^{2\pi i\theta_j}(F(\theta_j)-F(\theta_{j-1}))\|\leqq \max|e^{is}-e^{2\pi i\theta_j}|\,\|y\|$$

を得て，z との内積を作り

$$(Ty, z)=\int_0^1 e^{2\pi i\theta}d(F(\theta)y, z)$$

2. $x(t)\in L_2(-\infty, \infty)$ に $x(t+1)$ を対応させる作用素 T_1 はウニタリである．Fourier 変換

$$y(s)=U\cdot x(t)=\underset{n\to\infty}{\mathrm{l.\,i.\,m.}}\ (\sqrt{2\pi})^{-1}\int_{-n}^{n}e^{-ist}x(t)dt$$

によって

$$U\cdot x(t+1)=e^{is}U\cdot x(t)=e^{is}y(s)$$

となることがわかる．U がウニタリであるから $U^{-1}=U^*$ が存在し，かつ

$$T_1y(t)=x(t+1)=U^{-1}e^{is}y(s)=U^{-1}TU\cdot x(t)$$

すなわち $T_1=T^{-1}TU$ を得る．前例の $\{F(\theta)\}$ とともに $\{U^{-1}F(\theta)U\}$ もまた定理 8·5 の性質を満足することは容易にわかる．よって $T_1=U^{-1}TU$ からわかるように T_1 のスペクトル分解

$$(T_1y, z)=\int_0^1 e^{2\pi i\theta}d(U^{-1}F(\theta)U\cdot y, z)$$

を得る．

第9章　対称作用素

以下断わらない限り定義域，値域ともに $\subseteqq \mathfrak{H}$ であるような加法的作用素を取扱う．このような作用素を $\mathfrak{H}$ における加法的作用素ということにする．

9·1　積空間，グラフ及び共役作用素

積空間　ヒルベルト空間 $\mathfrak{H}$ の点の対 $\{x, y\}$ の全体 $\mathfrak{H}\otimes\mathfrak{H}$ は算法

$$\{x_1, y_1\}+\{x_2, y_2\}=\{x_1+y_1, x_2+y_2\},$$
$$\alpha\{x, y\}=\{\alpha x, \alpha y\},$$
$$(\{x_1, y_1\}, \{x_2, y_2\})=(x_1, y_1)+(x_2, y_2)$$

によってヒルベルト空間を作る．これを $\mathfrak{H}$ と $\mathfrak{H}$ との**直積** (direct product) または**積空間** (product space) という．$\mathfrak{H}\otimes\mathfrak{H}$ でのノルムは $\|\{x, y\}\|=\|x\|+\|y\|$ であるから，$\mathfrak{H}$ の完備なことから $\mathfrak{H}\otimes\mathfrak{H}$ の完備なことが証明されるのである．

グラフ　$\mathfrak{H}$ における加法的作用素 T に対して $\mathfrak{H}\otimes\mathfrak{H}$ の集合

$$\{\{x, Tx\}\,;\, x\in\mathfrak{D}(T)\}$$

を $\mathfrak{G}(T)$ で表わし T の**グラフ**という．

$\mathfrak{G}(T)\subseteqq\mathfrak{G}(T')$ かつ $\mathfrak{G}(T)$ に属する x に対しては $Tx=Tx'$ が成立つとき，$T\subseteqq T'$ と書き T' を T の**拡張** (extension) という．$T\subseteqq T'$ と $\mathfrak{G}(T)\subseteqq\mathfrak{G}(T')$ とは同等である．

定理 9·1　$\mathfrak{H}\otimes\mathfrak{H}$ の部分空間 $\mathfrak{G}$ が $\mathfrak{H}$ における加法的作用素のグラフになっているための必要かつ十分な条件は

$$\{0, y\}\in\mathfrak{G} \text{ ならば } y=0 \text{ なること} \tag{9·1}$$

である．

歪交換子　$\mathfrak{H}\otimes\mathfrak{H}$ 全体で定義せられ $\mathfrak{H}\otimes\mathfrak{H}$ の値をとる加法的作用素 V を

$$V\{x, y\}=\{-y, x\} \tag{9·2}$$

によって定義し，$\mathfrak{H}\otimes\mathfrak{H}$ の**歪交換子** (skew commutor) という．

定理 9·2　T を $\mathfrak{H}$ における加法的作用素とするとき，$(V\mathfrak{G}(T))^{\perp}$ が $\mathfrak{H}$ に

おける加法的作用素のグラフであるための必要かつ十分な条件は $\mathfrak{D}(T)$ が $\mathfrak{H}$ において稠密なことである.

証明 $\{0, y\}\in(V\mathfrak{G}(T))^{\perp}$ は, すべての $x\in\mathfrak{D}(T)$ に対して $(\{0, y\}, \{-Tx, x\})=0$ なることしたがって $(y, x)=0$ すなわち $y\in\mathfrak{D}(T)^{\perp}$ を意味する.

いま一般に $\mathfrak{H}$ の部分集合 M に M の点列の集積点をすべて附け加えて得られる閉集合を M^a と書いて M の**閉苞** (closure, abgeschlossene Hülle) とよぶことにすると, 定理 1·2 によって, $y\in\mathfrak{D}(T)^{\perp}$ と $y\in(\mathfrak{D}(T)^a)^{\perp}$ とは同等である.

故に定理 2·3 と定理 9·1 によって本定理の条件 $\mathfrak{D}(T)^a=\mathfrak{H}$ が得られる.

共役作用素 $\mathfrak{D}(T)^a=\mathfrak{H}$ ならば上定理から $\mathfrak{G}(T^*)=(V\mathfrak{G}(T))^{\perp}$ であるような加法的作用素 T^* が定まる. これを T の**共役** (**共軛**) **作用素** (conjugate or adjoint operator) という. T^* は

$$\text{すべての } x\in\mathfrak{D}(T) \text{ に対して } (Tx, y)=(x, y^*) \tag{9·3}$$

の成立つような点対 $\{y, y^*\}$ によって $y^*=T^*y$ と定義してもよい. よって上の定義は, $\mathfrak{D}(T)=\mathfrak{H}$ なる有界作用系 T に対しては第7章 7·1 に与えた共役作用素の定義と一致する.

9·2 閉作用素

閉作用素 $\mathfrak{G}(T)$ が $\mathfrak{H}\otimes\mathfrak{H}$ における閉部分空間であるような T を**閉加法的作用素**または略して**閉作用素** (closed operator) という. すなわち閉作用素という条件は

$$\{x_n\}\subseteqq\mathfrak{D}(T) \text{ かつ } \lim_{n\to\infty} x_n=x \text{ (強)}, \quad \lim_{n\to\infty} Tx_n=y \text{ (強)}$$
$$\text{ならば } x\in\mathfrak{D}(T) \text{ かつ } Tx=y \tag{9·4}$$

に他ならない.

定理 9·3 有界作用素は閉作用素である.

証明 有界作用素 T に対しては $\mathfrak{D}(T)=\mathfrak{H}$ であり, かつ T が連続であるから T は閉作用素である.

定理 9·4 T^* は閉作用素である.

証明 T^* の定義と定理 2·2 によって明らかである.

定理 9·5 $\mathfrak{D}(T)^a=\mathfrak{H}$ であるような加法的作用素 T が閉加法的作用素をその拡張としてもつための必要かつ十分な条件は $T^{**}=(T^*)^*$ の存在することである．この条件は，定理 9·2 により，$\mathfrak{D}(T^*)^a=\mathfrak{H}$ なることと同等である．

証明 (十分) 定義から T^{**} が存在すれば $T^{**}\geqq T$. また定理 9·4 によって T^{**} は閉作用素である．

(必要) T の閉加法的な拡張のグラフは $\mathfrak{G}(T)$ の閉苞 $\{\mathfrak{G}(T)\}^a$ を含む．故に定理 9·1 が使えて $\mathfrak{G}(T)^a$ がある加法的作用素のグラフになっていることがわかる．しかして定理 2·2 と定理 2·4 とから容易にわかるように

$$\text{部分空間 } \mathfrak{M} \text{ に対して } \mathfrak{M}^{\perp\perp}=(\mathfrak{M}^{\perp})^{\perp}=\mathfrak{M}^a \tag{9·5}$$

が成立つから $\mathfrak{G}(T)^a=\mathfrak{G}(T)^{\perp\perp}$. かつまた $V\mathfrak{G}(T^*)=\mathfrak{G}(T)^{\perp}$ であるから $(V\mathfrak{G}(T^*))^{\perp}=\mathfrak{G}(T)^a$. 故に T^{**} が存在し，しかも $\mathfrak{G}(T^{**})=\mathfrak{G}(T)^a$ であることがわかった．

系 $\mathfrak{D}(T)^a=\mathfrak{H}$ なるとき，T が閉作用素であるための必要かつ十分な条件は $T=T^{**}$ であることである．

定理 9·6 (定理 9·3 の逆) $\mathfrak{D}(T)=\mathfrak{H}$ なる如き閉作用素は有界作用素である．

証明 まず

$$\|Tx\|=\sup_{\|y\|\leqq 1}|(Tx,y)| \tag{9·6}$$

に注意する．右辺が左辺より大きくないことは $|(Tx,y)|\leqq\|Tx\|\cdot\|y\|$ からわかる．$Tx=0$ ならば (9·6) は明らかであるから，$Tx\neq 0$ とし $y=Tx/\|Tx\|$ とおけば $|(Tx,y)|=\|Tx\|$.

次に T が閉作用素であるから定理 9·5 によって $\mathfrak{D}(T^*)^a=\mathfrak{H}$, したがって (9·6) から

$$p(x)=\|Tx\|=\sup_{\substack{\|y\|\leqq 1\\ y\in\mathfrak{D}(T^*)}}|(Tx,y)|=\sup_{\substack{\|y\|\leqq 1\\ y\in\mathfrak{D}(T^*)}}|(x,T^*y)|. \tag{9·7}$$

---

1) 任意の $x_0\in\mathfrak{H}$ と任意の $\varepsilon>0$ とに対して $p(x_0)-\varepsilon\leqq|(x_0,T^*y)|$ となるような y (ただし $\|y\|\leqq 1$, $y\in\mathfrak{D}(T^*)$) が存在する．しかして $|(x,T^*y)|$ の x に関する連続性から，$\varepsilon>0$ に対して $\delta>0$ が定まって $\|x-x_0\|\leqq\delta$ ならば $|(x_0,T^*y)|-\varepsilon\leqq|(x,T^*y)|$. 故に $\|x-x_0\|\leqq\delta$ ならば $p(x_0)-2\varepsilon\leqq p(x)$.

$p(x)$ は，x の連続函数 $|(x, T^*y)|$ の supremum であるから下に半連続である（前頁脚注）．したがって定理 6·1 により $p(x) \leqq \gamma\|x\|$, $x \in \mathfrak{H}$ の成立つような正数 γ が存在する．

9·3　対称作用素

対称作用素　T^* が存在しかつ $T^* \supseteqq T$ すなわち T^* が T の拡張であるような加法的作用素 T を**対称**（symmetric）であるという．定理 9·2 によって当然 $\mathfrak{D}(T)^a = \mathfrak{H}$ である．

自己共役作用素　$T = T^*$ であるような加法的作用素 T は**自己共役**（self-adjoint）であるといわれる．

自己共役作用素の例

例 1　$\mathfrak{H} = L^2(-\infty, \infty)$ とし $x(t)$ 及び $tx(t)$ ともに $\in L^2(-\infty, \infty)$ であるような $x(t)$ の全体を $\mathfrak{D}$ とし，各 $x(t) \in \mathfrak{D}$ に $tx(t)$ を対応させる作用素 t は自己共役である．

証明　まず有限閉区間の外では恒等的に 0 となるような連続函数の全体は $\subseteqq \mathfrak{D}$ であり，かつこの全体は $\mathfrak{H}$ において稠密であるから $\mathfrak{D}^a = \mathfrak{D}(t\cdot)^a = \mathfrak{H}$ である．

いま $y \in \mathfrak{D}((t\cdot)^*$ かつ $(t\cdot)^*y = y^*$ とすると，すべての $x \in \mathfrak{D}$ に対して

$$\int_{-\infty}^{\infty} tx(t)\overline{y(t)}\,dt = \int_{-\infty}^{\infty} x(t)\overline{y^*(t)}\,dt$$

$x(t)$ として有限閉区間 $[\alpha, t_0]$ の定義函数[1]をとると

$$\int_{\alpha}^{t_0} t\overline{y(t)}\,dt = \int_{\alpha}^{t_0} \overline{y^*(t_0)}\,dt$$

したがって，不定積分の微分定理[2]によりほとんどすべての t_0 において $t_0\overline{y(t_0)} = \overline{y^*(t_0)}$，したがって $t_0 y(t_0) = y^*(t_0)$．故に $y \in \mathfrak{D}$ かつ $(t\cdot)^*y(t) = ty(t)$．逆に $y \in \mathfrak{D}$ なる $y(t)$ に対して $y^*(t) = (t)^*y(t) = ty(t)$ ととることができることも明らかであるから

$$(t\cdot)^* = t\cdot$$

例 2　$\mathfrak{H} = L^2(-\infty, \infty)$ としすべての有限区間において絶対連続[3]であるような $x(t) \in L^2(-\infty, \infty)$ で，その導函数（ほとんど到るところでの）が $\in L^2$

1)　$t \in [\alpha, t_0]$ または $t \,\overline{\in}\, [\alpha, t_0]$ にしたがって $x(t) = 1$ または $x(t) = 0$.
2)　高木，515 頁
3)　高木，517 頁

$(-\infty, \infty)$ であるような $x(t)$ の全体を $\mathfrak{D}$ とする．各 $x(t)\in\mathfrak{D}$ に $i^{-1}x'(t)$ を対応させるような作用素 $i^{-1}d/dt$ は自己共役である．

証明　$y(t)\in\mathfrak{D}((i^{-1}d/dt)^*)$ かつ $(i^{-1}d/dt)^*y=y^*$ とすると，全ての $x\in\mathfrak{D}$ に対して

$$\int_{-\infty}^{\infty} i^{-1}x'(t)\overline{y(t)}\,dt=\int_{-\infty}^{\infty} x(t)\overline{y^*(t)}\,dt$$

ここにおいて次のたような連続函数 $x_n(t)$ をとる：

$$\begin{cases} [\alpha, t_0] \text{ において } x_n(t)=1, \\ t\leqq\alpha-n^{-1} \text{ 及び } t\geqq t_0+n^{-1} \text{ なるとき } x_n(t)=0 \\ [\alpha-n^{-1}, \alpha] \text{ 及び } [t_0, t_0+n^{-1}] \text{ においては } x_n(t) \text{ 一次函数} \end{cases}$$

$x_n(t)\in\mathfrak{D}$ なること，及びこのような $x_n(t)$ の一次結合の全体が $\mathfrak{H}$ において稠密なることとは明らかであるから $\mathfrak{D}^a=\mathfrak{D}(i^{-1}d/dt)^a=\mathfrak{H}$ である．この $x_n(t)$ を上の式における $x(t)$ のところに代入すると

$$n\int_{\alpha-n^{-1}}^{\alpha} i^{-1}\overline{y(t)}\,dt-n\int_{t_0}^{t_0+n^{-1}} i^{-1}\overline{y(t)}\,dt=\int_{-\infty}^{\infty} x_n(t)\overline{y^*(t)}\,dt$$

故に $n\to\infty$ ならしめると不定積分の微分定理[1]によって，ほとんどすべての α, t_0 に対して

$$i^{-1}(\overline{y(\alpha)}-\overline{y(t_0)})=\int_{\alpha}^{t_0}\overline{y^*(t)}\,dt$$

$y^*\in L^2(-\infty, \infty)$ であるから，Schwarz の不等式からわかるように $\overline{y^*(t)}$ は任意有限区間で積分可能である．したがって上式から $\overline{y(t_0)}=\overline{y(\alpha)}-i\int_{\alpha}^{t_0}\overline{y^*(t)}\,dt$ は t_0 の函数として任意有限区間で絶対連続である．再び不定積分の微分定理[1]を用い，ほとんどすべての t_0 に対して $(\overline{y(t_0)})'$ が存在して $=-i\overline{y^*(t_0)}$．故に $i^{-1}y'(t_0)=y(t_0)$，すなわち $y\in\mathfrak{D}$ かつ $(i^{-1}d/dt)^*y(t)=i^{-1}y'(t)$．逆に $y\in\mathfrak{D}$ ならば部分積分で

$$\int_a^b i^{-1}x'(t)\overline{y(t)}\,dt=i^{-1}[x(t)y(t)]_a^b-\int_a^b x(t)\overline{(i^{-1}y'(t))}\,dt$$

を得るが $|x(t)\overline{y(t)}|$ が (∞, ∞) において積分可能であるから

$$\lim_{a_n\to-\infty} x(t)\overline{y(t)}=0, \quad \lim_{b_n\to\infty} x(t)\overline{y(t)}=0$$

となるような数列 $\{a_n\}, \{b_n\}$ が存在しなければならない．したがって

$$\int_{-\infty}^{\infty} i^{-1}x'(t)\overline{y(t)}\,dt=\int_{-\infty}^{\infty} x(t)\overline{(i^{-1}y'(t))}\,dt$$

1)　高木，515 頁

が成立つ.

以上から $(i^{-1}d/dt)^*=i^{-}d/dt$ なることがわかった.

例　$\mathfrak{H}=L^2(0,1)$ とし $x(t)\in L^2(0,1)$ に $\int_0^1 K(s,t)x(t)dt$ を対応させる. ここに**核** (kernel) $K(s,t)$ は

$$\int_0^1\int_0^1 |K(s,t)|^2 dsdt < \infty, \quad K(s,t)\equiv\overline{K(t,s)}$$

を満足する. 複素数値可測函数とする. このようにして得られた作用素は有界な自己共役作用素である.

証明　有界なことは Schwarz の不等式を用い

$$\int_0^1\left|\int_0^1 K(s,t)x(t)dt\right|^2 ds \leqq \int_0^1\left\{\int_0^1 |K(s,t)|^2dt\cdot\int_0^1 |x(t)|^2dt\right\}ds$$

$$\leqq \|x\|^2\cdot\int_0^1\int_0^1 |K(s,t)|^2 dtds$$

を得ることからわかる, 自己共役なことは Fubini の積分順序交換定理を用い

$$\int_0^1\left\{\int_0^1 K(s,t)x(t)dt\right\}\overline{y(s)}dt$$

$$=\int_0^1 x(t)\left\{\int_0^1 \overline{K(t,s)}\overline{y(s)}ds\right\}dt$$

を得ることからわかる.

次に自己共役作用素についての二三の性質を挙げておく.

定理 9·7　$\mathfrak{D}(T)=\mathfrak{H}$ であるような対称作用素 T は有界な自己共役作用素である. また有界な対称作用素は自己共役である.

証明　$T\subseteqq T^*$, $\mathfrak{D}(T)=\mathfrak{H}$ から $T=T^*$, したがって T は閉作用素であり定理 9·6 によって有界である. 定理の後の部分も $T\subseteqq T^*$, $\mathfrak{D}(T)=\mathfrak{H}$ から明らかである.

定理 9·8　有界な対称作用素 T に対して

$$\|T\|=\sup_{\|x\|\leqq 1}|(Tx,x)| \tag{9·8}$$

証明　右辺を γ とおくと (9·6) から $\gamma\leqq\|T\|$. 次に γ の定義から任意の実数 λ に対して

$$|(T(y\pm\lambda z),y\pm\lambda z)|=|(Ty,y)\pm 2\lambda\Re(Ty,z)+\lambda^2(Tz,z)|$$

$$\leqq \gamma\|y\pm\lambda z\|^2 \qquad (\text{符号同順})$$

故に (2·1) を用い

$$4\lambda\Re(Ty, z) \leqq \gamma(\|y+\lambda z\|^2+\|y-\lambda z\|^2) = 2\gamma(\|y\|^2+\lambda^2\|z\|^2)$$

したがって $\lambda=\|y\|/\|z\|$ とおいて[1] $|\Re(Ty, z)|\leqq \gamma\|y\|\cdot\|z\|$. (Ty, z) の偏角を θ として z の代りに $e^{i\theta}z$ を代入して

$$|(Ty, z)| \leqq \gamma\|y\|\cdot\|z\| \tag{9·9}$$

故に (9·6) から $\|T\|\leqq\gamma$ が得られた.

定理 9·9 自己共役な T が逆作用素 T^{-1} をもつならば, T^{-1} もまた自己共役である.

証明 $T=T^*$ は $(V\mathfrak{G}(T))^{\perp}=\mathfrak{G}(T)$ と同等である. ところが $\mathfrak{G}(T^{-1})=V\mathfrak{G}(-T)$ であるから, $(-T)^*=-T^*=-T$ による $(V\mathfrak{G}(-T))^{\perp}=\mathfrak{G}(-T)$ を用い

$$(V\mathfrak{G}(T^{-1}))^{\perp}=\mathfrak{G}(-T)^{\perp}=(V\mathfrak{G}(-T))^{\perp\perp}=V\mathfrak{G}(-T)^{1)}=\mathfrak{G}(T^{-1})$$

すなわち $(T^{-1})^*=T^{-1}$ が得られた.

定理 9·10 対称作用素 T は対称で閉な拡張 T^{**} をもつ.

証明 T^{**} の存在することは $\mathfrak{D}(T^*)\geqq\mathfrak{D}(T), \mathfrak{D}(T)^a=\mathfrak{H}$ と定理 9·5 とからわかる. 故にまた $\mathfrak{D}(T^{**})\geqq\mathfrak{D}(T)$ から $T^{***}=(T^{**})^*$ が存在する. $T^*\geqq T$ によって $T^{**}\leqq T^*$, したがって $T^{***}\geqq T^{**}$ が得られて T^{**} は対称である.

---

1) $z\neq 0$ と仮定して. $z=0$ のときには (9·9) は明らかに成立つ.

2) $-T$ が閉作用素であるから $\mathfrak{G}(-T)$ したがってまた $V\mathfrak{G}(-T)$ が閉部分空間になって $(V\mathfrak{G}(-T))^{\perp\perp}=V\mathfrak{G}(-T)$.

第10章　自己共役作用素のスペクトル分解

10・1　単位の分解

定理 10・1　パラメター λ $(-\infty<\lambda<\infty)$ を含む射影作用素の系 $\{E(\lambda)\}$ が

$$E(\lambda)E(\mu)=E(\min(\lambda,\mu)) \tag{10·1}$$

を満足するとすれば，$\lambda_n\uparrow\lambda$ なるとき[1] $\lim_{n\to\infty}E(\lambda_n)x=E(\lambda-0)x$ （強）となるような射影作用素 $E(\lambda-0)$ が定まり，しかも $E(\lambda-0)$ は数列 $\{\lambda_n\}$ の採り方に関係しない．同じく $\lambda_n\downarrow\lambda$ として $\lim_{n\to\infty}E(\lambda_n)x=E(\lambda+0)x$ （強）なる射影作用素も定義される．同じくまた $\lambda_n\uparrow\infty$，$\mu_n\downarrow-\infty$ として

$$E(\infty)x=\lim_{n\to\infty}E(\lambda_n)x\ （強），\quad E(-\infty)x=\lim_{n\to\infty}E(\mu_n)x\ （強）$$

なる射影作用素 $E(\infty)$，$E(-\infty)$ も定義される．

証明　定理 2・5 と (10・1) とから $E(\alpha,\beta]=E(\beta)-E(\alpha)$，$\beta>\alpha$ は射影作用素である．故に $m>n$ なるとき

$$E(\lambda_m)-E(\lambda_n)=\textstyle\sum_{i=n}^{m-1}E(\lambda_i,\lambda_{i+1}]$$

の右辺の各項はいずれも射影作用素であり，また (10・1) によって互いに直交する：

$$E(\lambda_i,\lambda_{i+1}]\cdot E(\lambda_j,\lambda_{j+1}]=0\quad(i\neq j)$$

故に

$$\|x\|^2\geqq\|E(\lambda_n,\lambda_m]x\|^2=\textstyle\sum_{i=n}^{m-1}\|E(\lambda_i,\lambda_{i+1}]x\|^2 \tag{10·2}$$

右辺の $\sum$ は収束する正項級数であるから

$$\lim_{\substack{j>i\\ j,i\to\infty}}\textstyle\sum_{k=i}^{j-1}\|E(\lambda_k,\lambda_{k+1}]x\|^2=\lim_{\substack{j>i\\ j,i\to\infty}}\|E(\lambda_i,\lambda_j]x\|^2=0$$

したがって $\lim_{n\to\infty}E(\lambda_n)x$ （強）の存在することがわかった．$\tau_n\uparrow\lambda$ とし $\{\lambda_n\}$ と $\{\sigma_n\}$ とを一緒にして単調増大に並べたものを $\{\sigma_n\}$ とし $\lim_{n\uparrow\infty}E(\sigma_n)x=E'x$

---

1)　$\lambda_n\uparrow\lambda$ は $\lambda_1\leqq\lambda_2\leqq\cdots\leqq\lambda_n\leqq\cdots$ かつ $\lim_{n\to\infty}\lambda_n=\lambda$ なることを意味する．また $\lambda_n\downarrow\lambda$ は $\lambda_1\geqq\lambda_2\geqq\cdots\geqq\lambda_n\geqq\cdots$ かつ $\lim\lambda_n=\lambda$ なることを意味する．

とおけば，$\{\lambda_n\}$ が $\{\sigma_n\}$ の部分列であることから $E'x=\lim_{n\to\infty}E(\lambda_n)x$ （強）. 同じく $E'x=\lim_{n\to\infty}E(\tau_n)x$ （強）も得られて $\{\lambda_n\}$ のとり方に関係しない $E(\lambda+0)$ の存在がわかったわけになる.

単位の分解 $\{E(\lambda)\}$ が，定理 8·5 におけると同じように，条件：

$$E(-\infty)=0,\ E(\infty)=I, \tag{10·3}$$
$$E(\lambda)E(\mu)=E(\min(\lambda,\mu)),$$
$$E(\lambda+0)=E(\lambda)$$

を満足するときに $\{E(\lambda)\}$ を**単位の分解**（resolution of the identity）という.

定理 10·2 $\{E(\lambda)\}$ を単位の分解とすれば，任意の x, y に対して λ の函数 $(E(\lambda)x, y)$ の実数部虚数部は双方ともに有界変分である.

証明 $\lambda_1<\lambda_2<\cdots<\lambda_n$ とすれば，$E(\lambda_j,\lambda_{j+1}]$ が射影だから

$$\sum_{j=1}^{n-1}|(E(\lambda_{j+1})x, y)-(E(\lambda_j)x, y)|=\sum_{j=1}^{n-1}|(E(\lambda_j,\lambda_{j+1}]x, y)|$$
$$=\sum_{j=1}^{n-1}(E(\lambda_j,\lambda_{j+1}]x,\ E(\lambda_j,\lambda_{j+1}]y)$$
$$\leqq\sum_{j=1}^{n-1}\|E(\lambda_j,\lambda_{j+1}]x\|\cdot\|E(\lambda_j,\lambda_{j+1}]y\|$$
$$\leqq\left(\sum_{j=1}^{n-1}\|E(\lambda_j,\lambda_{j+1}]x\|^2\right)^{1/2}\left(\sum_{j=1}^{n-1}\|E(\lambda_j,\lambda_{j+1}]y\|^2\right)^{1/2}$$
$$=(\|E(\lambda_1,\lambda_n]x\|^2)^{1/2}\cdot(\|E(\lambda_1,\lambda_n]y\|^2)^{1/2},\quad \text{((10·2) による)}$$
$$\leqq\|x\|\cdot\|y\|$$

定理 10·3 $x\in\mathfrak{H}$ と $(-\infty,\infty)$ で定義せられた複素数値連続函数 $\phi(\lambda)$ とが与えられたとき

$$\int_\alpha^\beta\phi(\lambda)dE(\lambda)x \tag{10·4}$$

を次の如く定義する. $[\alpha,\beta]$ を分割して $\alpha=\lambda_1<\lambda_2<\cdots<\lambda_n=\beta$ とし，各部分区間 $[\lambda_j,\lambda_{j+1}]$ からそれぞれ任意に λ_j' を選んで近似和

$$\sum_{j=1}^{n-1}\phi(\lambda_j')E(\lambda_j,\lambda_{j+1}]x$$

を作る. このとき分割方法と λ_j' のとり方に無関係にこの近似和が，$\max|\lambda_{j+1}-\lambda_j|\to 0$ なる如く分割を細かにするときに一定の極限に強収束する.

この極限を (10·4) で表わす．次に $\int_\alpha^\beta \phi(\lambda)dE(\lambda)x$ が $\beta\to\infty$ なるとき強収束するならばその強極限を $\int_\alpha^\infty \phi(\lambda)dE(\lambda)x$ と書く．

同様にして $\int_{-\infty}^\beta \phi(\lambda)\,dE(\lambda)x$ や $\int_{-\infty}^\infty \phi(\lambda)dE(\lambda)x$ も定義せられる．

証明　$\phi(\lambda)$ は有限閉区間 $[\alpha, \beta]$ では一様連続である．よって任意の $\varepsilon>0$ に対して，$\delta=\delta(\varepsilon)>0$ を定めて $\lambda', \lambda''\in[\alpha,\beta]$，$|\lambda'-\lambda''|<\delta(\varepsilon)$ ならば，$|\phi(\lambda')-\phi(\lambda'')|<\varepsilon$ なるようにできる．二つの分割

$$\alpha=\lambda_1<\lambda_2<\cdots<\lambda_n=\beta,\quad \max_j |\lambda_{j+1}-\lambda_j|<\delta$$

$$\alpha=\mu_1<\mu_2<\cdots<\mu_m=\beta,\quad \max_k |\mu_{k+1}-\mu_k|<\delta$$

を重ね合わせた分割を

$$\alpha=\nu_1<\nu_2<\cdots<\nu_p=\beta,\quad p\leqq m+n$$

とする．しかるときは $\mu_k'\in[\mu_k, \mu_{k+1}]$ として

$$\begin{aligned}&\textstyle\sum_j\phi(\lambda_j')E(\lambda_j, \lambda_{j+1}]x-\sum_k\phi(\mu_k')E(\mu_k, \mu_{k+1}]x\\ &=\textstyle\sum_s\varepsilon_sE[\nu_s, \nu_{s+1}]x,\quad |\varepsilon_s|\leqq 2\varepsilon\end{aligned}$$

のノルムの二乗は，(10·2) を得たと同じようにして，

$$\leqq \varepsilon^2\|\textstyle\sum_sE(\nu_s, \nu_{s+1}]x\|^2=\varepsilon^2\|E(\alpha, \beta]x\|^2\leqq\varepsilon^2\|x\|^2$$

定理 10·4　$x\in\mathfrak{H}$ に対して次の三つの条件は同等である：

$$\int_{-\infty}^\infty \phi(\lambda)dE(\lambda)x \tag{10·5}$$

が存在する．

$$\int_{-\infty}^\infty |\phi(\lambda)|^2d\|E(\lambda)x\|^2<\infty, \tag{10·6}$$

$$F(y)=\int_{-\infty}^\infty \phi(\lambda)d(E(\lambda)y,\ x) \tag{10·7}$$

が有界汎函数である．

証明　$\|E(\lambda)x\|^2=(E(\lambda)x, E(\lambda)x)$，$(E(\lambda)y, x)$ は，定理 10·2 により，λ の有界変分函数でありかつ $\phi(\lambda)$ は連続であるから Riemann-Stieltjes 式積分 (10·6)，(10·7) は定義せられる．

(10·5)→(10·7)の証明. y と $\int_{-\infty}^{\infty}\phi(\lambda)dE(\lambda)x$ の近似和との内積を作ると y の有界汎函数である. $(y, E(\lambda)x)=(E(\lambda)y, x)$ 及び定理 6·2 系によって (10·7) を得る.

(10·7)→(10·6) の証明. $y=\int_{\alpha}^{\beta}\phi(\lambda)dE(\lambda)x$ の近似和に $E(\alpha, \beta]$ を作用させてわかる如く $y=E(\alpha, \beta]y$. 故に

$$\overline{F(y)}=\int_{-\infty}^{\infty}\overline{\phi(\lambda)}d(E(\lambda)x, y)=\lim_{\substack{\alpha'\to-\infty\\ \beta'\to\infty}}\int_{\alpha'}^{\beta'}\overline{\phi(\lambda)}d(E(\lambda)x, y)$$

$$=\lim\int_{\alpha'}^{\beta'}\overline{\phi(\lambda)}d(E(\lambda)x,\ E(\alpha, \beta]y)$$

$$=\lim\int_{\alpha'}^{\beta'}\overline{\phi(\lambda)}d(E(\alpha, \beta]E(\lambda)x, y)$$

$$=\int_{\alpha}^{\beta}\overline{\phi(\lambda)}d(E(\lambda)x, y)=\|y\|^2$$

したがって $\|y\|^2\leqq\|F\|\cdot\|y\|$ すなわち $\|y\|\leqq\|F\|$. 一方に $y=\int_{\alpha}^{\beta}\phi(\lambda)dE(\lambda)x$ を近似和でおきかえて極限にゆくとわかるように

$$\|y\|^2=\left\|\int_{\alpha}^{\beta}\phi(\lambda)dE(\lambda)x\right\|^2=\int_{\alpha}^{\beta}|\phi(\lambda)|^2d\|E(\lambda)x\|^2 \qquad (10\cdot6)'$$

故に

$$\int_{\alpha}^{\beta}|\phi(\lambda)|^2d\|E(\lambda)x\|^2\leqq\|F\|^2.$$

ここにおいて $\alpha\to-\infty$, $\beta\to\infty$ ならしめて (10·6) が存在すること並びにその値 $\leqq\|F\|^2$ なることがわかった.

(10·6)→(10·5) の証明. $\alpha'<\alpha<\beta<\beta'$ とすると上と同様にして

$$\left\|\int_{\alpha'}^{\beta'}\phi(\lambda)dE(\lambda)x-\int_{\alpha}^{\beta}\phi(\lambda)dE(\lambda)x\right\|^2$$

$$=\left\|\int_{\alpha'}^{\alpha}+\int_{\beta}^{\beta'}\right\|^2=\int_{\alpha'}^{\alpha}|\phi(\lambda)|^2d\|E(\lambda)x\|^2$$

$$+\int_{\beta}^{\beta'}|\phi(\lambda)|^2d\|E((\lambda)x\|^2$$

を得るから (10·6) から (10·5) が得られる.

定理 10·5 $\phi(\lambda)$ を実数値の連続函数とする. このとき

$$\left.\begin{array}{l} x\in\mathfrak{D}=\left\{x\,;\int_{-\infty}^{\infty}|\phi(\lambda)|^2 d\|E(\lambda)x\|^2<\infty,\ y\in\mathfrak{H}\right. \\ \text{に対して}\ (Hx,y)=\int_{-\infty}^{\infty}\phi(\lambda)d(E(\lambda)x,y) \end{array}\right\} \qquad (10\cdot 8)$$

によって $\mathfrak{D}(H)=\mathfrak{D}$ であるような自己共役作用素 H が定義せられ，しかも $HE(\lambda)\geqq E(\lambda)H$ が成立つ．

証明 (10·8) によって加法的作用素 H が定義せられることは定理 2·6 と定理 10·4 からわかる．次に $y\in\mathfrak{H}$ と $\varepsilon>0$ に対して (10·3) から $\|y-E(\alpha,\beta]\|<\varepsilon$ となるような $\alpha<\beta$ が存在する．しかも

$$\int_{-\infty}^{\infty}|\phi(\lambda)|^2 d\|E(\lambda)E(\alpha,\beta]y\|^2=\int_{\alpha}^{\beta}|\phi(\lambda)|^2 d\|E(\lambda)y\|^2<\infty$$

であるから，$\mathfrak{D}(H)^a=\mathfrak{H}$ である．H が対称なことは

$$\phi(\lambda)=\overline{\phi(\lambda)},\quad (E(\lambda)x,y)=\overline{(E(\lambda)y,x)}$$

からわかる．次に $y\in\mathfrak{D}(H^*)$，$H^*y=y^*$ とおけば，$E(\alpha,\beta]z\in\mathfrak{D}(H)$ を用い

$$\begin{aligned}(z,E(\alpha,\beta]y^*)&=(E(\alpha,\beta]z,H^*y)=(HE(\alpha,\beta]z,y)\\&=\int_{\alpha}^{\beta}\phi(\lambda)d(E(\lambda)z,y)\end{aligned}$$

したがって有界汎函数 $(z,E(\alpha,\beta]y^*)$ の極限

$$\int_{-\infty}^{\infty}\phi(\lambda)d(E(\lambda)z,y)=F(z)$$

もまた定理 6·2 系によって有界汎函数である．故に前定理から

$$\int_{-\infty}^{\infty}|\phi(\lambda)|^2 d\|E(\lambda)y\|^2<\infty$$

を得て，$y\in\mathfrak{D}(H)$．かくして $\mathfrak{D}(H)\geqq\mathfrak{D}(H^*)$．定義から $H\leqq H^*$ であるから $H=H^*$ である．

最後に $HE(\lambda)\geqq E(\lambda)H$ の証明．$x\in\mathfrak{D}(H)$ とし $Hx=\int_{-\infty}^{\infty}\phi(\lambda)dE(\lambda)x$ を近似和でおきかえ $E(\mu)$ を作用させてみれば

$$E(\mu)Hx=\int_{-\infty}^{\infty}\phi(\lambda)d(E(\mu)E(\lambda)x) \qquad (10\cdot 9)$$

$$=\int_{-\infty}^{\infty}\phi(\lambda)d(E(\lambda)E(\mu)x)=HE(\mu)x \qquad \text{（以上）}$$

$\phi(\lambda)\equiv\lambda$ なるとき

$$(Hx, y)=\int_{-\infty}^{\infty}\lambda d(E(\lambda)x, y),\quad x\in\mathfrak{D}(H),\quad y\in\mathfrak{H} \tag{10·10}$$

あるいは略記して

$$H=\int_{-\infty}^{\infty}\lambda dE(\lambda) \tag{10·10$'$}$$

を自己共役作素 H のスペクトル分解という.

定理 10·6 前定理と同じ仮定のもとに

$$(Hx, y)=\int_{-\infty}^{\infty}\phi(\lambda)d(E(\lambda)x, y)$$

ならば

$$\|Hx\|^2=\int_{-\infty}^{\infty}|\phi(\lambda)|^2 d\|E(\lambda)x\|^2\,;\ x\in\mathfrak{D}(H), \tag{10·11}$$

特に H が有界ならば

$$(H^n x, y)=\int_{-\infty}^{\infty}\phi(\lambda)^n d(E(\lambda)x, y)\,;\ x, y\in\mathfrak{H} \tag{10·12}$$

証明 (10·9) によって

$$(Hx, Hx)=\int_{-\infty}^{\infty}\phi(\lambda)d(E(\lambda)x,\ Hx)=\int_{-\infty}^{\infty}\phi(\lambda)d(HE(\lambda)x, x)$$

$$=\int_{-\infty}^{\infty}\phi(\lambda)d_{\lambda}\left\{\int_{-\infty}^{\infty}\phi(\mu)d_{\mu}(E(\mu)E(\lambda)x, x)\right\}$$

$$=\int_{-\infty}^{\infty}\phi(\lambda)d_{\lambda}\left\{\int_{-\infty}^{\lambda}\phi(\mu)d(E(\mu)x, x)\right\}$$

$$=\int_{-\infty}^{\infty}|\phi(\lambda)|^2 d\|E(\lambda)x\|^2$$

(10·12) の方も同様にやれば得られる.

定理 10·7[1] $E(0)=0,\ E(1)=I$ ならば

$$Ux=\int_0^1 e^{2\pi i\theta}dE(\theta)x$$

によってウニタリ作用素 U が定義される.

1) 定理 8·5 の逆

証明　近似和 $\sum_j e^{2\pi i\theta_j}E(\theta_{j-1}, \theta_j]$ の共役作用素が $\sum_j e^{-2\pi i\theta_j}E(\theta_{j-1}, \theta_j]$ であることからわかるように

$$U^*x=\int_0^1 e^{-2\pi i\theta}dE(\theta)x$$

故に

$$(UU^*x, y)=\int_0^1 e^{2\pi i\theta}d(E(\theta)U^*x, y)$$

$$=\int_0^1 e^{2\pi i\theta}d_\theta\left\{\int_0^1 e^{-2\pi i\theta'}d_{\theta'}(E(\theta')x,\ E(\theta)y)\right\}$$

$$=\int_0^1 e^{2\pi i\theta}d_\theta\left\{\int_0^\theta e^{-2\pi i\theta'}d(E(\theta')x, y)\right\}$$

$$=\int_0^1 d(E(\theta)x, y)=(x, y)$$

したがって $UU^*=I$, 同じく $U^*U=I$ も得られる.

10·2　Cayley（ケイリイ）変換

定理 10·8　H を対称な閉作用素とすれば

i)　$\{\{(H+iI)x, (H-iI)x\}\,;\,x\in\mathfrak{D}(H)\}$ をそのグラフとする等距離閉作用素 U[1] が存在する.

ii)　$\mathfrak{D}(H)=\mathfrak{W}(I-U)$ したがって特に $\mathfrak{W}(I-U)^a=\mathfrak{H}$.

iii)　$y\in\mathfrak{D}(U)$ ならば $H(y-Uy)=i(y+Uy)$

証明　i)　H の対称性から $x\in\mathfrak{D}(H)$ なるとき

$$((H\pm iI)x, (H\pm iI)x)=(Hx, Hx)\pm(Hx, ix)\pm(ix, Hx)+(x, x),$$

$(Hx, ix)=-i(Hx, x)=-i(x, Hx)=-(ix, Hx)$ により

$$\|(H+iI)x\|^2=\|(H-iI)x\|^2=\|Hx\|+\|x\|^2 \tag{10·13}$$

故に，定理 9·2 を用い，$\{\{(H+iI)x, (H-iI)x\}\,;\,x\in\mathfrak{D}(H)\}$ がある等距離作用素 U のグラフになっていることがわかる．U が閉作用素であることは次のようにしてわかる．すなわち $(H+iI)(x_n-x_m)\to 0$, $(H-iI)(x_n-x_m)\to 0$ $(n, m\to\infty$ なるとき）とすれば，(10·13) から $H(x_n-x_m)\to 0$, $(x_n-x_m)\to 0$

1)　$\|Ux\|=\|x\|$, $x\in\mathfrak{D}(U)$ なるとき U は**等距離的** (isometric) であるといわれる.

を得るが，H が閉作用素であるから $(x_n-x)\to 0$, $H(x_n-x)\to 0$ となるような $x\in\mathfrak{D}(H)$ が存在する．故に結局

$$(H+iI)x_n\to(H+iI)x,\quad (H-iI)x_n\to(H-iI)x$$

となる．

ii) $y=(H+iI)x\in\mathfrak{D}(U)$ とすると

$$y-Uy=(H+iI)x-(H-iI)x=2ix\in\mathfrak{D}(H)$$

逆に $x\in\mathfrak{D}(H)$ とすると

$$x=(2i)^{-1}(H+iI)x-(2i)^{-1}(H-iI)x=y-Uy$$

ただし $y=(2i)^{-1}(H+iI)x\in\mathfrak{D}(U)$

iii) $y=(H+iI)x\in\mathfrak{D}(U)$ とすれば

$$H(y-Uy)=H\{(H+iI)x-(H-iI)x\}=H(2ix)$$
$$=2iHx=i\{(H+iI)x+(H-iI)x\}=i(y+Uy)$$

（以上）

Cayley 変換 上定理に得られた $U=U_H$ を H の **Cayley 変換**（Cayley transform）という．

定理 10·9 U を $\mathfrak{W}(I-U)^a=\mathfrak{H}$ であるような等距離閉作用素とすれば，その Cayley 変換が U になるような対称閉作用素 $H=H_U$ が一つ，ただ一つ存在する．

証明 前定理の iii) から示唆されるように H を $H(y-Uy)=i(y+Uy)$, $y\in\mathfrak{D}(U)$ によって定義する．ただしこの式によって H が一意的に定まるためには $y-Uy=z-Uz$ から $i(y+Uy)=i(z+Uz)$ が導かれなければならない．このためには $y-z=y'$ として

$$y'=Uy' \text{ から } y'=-Uy' \text{ すなわち結局 } y'=0$$

を導いてもよい．ところが $y'=Uy'$ と U の等距離性とから，すべての $w\in\mathfrak{D}(U)$ に対して[1)]

$$(y',w)=(Uy',Uw)=(y',Uw)$$

したがって $(y',w-Uw)=0$

1) 定理 7·1 の証明の（必要）の部分と同様にしてわかる．

を得るが，$\mathfrak{W}(I-U)^a=\mathfrak{H}$ という仮定から，$y'=0$ でなければならない．

次に H が閉作用素なことは，もし y_n-Uy_n と y_n+Uy_n の双方ともに収束すれば y_n と Uy_n との双方ともに収束することと U の閉作用素であることからわかる．

H の対称なことの証明．$x=y-Uy$，$u=w-Uw$ とすれば $(Uy, Uw)=(y, w)$ によって

$$\begin{aligned}(x, Hu)&=(y-Uy, i(w+Uw))\\&=-i\{(y, w)+(y, Uw)-(Uy, w)-(Uy, Uw)\}\\&=i\{(Uy, w)-(y, Uw)\}\end{aligned}$$

これは y と w とを交換すると共役複素数になるから

$$(x, Hu)=\overline{(u, Hx)}=(Hx, u)$$

最後に H がただ一通りに定まることは前定理の i)，ii) からわかる．

10·3　J. von Neumann（ノイマン）のスペクトル分解定理

定理 10·10　対称な閉作用素 H が自己共役であるならば H の Cayley 変換 U_H はウニタリイである．

証明　まず定理 10·8 によって $U=U_H$ が等距離閉作用素であるから U の定義域 $\mathfrak{D}(U)$，値域 $\mathfrak{W}(U)$ はともに閉部分空間でなければならないことがわかる．もし U がウニタリイでないとすれば $\mathfrak{D}(U)$ または $\mathfrak{W}(U)$ の少なくとも一方は $\neq\mathfrak{H}$．いま $\mathfrak{D}(U)\neq\mathfrak{H}$ とすれば，定理 2·3 によって $y\in\mathfrak{D}(U)^\perp$ なる $y\neq 0$ が存在する．この y は $\mathfrak{D}(H)$ に属さない．なんとなれば，もし $y\in\mathfrak{D}(H)$ とすると，$y\in\mathfrak{D}(U)^\perp$ すなわち

$$0=(y, (H+iI)x)=(y, Hx)-i(y, x)$$

において $x=y$ととることができて

$$(y, Hy)=i(y, y)$$

を得る．ところがこれは対称性から得られる．

$$(y, Hy)=(Hy, y)=\overline{(y, Hy)}\quad（したがって＝実数）$$

と $y\neq 0$ から得られる，$(y, y)>0$ とによって不合理である．

故に $y\bar{\in}\mathfrak{D}(H)$，したがって

$$\begin{cases} H_1y=iy, \\ H_1x=Hx, \quad x\in\mathfrak{D}(H) \text{ のとき} \end{cases}$$

によって y と $\mathfrak{D}(H)$ とによって張られる部分空間[1]で定義せられた H_1 は H の**真の拡張**[2]である．しかして $H_1 \leqq H^*$ であることは，$y\in\mathfrak{D}(U)^\perp$ により $x\in\mathfrak{D}(U)$ とするとき

$$(H_1y, x-Ux)-(y, H(x-Ux))=(iy, x-Ux)-(y, i(x+Ux))$$
$$=(iy, x-Ux+x+Ux)=2i(y, x)=0$$

が成立つことからわかる．

かくして $H \leqq H_1 \leqq H^*$ を得て $H \neq H_1$ から $H \neq H^*$ を得る．すなわち U がウニタリイでないならば H は自己共役でない．

同じく $\mathfrak{W}(U) \neq \mathfrak{H}$ であるときにも $y\in\mathfrak{W}(U)^\perp$ なる $y\neq 0$ をとると $y\overline{\in}\mathfrak{D}(H)$ であり

$$\begin{cases} H_1y=-iy, \\ H_1x=Hx, \quad x\in\mathfrak{D}(H) \text{ のとき} \end{cases}$$

で定義せられた H_1 が真の拡張となり，$H_1 \leqq H^*$ も得られて $H \neq H^*$ を得るから H は自己共役でない．

定理 10·11 対称閉作用素 H の Cayley 変換 U_H がウニタリイならば H は自己共役であり，ある単位の分解 $\{E_\lambda\}$ によってスペクトル分解される．しかも H のスペクトル分解はただ一通りに定まる．

証明 $U=U_H$ のスペクトル分解を

$$Ux=\int_0^1 e^{2\pi i\theta}dF(\theta)x$$

とする．まず $y=Uy$ ならば $y=0$ であることを示す．なんとなれば $(y, z)=(Uy, Uz)=(y, Uz)$ から $(y, z-Uz)=0$ を得るが，定理 10·8 によって $\mathfrak{W}(I-U)^a=\mathfrak{H}$ であるから $y=0$ でなければならない．

故に $F=(1-0)=F(1)=I$ を得る．もししからずとすると射影 $F(1)-F(1-0)\neq 0$ を得て

1) $\alpha y+\beta x$, $x\in\mathfrak{D}(H)$, の形の点の全体をいう．
2) $H_1 \geqq H$ かつ $H_1 \neq H$ なることをいう．

$$\{F(1)-F(1-0)\}y=y\neq 0$$

なる y が存在するが，このような y に対しては

$$Uy=\int_0^1 e^{2\pi i\theta}dF(\theta)\{F(1)-F(1-0)\}y$$
$$=\{F(1)-F(1-0)\}y=y$$

となるからである.

よって

$$\lambda=-\mathrm{cotag}\,\pi\theta,\quad E(\lambda)=F(\theta) \tag{10·14}$$

とおくと，$0<\theta<1$ と $-\infty<\lambda<\infty$ とが一対一かつ逆対応も含めて連続になるから $\{E(\lambda)\}$ が単位の分解になる．ここにおいて自己共役作用素

$$H'=\int\lambda dE(\lambda) \tag{10·15}$$

を考え，すべての $x\in\mathfrak{D}(H')$ に対して

$$(H'(y-Uy),x)=(i(y+Uy),x) \tag{10·16}$$

の成立つことがいえれば，$\mathfrak{D}(H')^a=\mathfrak{H}$ によって $H'(y-Uy)=y+Uy$, F を得る．故に定理 10·8—10·9 によって $H'=H$ を得て定理の証明を了ることになるから結局 (10·16) を証明するとよい.

さて

$$(y-Uy,F(\theta)x)=\int_0^1(1-e^{2\pi i\theta'})d(F(\theta')y,F(\theta)x)$$
$$=\int_0^1(1-e^{2\pi i\theta'})d(F(\theta)F(\theta')y,x)$$
$$=\int_0^\theta(1-e^{2\pi i\theta'})d(F(\theta')y,x)$$

であるから

$$(y-Uy,H'x)=\int_{-\infty}^\infty\lambda d(y-Uy,E(\lambda)x)$$
$$=\int_0^1-\mathrm{cotag}\,\pi\theta d\left\{\int_0^\theta(1-e^{2\pi i\theta'})d(F(\theta')y,x)\right\}$$
$$=\int_0^1-\mathrm{cotag}\,\pi\theta(1-e^{2\pi i\theta})d(F(\theta)y,x)$$

$$=\int_0^1 i(1+e^{2\pi i\theta})d(F(\theta)y, x)=(i(y+Uy), x)$$

を得て (10·16) が証明せられた.

スペクトル分解の一意性 H がまた $\int \lambda dE'(\lambda)$ とも分解され $E(\lambda_0) \neq E'(\lambda_0)$ なる λ_0 が存在したとすれば

$$\lambda=-\mathrm{cotag}\,\pi\theta,\quad E'(\lambda)=F'(\theta)$$

とおいて

$$F'(\theta_0) \neq F(\theta_0),\quad \lambda_0=-\mathrm{cotag}\,\pi\theta_0$$

よってウニタリイ作用素のスペクトル分解の一意性から

$$U'=\int_0^1 e^{2\pi i\theta}dF'(\theta) \neq \int_0^1 e^{2\pi i\theta}dF(\theta)=U$$

ところが上の計算と同様にして, 自己共役な $\int \lambda dE'(\lambda)$, $\int \lambda dE(\lambda)$ の Cayley 変換がそれぞれ U', U となることがいえるから, $\int \lambda dE'(\lambda)=\int \lambda dE(\lambda)$ によって $U'=U$ とならなければならないことになって不合理である.

定理 9·10 と定理 10·10, 定理 10·11 とを組合せて **J. von Neumann の スペクトル分解定理**[1] を次のように述べることができる.

定理 10·12 対称な作用素 H_1 は対称で閉な拡張 H_1^{**} をもつ. 対称な閉作用素 H がスペクトル分解を許すための必要かつ十分な条件は H が自己共役なことであり, それはまた H の Cayley 変換のウニタリイなことと同等である.

10·4 スペクトル分解の例

作用素 $t\cdot$ $\{E(\lambda)\}$ を

$$\left.\begin{array}{l} t \leqq \lambda \text{ なるとき } E(\lambda)x(t)=x(t) \\ t > \lambda \text{ なるとき } E(\lambda)x(t)=0 \end{array}\right\} \qquad (10\cdot17)$$

によって定義すれば

$$\int_{-\infty}^{\infty} \lambda^2 d\|E(\lambda)x\|^2=\int_{-\infty}^{\infty} \lambda^2 d\left\{\int_{-\infty}^{\lambda} |x(t)|^2 dt\right\}$$

---

1) Allgemeine Eigenwertheorie Hermitscher Funktionaloperatoren, Math. Ann. 102 (1929), 49—131.

$$=\int_{-\infty}^{\infty} t^2|x(t)|^2 dt$$

$$\int_{-\infty}^{\infty} \lambda d(E(\lambda)x, y)=\int_{-\infty}^{\infty} \lambda d\left\{\int_{-\infty}^{\lambda} x(t)\overline{y(t)}dt\right\}$$

$$=\int_{-\infty}^{\infty} tx(t)\overline{y(t)}dt$$

を得るから作用素 $t\cdot$ のスペクトル分解が $\int \lambda dE(\lambda)$ であることがわかる.

作用素　$(2\pi i)^{-1}hd/dt$, $h>0$.　まず Planchrel の定理（第 7 章の §7·3）によって,

$$x(t)=U_1 y(s)=\underset{n\to\infty}{\mathrm{l.\,i.\,m.}}\, h^{-1/2}\int_{-n}^{n} e^{2\pi ist/h}y(s)ds$$

とおけば, U_1 はウニタリイかつ

$$U_1{}^{-1}x(t)=U_1{}^*x(t)=U_1 x(-t)$$

故に (10·17) に与えられた $\{E(\lambda)\}$ を用い

$$\{E'(\lambda)\},\ \ E'(\lambda)=U_1 E(\lambda)U_1{}^{-1}$$

を作れば $\{E'(\lambda)\}$ もまた単位の分解になる. しかも $y(s), sy(s)$ 双方ともに $L^2(-\infty,\infty)$ にも $L^1(-\infty,\infty)$[1] にも属するものと仮定すれば, 積分記号と微分演算とが交換できて

$$(2\pi i)^{-1}h\frac{d}{dt}x(t)=(2\pi i)^{-1}h\frac{d}{dt}\left\{h^{-1/2}\int_{-\infty}^{\infty} e^{2\pi its/h}y(s)ds\right\}$$

$$=(2\pi i)^{-1}h^{1/2}\int_{-\infty}^{\infty} y(s)\frac{d}{dt}e^{2\pi its/h}ds$$

$$=h^{-1/2}\int_{-\infty}^{\infty} e^{2\pi its/h}sy(s)ds$$

$$=U_1(s\cdot y(s))=U_1 sU_1{}^{-1}x(t)$$

すなわち記号的に

$$(2\pi i)^{-1}hd/dt=U_1 s\cdot U_1{}^{-1} \tag{10·18}$$

が得られた. 故に自己共役作用素 $H=s\cdot=\int \lambda dE(\lambda)$ を考えると

1)　$L_1(-\infty,\infty)$ は $(-\infty,\infty)$ において可測かつ可積分な複素数値函数の全体を表わす.

$y(s), sy(s)$ ともに $\epsilon L^2(-\infty, \infty)$ かつ $\epsilon L^1(\infty, \infty)$ なるとき

$$U_1{}^{-1}H'U_1 y(s)=s\cdot y(s)=Hy(s),\quad H'=(2\pi i)^{-1}hd/dt \qquad (10\cdot 19)$$

を得る．しかるに任意の $y(s)\epsilon\mathfrak{D}(H)=\mathfrak{D}(s\cdot)$ に対して

$$\begin{cases} y_n(s)=y(s), & |s|\leqq n \text{ のとき} \\ \quad =0, & |s|>n \text{ のとき} \end{cases}$$

とおけば，$y_n(s)$，$sy_n(s)$ 双方ともに $L^2(-\infty, \infty)$ にも $L^1(-\infty, \infty)$ にも属しかつ $\lim_{n\to\infty} y_n=y$ (強)，$\lim_{n\to\infty} Hy_n=Hy$ (強)．よって自己共役な $U_1{}^{-1}H'U_1$ 及び H が閉作用素であることと

$$U_1{}^{-1}H'U_1 y_n=sy_n=Hy_n \quad (n=1, 2, \cdots)$$

とから $n\to\infty$ ならしめて

$$U_1{}^{-1}H'U_1 y=Hy,\quad y\epsilon\mathfrak{D}(H)$$

故に $U_1{}^{-1}H'U_1$ が H の拡張になっている．すなわち

$$U_1{}^{-1}H'U_1\geqq H$$

したがって，また

$$(U_1{}^{-1}H'U_1)^*=U_1{}^{-1}H'U_1\leqq H^*=H$$

すなわち $U_1{}^{-1}H'U_1=H$ が得られた．よって

$$H'=U_1HU_1{}^{-1}=\int_{-\infty}^{\infty}\lambda d(U_1E(\lambda)U_1{}^{-1})$$

$$=\int_{-\infty}^{\infty}\lambda dE'(\lambda) \qquad \text{(以上)}$$

スペクトル分解の可能性すなわち自己共役性の制定について次の諸定理は有用である．

定理 10·13 $\mathfrak{W}(H)=\mathfrak{H}$ であるような対称作用素 H は自己共役である．

証明 まず $\mathfrak{W}(H)=\mathfrak{H}$ なる対称作用素 H は逆作用素 H^{-1} をもつ．$Hx=0$ とすれば $0=(Hx, y)=(x, Hy)$，$y\epsilon\mathfrak{D}(H)$ を得て $\mathfrak{W}(H)=\mathfrak{H}$ によって $x=0$ となるからである．故に $\mathfrak{D}(H^{-1})=\mathfrak{W}(H)=\mathfrak{H}$ かつ H^{-1} は明らかに対称であるから，定理 9·6 によって H^{-1} は自己共役したがってまた定理 9·8 によって H が自己共役である．

作用素 A^*A, AA^* の自己共役性

定理 10・14[1]　A を $\mathfrak{D}(A)^a=\mathfrak{H}$ なる閉加法的作用素とすれば A^*A, AA^* は双方ともに自己共役である.

証明　A^* の定義(第9章 § 9・1)によって $\mathfrak{G}(A)$ と $V\mathfrak{G}(A^*)$ とが直交して積空間 $\mathfrak{H}\otimes\mathfrak{H}$ の全体を張る. すなわち $\mathfrak{H}\otimes\mathfrak{H}$ の任意の点は $\mathfrak{G}(A)$ の点と $V\mathfrak{G}(A^*)$ の点の和として一意的に表わされる. 故に任意の $h\in\mathfrak{H}$ に対して

$$\{h, 0\}=\{x, Ax\}+\{-A^*y, y\}, \quad (x\in\mathfrak{D}(A), y\in\mathfrak{D}(A^*)) \tag{10・20}$$

すなわち
$$h=x-A^*y, \quad 0=Ax+y$$

故に

$$x\in\mathfrak{D}(A^*A) \text{ かつ } A^*Ax+x=h \tag{10・21}$$

分解 (10・20) の一意性によって, x が h に対して一意的に定まり, したがって(10・21) によって $\mathfrak{H}$ 全体で定義せられた逆作用素 $(I+A^*A)^{-1}$ が存在する. 任意の $h, k\in\mathfrak{H}$ に対して

$$x=(I+A^*A)^{-1}h, y=(I+A^*A)^{-1}k$$

とおけば, x, y ともに $\in\mathfrak{D}(A^*A)$. 故に

$$\begin{aligned}(h, (I+A^*A)^{-1}k)&=((I+A^*A)x, y)\\ &=(x, y)+(A^*Ax, y)=(x, y)+(Ax, Ay)\\ &=(x, y)+(x, A^*Ay)=(x, (I+A^*A)y)\\ &=((I+A^*A)^{-1}h, k)\end{aligned}$$

を得る. よって $(I+A^*A)^{-1}$ は自己共役であり. したがって定理 9・9 によって $(I+A^*A)$ が自己共役である.

結局 A^*A の自己共役性が証明できた. A が閉作用素であるから $A^{**}=A$ (定理 9・5 系). よって上と同様にして

$$AA^*=A^{**}A^*$$

の自己共役性も証明される.

系　H を自己共役とすれば $H^2=H^*H$ が自己共役である. 特に作用素 $t^2\cdot$,

1) J. von Neumann : Über adjungierte Funktionaloperatoren, Ann. of Math. 33 (1932), 294—310.

$-d^2/dx^2=\left(i\dfrac{d}{dx}\right)^2$ は自己共役である，

定理 10·15 $\mathfrak{H}=L^2(-\infty,\infty)$ または $\mathfrak{H}=L^2(0,1)$ なるとき対称閉作用素 H が実数値函数を実数値函数に写像し，しかも $x\in\mathfrak{D}(H)$ なるとき $\bar{x}(t)\in\mathfrak{D}(H)$ であるならば，H は自己共役な拡張をもつ．

証明 Cayley 変換 $U=U_H$ に対して，部分空間

$$\mathfrak{D}(U)=\{(H+iI)x\,;\ x\in\mathfrak{D}(H)\},$$
$$\mathfrak{W}(U)=\{(H-iI)x\,;\ x\in\mathfrak{D}(H)\}$$

の一方は他方の共役複素数値函数からなることが仮定からわかる．故に $\mathfrak{D}(U)^{\perp}$ において完全正規直交系 $\{\varphi_\alpha\}$ をとり，U_1 を

$$\begin{cases} x\in\mathfrak{D}(U) \text{ においては } U_1x=Ux, \\ U_1\sum_\alpha c_\alpha\varphi_\alpha=\sum c_\alpha\bar{\varphi}_\alpha \end{cases}$$

によって定義すれば，U_1 は U のウニタリイな拡張になる．よって $U_1=U_{H_1}$ であるような自己共役な H_1 をとると H_1 は明らかに H の拡張である．

定理 10·16 $\mathfrak{H}=(l^2)$ なるとき，対称閉作用素 H が実数列 $\{\xi_n\}\in(l^2)$ を実数列に写像し，しかも $\{\xi_n\}\in\mathfrak{D}(H)$ なるとき $\{\bar{\xi}_n\}\in\mathfrak{D}(H)$ であるならば H 自己共役な拡張をもつ．

第11章　固有値問題

11·1　スペクトル

スペクトル　T を $\mathfrak{D}(T)^a=\mathfrak{H}$ であるような加法的作用素とし，複素数 λ に対して

$$T_\lambda=T-\lambda I \tag{11·1}$$

の逆作用素 T_λ^{-1} を考える．λ が T の**スペクトル系**（spectra）$S(T)$ に属するというのは，T_λ が $\mathfrak{D}(T_\lambda^{-1})^a=\mathfrak{H}$であるような連続な逆作用素をもたないことをいう．$S(T)$ は**点スペクトル系**（point spectra）$P(T)$，**連続スペクトル系**（continuous spectra）$C(T)$，**剰余スペクトル系**（residual spectra）$R(T)$ の三種に分類される．ここに

$\lambda\in P(T)$ は $\mathfrak{D}(T_\lambda^{-1})=$空集合すなわち T_λ^{-1} が存在しないこと，

$\lambda\in C(T)$ は $\mathfrak{D}(T_\lambda^{-1})^a=\mathfrak{H}$ ではあるが，T_λ^{-1} が連続でないこと，

$\lambda\in R(T)$ は T_λ^{-1} が存在するが，$\mathfrak{D}(T_\lambda^{-1})^a\neq\mathfrak{H}$なること

を意味する．$P(T)$ の定義から明らかに

定理 11·1　$\lambda_0\in P(T)$ と $Tx=\lambda_0x$ が 0 ならざる解 x を有することとは同等である．このとき λ_0 を T の**固有値**（eigenvalue），x を固有値 λ_0 に属する**固有ベクトル**（eigenvector）という（第6章 § 6·3 参照）．

固有空間　$Tx_1=\lambda_0x_1$，$Tx_2=\lambda_0x_2$ とすれば $T(\alpha x_1+\beta x_2)=\alpha Tx_1+\beta Tx_2=\lambda_0(\alpha x_1+\beta x_2)$ であるから，λ_0 に属する固有ベクトルの全体に 0 を附け加えたものは部分空間になる．これを T の固有値 λ_0 に属する**固有空間**（eigenspace）といい，固有空間の次元数 n をこの固有値 λ_0 の**多重度**（multiplicity）という．部分空間の次元数 n は次のようにして定義される．すなわちこの部分空間から（$n+1$）個のベクトルを採れば，必らず一次従属であるが，適当に n 個のベクトルを採ればそれらは一次独立であるときにこの部分空間の次元数は n であるというのである．[1)]

---

1)　もしもこの部分空間が，いかなる自然数 m に対しても m 個以上の一次独立なベクトルを含むときにはこの部分空間の次元数は∞であるという．

注 量子力学の教えるところによれば，電子や原子核などの**素粒子** (elementary particle) に関係した物理量例えば電子の運動量，角運動量などの可能な測定値が，適当に選んだヒルベルト空間における自己共役作用素の固有値として得られる[1]．これがスペクトルなる術語の用いられる理由である．歴史的にいえば量子力学の発見せられるより以前に，振動などの古典物理に示唆せられて固有値問題を統一的に取扱うために Hilbert の理論が作られておって，それを量子力学の数学的基礎付けのために発展させた (J. von Neumand)[2] のであるが．

11·2 自己共役作用素のスペクトル

定理 11·2 自己共役作用素 $H=\int\lambda dE(\lambda)$ に対して

i) $S(H)$ は実数軸上の集合である．

ii) $\lambda\in P(H)$ と $E(\lambda)\neq E(\lambda-0)$ とは同等，かつ λ に属する固有空間は $\mathfrak{W}(E(\lambda)-E(\lambda-0))$ と一致する．

iii) 実数 λ が $S(H)$ に属さないことと，λ を含むある開区間 (λ_1,λ_2) に対して $E(\lambda_1)=E(\lambda_2)$ となることとは同等である．

iv) $\lambda\in C(H)$ なることと，$E(\lambda)=E(\lambda-0)$ かつ λ を含む含意の開区間 (λ_1,λ_2) に対して $E(\lambda_1)\neq E(\lambda_2)$ となることとは同等である．

v) $R(H)$ は空集合である．

証明 $\mathfrak{Im}(\mu)\neq 0$ ならば

$$R(\mu)=\int_{-\infty}^{\infty}(\lambda-\mu)^{-1}dE(\lambda) \tag{11·2}$$

が有界作用素になる．右辺を近似和でおきかえて強極限をとるとわかるように ((10·6)′ を得た如く)，すべての $x\in\mathfrak{H}$ に対して

$$\|R(\mu)x\|^2\leq \sup_{\lambda}|(\mu-\lambda)|^{-2}|\cdot\int_{-\infty}^{\infty}d\|E(\lambda)x\|^2 \tag{11·3}$$

となるからである．$R(\mu)=(H-\mu I)^{-1}$ であることは，近似和でおきかえて強極限をとるとわかるように

1) 例えば P. A. Dirac : Quantum Mechanics (朝永振一郎他訳，岩波書店にあり) をみよ．

2) Mathematische Grundlagen der Quantenmechanik, Berlin (1932).

$$\int_{-\infty}^{\infty}(\lambda-\mu)dE(\lambda)\left\{\int_{-\infty}^{\infty}(\lambda'-\mu)^{-1}dE(\lambda')x\right\}$$

$$=\int_{-\infty}^{\infty}(\lambda-\mu)d_\lambda\left\{\int_{-\infty}^{\infty}(\lambda'-\mu)^{-1}d_{\lambda'}(E(\lambda)E(\lambda')x)\right\}$$

$$=\int_{-\infty}^{\infty}(\lambda-\mu)d_\lambda\left\{\int_{-\infty}^{\lambda}(\lambda'-\mu)^{-1}dE(\lambda')x\right\}=\int_{-\infty}^{\infty}dE(\lambda)x=x,$$

$$\int_{-\infty}^{\infty}(\lambda-\mu)^{-1}d_\lambda\left\{E(\lambda)\int_{-\infty}^{\infty}(\lambda'-\mu)dE(\lambda')x\right\}$$

$$=\int_{-\infty}^{\infty}(\lambda-\mu)^{-1}d_\lambda\left\{\int_{-\infty}^{\infty}(\lambda'-\mu)d_{\lambda'}(E(\lambda)E(\lambda')x\right\}$$

$$=\int_{-\infty}^{\infty}(\lambda-\mu)^{-1}d_\lambda\left\{\int_{-\infty}^{\lambda}(\lambda'-\mu)dE(\lambda')x\right\}=\int_{-\infty}^{\infty}dE(\lambda)x=x$$

を得ることからわかる.

このようにして i) が証明された[1].

v) の証明. $\lambda\in R(H)$ ならば, i) により λ は実数である. また $\mathfrak{W}(H_\lambda)^a\neq\mathfrak{H}$ であるから, $y\neq 0$ が存在してすべての $x\in\mathfrak{D}(H)$ に対して $(H_\lambda x, y)=0$. 故に $(Hx, y)=(\lambda x, y)=(x, \lambda y)$ となって $y\in\mathfrak{D}(H)=\mathfrak{D}(H^*)$ かつ $Hx=\lambda y$. したがって λ が $R(H)$ にも $P(H)$ にも属することになって不合理である.

ii) の証明. まず定理 10·6 から

$$\|(H-\lambda I)x\|^2=\int(\mu-\lambda)^2d\|E(\mu)x\|^2 \tag{11·4}$$

であるから, $Hx=\lambda x$ であるためには

$$\begin{cases}\mu\geqq\lambda \text{ ならば } E(\mu)x=E(\lambda+0)x=E(\lambda)x\\ \mu<\lambda \text{ ならば } E(\mu)x=E(\lambda-0)x=0\end{cases}$$

であることが必要かつ十分なことが $E(\mu)x$ の μ に関する右強連続性と $E(-\infty)=0$ からわかる.

iii) の証明 実数 $\lambda\bar{\in}S(H)$ ならば, もちろん $\lambda\bar{\in}P(H)$ であるから $H_\lambda{}^{-1}$ は存在する. しかも $\lambda\bar{\in}S(H)$ であるから $\lambda\bar{\in}C(H)$ でもあり, かつ $\lambda\bar{\in}R(H)$ ($R(H)$ が空集合であることはすでに証明したが) でもある. 故に, 定理 1·6

1) $R(\mu)$ を H の μ における **resolvent** という.

を用い，実数 λ が $S(H)$ に属さないことと

$$\|(H-\lambda I)x\| \geqq \alpha\|x\|, \quad x \in \mathfrak{D}(H)$$

なる正数 α の存在することとは同等である．この条件はまた (11·4) を用いると

$$\int(\mu-\lambda)^2 d\|E(\mu)x\|^2 \geqq \alpha\|x\|^2, \quad x \in \mathfrak{D}(H)$$

と同等になる．ここにおいて，もしも

$$\lambda_1 < \lambda < \lambda_2 \text{ かつ } \lambda-\lambda_1=\lambda_2-\lambda<\sqrt{\alpha}$$

ならば，$(E(\lambda_2)-E(\lambda_1))y \neq 0$ なるとき

$$\int(\mu-\lambda)^2 d\|E(\mu)(E(\lambda_2)-E(\lambda_1))y\|^2$$

$$<\alpha^2\|(E(\lambda_2)-E(\lambda_1))y\|^2$$

が成立つことに注意する．しかうしてまた任意の $y \in \mathfrak{H}$ に対して $(E(\lambda_2)-E(\lambda_1))y \in \mathfrak{D}(H)$ であることは定理 10·5 の証明中に示した通りである．故に結局 $(E(\lambda_2)-E(\lambda_1))y=0$ すなわち $E(\lambda_2)=E(\lambda_1)$ である．

iv) の証明は以上から明らかである．

注　第 10 章 § 10·4 の例に挙げた作用素 $t\cdot$ に対しては実数軸全体が連続スペクトルになっている．

定理 11·3　有界な対称作用素 H に対して

$$\sup_{\lambda \in S(H)} \lambda = \sup_{\|x\| \leqq 1} (Hx, x), \quad \inf_{\lambda \in S(H)} \lambda = \inf_{\|x\| \leqq 1} (Hx, x) \tag{11·5}$$

証明　まず H の対称性から

$$(Hx, x)=(x, Hx)=\overline{(Hx, x)}=\text{実数}$$

となる．次に $\lambda_0 \in S(H)$ とすれば $\lambda_1<\lambda_0<\lambda_2$ なる λ_1, λ_2 と $x=x_{\lambda_1\lambda_2} \neq 0$ が存在して $(E(\lambda_2)-E(\lambda_1))x=y \neq 0$. $(E(\lambda_2)-E(\lambda_1))$ は射影作用素であるから

$$(E(\lambda_2)-E(\lambda_1))y=y \neq 0$$

よって，$z=y/\|y\|=z_{\lambda_1\lambda_1}$ として

$$\|z\|=1 \text{ かつ } (E(\lambda_2)-E(\lambda_1))z=z$$

この z に対して (10·1) によって

$$(Hz, z)=\int \lambda d(E(\lambda)z, z)=\int \lambda d\|E(\lambda)z\|^2$$

$$=\int \lambda d\|E(\lambda)(E(\lambda_2)-E(\lambda_1))z\|^2$$

$$=\int_{\lambda_1}^{\lambda_2} \lambda d\|(E(\lambda)-E(\lambda_1))z\|^2$$

故に $\lambda_1 \uparrow \lambda_0$, $\lambda_2 \downarrow \lambda_0$ として $\lim(Hz, z)=\lambda_0$, したがって

$$\sup_{\lambda \in S(H)} \lambda \leqq \sup_{\|x\| \leqq 1} (Hx, x) \tag{11·6}$$

しかして，また上式右辺を λ_0 とし $\lambda_0 \bar{\in} S(H)$ とすれば，前定理によって，$E(\lambda_1)=E(\lambda_2)$ かつ $\lambda_1 < \lambda_0 < \lambda_2$ であるような λ_1, λ_2 が存在する．そうすれば

$$I=I-E(\lambda_2)+E(\lambda_2)=I-E(\lambda_2)+E(\lambda_1)$$

かつ

$$(I-E(\lambda_2))E(\lambda_1)=E(\lambda_1)(I-E(\lambda_2))=0$$

であるから，$(I-E(\lambda_2))y \neq 0$ なる y または $E(\lambda_1)w \neq 0$ なる w が存在する．これらに応じて $(I-E(\lambda_2))z=z$, $\|z\|=1$ なる

$$z=\frac{(I-E(\lambda_2))y}{\|(I-E(\lambda_2))y\|}$$

または $E(\lambda_1)u=u$, $\|u\|=1$ なる

$$u=\frac{E(\lambda_1)w}{\|E(\lambda_1)w\|}$$

が存在することになるが，いずれにしても

$$(Hz, z)=\int \lambda d\|E(\lambda)z\|^2=\int \lambda d\|E(\lambda)(I-E(\lambda_2))z\|^2$$

$$=\int_{\lambda_2}^{\infty} \lambda d\|E(\lambda)z\|^2 \geqq \lambda_2 > \lambda_0$$

$$(Hu, u)=\int \lambda d\|E(\lambda)u\|^2=\int \lambda d\|E(\lambda)E(\lambda_1)u\|^2$$

$$=\int_{-\infty}^{\lambda_1} \lambda d\|E(\lambda)u\|^2 \leqq \lambda_1 < \lambda_0$$

を得て不合理である．故に (11·6) において等号が成立たなければならない．

定理 11·4[1] H が自己共役ならば，$\mathfrak{D}(H)$ に属するノルム1のベクトル x に対して

$$\alpha_x=(Hx, x),\quad \beta_x=\|Hx\| \tag{11·7}$$

と作るとき次の事実が成立つ：任意の $\varepsilon>0$ に対して，

$$\alpha_x-(\beta_x{}^2-\alpha_x{}^2)^{1/2}-\varepsilon\leqq\lambda_0\leqq\alpha_x+(\beta_x{}^2-\alpha_x{}^2)+\varepsilon \tag{11·8}$$

を満足するような $\lambda_0\in S(H)$ が存在する．

証明

$$\beta_x{}^2=(Hx, Hx)=\int\lambda^2 d\|E(\lambda)x\|^2 \quad ((10·11))$$

$$\alpha_x=(Hx, x)=\int\lambda d\|E(\lambda)x\|^2$$

$$\|x\|^2=\int d\|E(\lambda)x\|^2$$

であるから

$$\beta_x{}^2-\alpha_x{}^2=\int\lambda^2 d\|E(\lambda)x\|^2-2\alpha_x\int\lambda d\|E(\lambda)x\|^2$$

$$+\alpha_x{}^2\int d\|E(\lambda)x\|^2=\int(\lambda-\alpha_x)^2 d\|E(\lambda)x\|^2$$

が成立つ．したがって (11·8) に与えられた範囲で $\|E(\lambda)x\|^2$ が変化しないならば

$$\beta_x{}^2-\alpha_x{}^2=\int(\lambda-\alpha_x)^2 d\|E(\lambda)x\|^2$$

(積分は $(\lambda-\alpha_x)^2\geqq((\beta_x{}^2-\alpha_x{}^2)^{1/2}+\varepsilon)^2$ において行う)

$$>\beta_x{}^2-\alpha_x{}^2$$

を得て不合理である．

11·3 ユニタリイ作用素のスペクトル

前 § と同様にして次の定理を証明することができる．

定理 11·5 ユニタリイ作用素 $U=\int_0^1 e^{2\pi i\theta}dF(\theta)$ のスペクトルは単位円周上にある，すなわち $\lambda_0\in S(U)$ ならば $|\lambda_0|=1$．しかして

i) $e^{2\pi i\theta_0}\in P(U)$ であることと $F(\theta_0)\neq F(\theta_0-0)$ とは同等，かつ固有値

1) N. Kryloff–A. Weinstein の定理

$e^{2\pi i\theta_0}$ に属する固有空間は $\mathfrak{W}(F(\theta_0)-F(\theta_0-0))$ に一致する．

ii)　$e^{2\pi i\theta_0}\bar{\epsilon}S(U)$ なることと θ_0 を内部に含むある開区間 (θ',θ'') に対して $F(\theta')=F(\theta'')$ となることとは同等である．

iii)　$e^{i\theta_0}\epsilon C(U)$ なることと，$F(\theta_0)=F(\theta_0-0)$ かつ θ_0 を内部に含む任意の開区間 (θ',θ'') に対して $F(\theta')\neq F(\theta'')$ となることとは同等である．

iv)　$R(U)$ は空集合である．

証明　$|\lambda_0|\neq 1$ とすれば，有界作用素 $(U-\lambda_0 I)^{-1}$ が

$$(U-\lambda_0 I)^{-1}=\int_0^1(e^{2\pi i\theta}-\lambda_0)^{-1}dF(\theta)$$

によって与えられることを利用する．

11·4　積分作用素の完全連続性

完全連続性　弱収束する点列を強収束する点列に写すような有界作用素を**完全連続** (completely continuous) であるという．$\mathfrak{H}$ が無限次元ならば単位作用素 I は完全連続でない．

定理 11·6　$-\infty\leqq\alpha<\beta\leqq\infty$ とし $\mathfrak{H}=L^2(\alpha,\beta)$ を考える．二変数 s, t (ただし $\alpha\leqq s,\ t\leqq\beta$) の複素数値可測函数 $K(s,t)$ が **E. Schmidt (シュミット) の条件：**

$$\int_\alpha^\beta\int_\alpha^\beta|K(s,t)|^2dsdt<\infty \tag{11·9}$$

を満足するならば

$$K\cdot x=y,\quad y(s)=\int_\alpha^\beta K(s,t)x(t)dt \tag{11·10}$$

によって定義される作用素 K は完全連続である．

証明　まず Schwarz の不等式で

$$\int_\alpha^\beta\left(\int_\alpha^\beta K(s,t)x(t)dt\right)^2ds\leqq\int_\alpha^\beta\left\{\int_\alpha^\beta|K(s,t)|^2dt\cdot\int_\alpha^\beta|x(t)|^2dt\right\}ds$$

を得るから，左辺が存在ししたがって，ほとんどすべての s に対して

$$y(s)=\int_\alpha^\beta K(s,t)x(t)dt$$

が有限かつ $y\epsilon L^2(\alpha,\beta)$．すなわち K は有界作用素である．

次に仮定 (11·9) から Fubini の定理[1] によってほとんどすべての s に対して t の函数として $K(s,t)\in L^2(\alpha,\beta)$ である．故に $x_n(t)\to x(t)$ (弱) とすれば，上の如き s に対して

$$\lim_{n\to\infty} y_n(s)=\lim_{n\to\infty}\int_\alpha^\beta K(s,t)x_n(t)dt$$
$$=\int_\alpha^\beta K(s,t)x(t)dt=y(s)$$

また Schwarz の不等式によって

$$|y_n(s)|^2\leqq\int_\alpha^\beta |K(s,t)|^2dt\cdot\int_\alpha^\beta |x_n(t)|^2dt$$

を得るが，弱収束するから (6·7) によって右辺の第二因子は有界数列である．すなわち $\{|y_n(s)|^2\}$ はほとんどすべての s において $|y(s)|^2$ に収束するのみならず，n に無関係な可積分函数で上から押えられていることになる．よって項別積分定理[1]を用い，$\|y_n\|^2\to\|y\|^2$ $(n\to\infty)$．しかも上から明らかに $y_n\to y$ 弱であるから

$$\|y_n-y\|^2=(y_n-y,y_n-y)$$
$$=\|y_n\|^2-(y_n,y)-(y,y_n)+\|y\|^2\to 0$$

を得て $y_n\to y$ (強) が得られた．故に K は完全連続である．

定理 11·7 H を完全連続な対称作用素とすれば i) H の固有値は高々可算個であり，かつ 0 以外に集積しないから，これら固有値 $\lambda_1,\lambda_2,\cdots$を

$$|\lambda_1|>|\lambda_2|>\cdots$$

の如く番号附けることができる．ii) λ_j に属する固有空間 $\mathfrak{R}_{\lambda_j}$ は有限次元である．iii) $\mathfrak{R}_{\lambda_j}$ への射影を E_{λ_j} とすれば，$\|x\|\leqq 1$ なる x に関して一様に

$$Hx=\lim_{n\to\infty}\textstyle\sum_{j=1}^n\lambda_jE_{\lambda_j}x \quad (\text{強}) \tag{11·11}$$

が成立つ．

証明 $H=\int\lambda dE(\lambda)$ とするとき，閉区間 $[\lambda',\lambda'']$ が 0 を含まないなら

1) 高木，503 頁

ば $E(\lambda', \lambda''] = E(\lambda'') - E(\lambda' - 0)$ の値域 $\mathfrak{W}(E(\lambda', \lambda''])$ は有限次元である．もしそうでないとすると，定理 5·1 と同じようにして $\mathfrak{W}(E(\lambda', \lambda''])$ に属する元の正規直交可算無限列 $\{x_j\}$ $(j=1\cdot 2\cdot\cdots)$ を作ることができる．定理 6·4 によって $\{x_j\}$ の適当な部分列 $\{y_{j'}\}$ が弱収束するが，正規直交系 $\{x_{j'}\}$ に関する Bessel 不等式 (5·5) を考えてみるとわかるように，$\{x_{j'}\}$ の弱極限は 0 でなければならない．しかるに $x_{j'} \in \mathfrak{W}(E(\lambda', \lambda''])$ であるから

$$E(\lambda', \lambda'']x_{j'} = x_{j'}$$

したがって

$$\|Hx_{j'}\|^2 = \int \lambda^2 d\|E(\lambda)x_{j'}\|^2 = \int \lambda^2 d\|E(\lambda)E(\lambda', \lambda'']x_{j'}\|^2$$

$$= \int_{\lambda'}^{\lambda''} \lambda^2 d\|(E(\lambda) - E(\lambda'))x_{j'}\|^2$$

$$\geqq \|x_{j'}\|^2 \min(|\lambda'|^2, |\lambda''|^2)$$

を得るから $\lim_{j' \to \infty} Hx_{j'} = 0$ （強）ではあり得ない．これは H の完全連続性に反する．

故に閉区間 $[\lambda', \lambda'']$ が 0 を含まないならば $[\lambda', \lambda'']$ に属するような固有値は高々有限，かつこれら固有値に属する固有空間の次元数が有限なことがわかった．これで ii) が証明された．

i) の証明　上から閉区間 $[1, 2]$, $[2, 3]$, $[3, 4]$, $\cdots$, $[-2, -1]$, $[-3, -2]$, $[-4, -3]$, $\cdots$ 及び $\left[\frac{1}{2}, 1\right]$, $\left[\frac{1}{3}, \frac{1}{2}\right]$, $\left[\frac{1}{4}, \frac{1}{3}\right]$, $\cdots$, $\left[-1, -\frac{1}{2}\right]$, $\left[-\frac{1}{2}, -\frac{1}{3}\right]$, $\left[-\frac{1}{3}, -\frac{1}{4}\right]$, $\cdots$ などに属する固有値はそれぞれ有限個しかない．よって H の固有値はすべてで高々可算個しかなく 0 以外に有限な集積点をもたないことがわかった．また $+\infty$, $-\infty$ が H の固有値の集積点でないことも定理 11·3 からわかる．

iii) の証明　まず実数 $\lambda_0 \neq 0$ は $C(H)$ に属さないことを示す．$\lambda_0 \neq 0$ であるから十分小さい $\varepsilon > 0$ に対して閉区間 $[\lambda_0 - \varepsilon, \lambda_0 + \varepsilon]$ の値域は有限次元であることはすでに証明した．ところがもし $\lambda_0 \in C(H)$ とすると定理 11·2 によって

$$\lim_{\varepsilon\downarrow 0} E(\lambda_0-\varepsilon,\ \lambda_0+\varepsilon])=0$$

であるから，$\mathfrak{W}(E(\lambda_0-\varepsilon,\ \lambda_0+\varepsilon])$ の次元数は ε とともに単調に減少し，かつ次元数は整数だから $\varepsilon>0$ が十分小なるとき 0 でなければならない．よって $\varepsilon>0$ が十分小なるとき $0=E(\lambda_0-\varepsilon,\ \lambda_0+\varepsilon]=0$ でなければならない．もしこうならないと λ_0 が H の固有値になってしまう（定理 11·2）からである．

故に結局 H の 0 以外のスペクトルは H の固有値であり，したがって $E_{\lambda_j}=E(\lambda_j)-E(\lambda_j-0)$ として

$$Hx=\int\lambda dE(\lambda)x=\lim_{n\to\infty}\sum_{j=1}^{n}\lambda_j E_{\lambda_j}x \quad (\text{強})$$

を得る．右辺の収束が $\|x\|\leqq 1$ なる x に関して一様なことは

$$E_{\lambda_j}\cdot E_{\lambda_k}=0 \quad (j\neq k)$$

を使うとわかる．すなわち

$$\|(\sum_{k=p}^{q}\lambda_k E_{\lambda_k})x\|^2=\sum_{k=p}^{q}|\lambda_k|^2\|E_{\lambda_k}x\|^2$$

$$\leqq\lambda_p{}^2\|\sum_{k=p}^{q}E_{\lambda_k}x\|^2\leqq\lambda_p{}^2\|x\|^2$$

と $\lim_{p\to\infty}\lambda_p=0$ とによって (11·11) が得られる．

11·5 Fourier 級数論への応用

定理 11·8 $x(t)$ を閉区間 [0, 1] において連続とすれば

$$y''(t)=x(t) \tag{11·12}$$

の一般解は積分常数 C, D によって

$$y(t)=\int_0^t(t-z)x(z)dz+Ct+D \tag{11·13}$$

の形に与えられる．

証明

$$\frac{d}{dt}\left\{\int_0^t(t-z)x(z)dz\right\}=[(t-z)x(z)]_{z=t}$$

$$+\int_0^t\frac{d}{dt}\{(t-z)x(z)\}dz=\int_0^t x(z)dz$$

系 1

$$y''(t)=x(t),\quad y(0)=y(1)=0 \tag{11·14}$$

の解 $y(t)$ は次の形に与えられる：

$$y(t)=-\int_0^1 K_1(t,s)x(s)ds, \tag{11·15}$$

$$K_1(t,s)=\begin{cases}(1-t)s, & s\leqq t\\ (1-s)t, & s>t\end{cases}$$

証明　(11·13) における C, D を $y(0)=y(1)=0$ が満足されるように定める．そのためには

$$D=0,\quad C=-\int_0^1 (1-z)x(z)dz$$

を得るから

$$\begin{aligned}y(t)&=(t-1)\int_0^t zx(z)dz-t\int_t^1 (1-z)x(z)dz\\ &=-\int_0^1 K_1(t,s)x(s)ds\end{aligned}$$

系 2

$$y''(t)=x(t),\quad y(0)=y'(1)=0 \tag{11·14$'$}$$

の解 $y(t)$ は次の形に与えられる：

$$y(t)=-\int_0^1 K_2(t,s)x(s)ds, \tag{11·15$'$}$$

$$K_2(t,s)=\begin{cases}t, & t\leqq s\\ s, & t>s\end{cases}$$

証明　(11·13) における C, D を $y(0)=y'(1)=0$ が満足されるように定めてみる．すなわち

$$D=0,\quad \int_0^1 x(z)dz+C=0$$

を得て

$$\begin{aligned}y(t)&=-\int_0^t zx(z)dz-t\int_t^1 x(z)dz\\ &=-\int_0^1 K_2(t,s)x(s)ds\end{aligned}$$

系 3　α, β ともに正の定数とするとき

$$y''(t)=x(t),\ y'(0)=\alpha y(0),\ y'(1)=-\beta y(1) \tag{11·14}''$$

の解 $y(t)$ は次の形に与えられる：

$$y(t)=-\int_0^1 K_3(t,s)x(s)ds, \tag{11·15}''$$

$$K_3(t,s)=\begin{cases}(1+\beta^{-1}-s)(t+\alpha^{-1})/(1+\alpha^{-1}+\beta^{-1}), & t\leqq s\\ (1+\beta^{-1}-t)(s+\alpha^{-1})/(1+\alpha^{-1}+\beta^{-1}), & t>s\end{cases}$$

証明　(11·13) における C, D を $y'(0)=\alpha y(0)$, $y'(1)=-\beta y(1)$ が満足されるように定める．すなわち

$$C-\alpha D=0,\ \int_0^1 x(z)dz+C+\beta\left\{\int_0^1 (1-z)x(z)dz+C+D\right\}=0$$

を得て

$$C=-\int_0^1 (1-z-\beta^{-1})x(z)dz/(1+\alpha^{-1}+\beta^{-1})$$

$$D=\alpha^{-1}C$$

故に

$$y(t)=\int_0^1 x(z)\{t-z-(1-z+\beta^{-1})(t+\alpha^{-1})/(1+\alpha^{-1}+\beta^{-1})\}dz$$

$$-\int_t^1 x(z)\{(1-z+\beta^{-1})(t+\alpha^{-1})/(1+\alpha^{-1}+\beta^{-1})\}dz$$

$$=-\int_0^1 K_3(t,s)x(s)ds$$

Fourier 級数論への応用　$-K_1(t,s)=H(t,s)$ とおくとき，核 $H(t,s)$ によって定義される積分作用素の固有値，固有函数を求めてみよう．

$$H\varphi=\lambda\varphi,\ \varphi\in L^2(0,1) \text{ すなわち}$$

$$-\int_0^1 K_1(t,s)\varphi(s)ds=\lambda\varphi(t)$$

とすると，まず $K_1(t,s)$ の形 (11·15) から $\varphi(t)$ が連続函数であることがわかる．よって上の系 1 から $\varphi(t)$ は

$$\lambda\varphi''(t)=\varphi(t),\ \varphi(0)=\varphi(1)=0 \tag{11·16}$$

の解であることがわかる. $\varphi(t)\neq 0$ なる (11·16) の解は

$$\varphi(t)=\sin n\pi t,\quad \lambda=-(n\pi)^{-2},\quad (n=1,2,\cdots)$$

であるから $\|\varphi\|^2=\int_0^1\varphi(t)^2dt=1$ なる如く正規化された (11·16) 解のは

$$\varphi_n(t)=2^{1/2}\sin n\pi t,\quad \lambda_n=-(n\pi)^{-2} \qquad (11·17)$$
$$(n=1,2,\cdots)$$

であることがわかった. 故に上の積分作用素 H に対する射影作用素 E_{λ_n} は $\varphi_n(t)$ の定数倍からなる一次元の部分空間 $\{C\varphi_n(t)\}$ への射影に他ならない. 射影の定義からわかるように $E_{\lambda_n}\cdot x=C_n\varphi_n$ における C_n は $\|x-C\varphi_n\|$ を最小ならしめる C の値として得られる. $x_n=(x,\varphi_n)$ とおくと

$$\begin{aligned}\|x-C\varphi_n\|^2&=(x-C\varphi_n,\ x-C\varphi_n)=\|x\|^2-\bar{C}(x,\varphi_n)\\&\quad-\overline{C(x,\varphi_n)}+|C|^2\|\varphi_n\|^2\\&=\|x\|^2+(C-x_n)(\bar{C}-\bar{x}_n)-|x_n|^2\end{aligned}$$

であるから $C=x_n$ ととればよいことがわかる.

故に定理 11·7 によって次の展開定理が得られる：

$$\begin{cases}y(0)=y(1)=0 \text{ かつ } y''(t) \text{ が連続函数ならば}\\ y=H\cdot y''=\lim_{n\to\infty}\sum_{j=1}^n\lambda_jE_{\lambda_j}y'' \quad (\text{強})\\ \quad=\lim_{n\to\infty}\sum_{j=1}^n\lambda_n(y'',\varphi_n)\varphi_n \quad (\text{強})\end{cases}$$

ところが $(y''(t),\ 2^{1/2}\sin j\pi t)=\int_0^1 y''(t)\,2^{1/2}\sin j\pi tdt$

$$=2^{1/2}\left\{[y'(t)\sin j\pi t]_0^1-\int_0^1 y'(t)j\pi\cos j\pi tdt\right\}$$

$$=2^{1/2}\left\{[-y(t)j\pi\cos j\pi t]_0^1-\int_0^1 y(t)(j\pi)^2\sin j\pi\, tdt\right\}$$

であるから $y(0)=y(1)=0$ を用い

$$(-j\pi)^{-2}(y''(t),\ 2^{1/2}\sin j\pi t)=2^{1/2}(y(t),\ \sin i\pi t)$$

このようにして Fourier 級数論における次の定理が得られた：

$$\begin{cases}y(0)=y(1)=0 \text{ かつ } y''(t) \text{ が連続函数ならば}\\ y(t)=\lim_{n\to m}2\sum_{j=1}^n\sin j\pi t\int_0^1 y(s)\sin j\pi sds \quad (\text{強})\end{cases}$$

他の核 $K_2(t, s)$, $K_3(t, s)$ の場合にも同様にして類似の展開定理が得られる. なお上の強収束は "各 t における収束" でおきかえることができることを容易に証明し得る.

$$\int_0^1 y(s)\sin j\pi s = -(j\pi)^{-2}\int_0^1 y''(t)\sin j\pi t dt,$$

$$\sum_{j=1}^{\infty} j^{-2} < \infty,$$

$$|\sin j\pi t| \leqq 1$$

であるからである.

第12章　超函数論への入門

いままで述べて来たことによって Riesz の定理 2·6 が Hilbert 空間論において基本的な役割をつとめる状況をみて頂けたことと思う. Hilbert 空間において定義せられた“連続な加法的汎函数”が実は内積の形に与えられることを主張するのが Riesz の定理であった.「位相解析」においては Hilbert 空間以外の種々な函数空間をも研究の対象とし, これらの函数空間において定義せられた“連続な加法的汎函数”を考察することによって, 解析学の多くの問題を統一的に取扱うのに有効な興味ある幾多の結果が得られている. Hilbert 空間論の一般化としての Banach 空間論及び近年 L. Schwartz によって創められた超函数論[1])などがその例である.

超函数論は標語的にいえば“部分積分の概念を通じての函数概念の拡張”であるので, 部分積分及びそれから導かれる Gauss–Green–Stokes らの積分公式を媒介として解析学及びトポロジイの根本に深く触れているために解析学特に偏微分方程式論などの将来の発展に及ぼす影響は極めて大きいものと期待される. その簡単な解説を与えることにする.

12·1　超函数の定義及び例

函数空間$(\mathfrak{D}_{R^n})$　n 次元ユークリッド空間 R^n の点をベクトル的に $x=(x_1, x_2, \cdots, x_n)$ で表わし

$$\alpha x=(\alpha x_1, \alpha x_2, \cdots, \alpha x_n)$$

$$x+y=(x_1+y_1, x_2+y_2, \cdots, x_n+y_n) \quad \text{ただし}\ y=(y_1, y_2, \cdots, y_n)$$

などと書くことにする. R^n で定義せられた無限回微分可能な函数 $\varphi(x)=\varphi(x_1, x_2, \cdots, x_n)$ で閉苞 $S=\{x\,;\,\varphi(x)\neq 0\}^a$ が有界閉集合であるような φ の全体を $(\mathfrak{D}_{R_n})$ で表わす. 上の S を函数 $\varphi(x)$ の**担い手** (support, carrier) とよぶ. $(\mathfrak{D}_{R^n})$ は算法

$$(\varphi+\psi)(x)=\varphi(x)+\psi(x),\quad (\alpha\varphi)(x)=\alpha\varphi(x)$$

によって線形空間であるが, この $(\mathfrak{D}_{R^n})$ の函数列 $\{\varphi_j(x)\}$ の恒等的に 0 なる函数 0 への“収束” $\varphi_j\Rightarrow 0$ を次の条件によって定義する：

---

1)　Théorie des distributions, I et II, Paris (1950 et 1951). 岩村聯氏の訳（岩波）あり. なお Banach 空間論については例えば筆者：位相解析（岩波）及びそこに挙げられた文献をみられたい.

$$\left.\begin{array}{l}\text{適当に } R^n \text{ の有界閉集合 } K \text{ をとると各 } \varphi_j(x) \text{ の}\\ \text{担い手がすべて } \subseteqq K, \text{ かつ } \varphi_j(x) \text{ 及びその偏導函数}\\ \partial\varphi_j/\partial x_i,\ \partial^2\varphi_j/\partial x_i\partial x_k, \cdots \text{ のおのおのが } j\to\infty \text{ なる}\\ \text{ときいずれ 0 もに一様収束する.}\end{array}\right\} \qquad (12\cdot1)$$

超函数の定義 ($\mathfrak{D}_{R^n}$) で定義せられた複素数値汎函数 $T\varphi$ が

$$T(\alpha\varphi_1+\beta\varphi_2)=\alpha T\varphi_1+\beta T\varphi_2 \quad (\text{加法性}) \qquad (12\cdot2)$$

$$\lim_{\varphi_j\Rightarrow 0} T\varphi_j=0 \ (\text{連続性})$$

を満足するときに T を**超函数**とよぶ. $T\varphi$ はその φ における値である.

例 1 $f(x)$ を R^n で定義せられた複素数値の可測函数で任意の有界閉集合の上で可積分であるとするとき

$$T_f(\varphi)=\int_{R^n} f(x)\varphi(x)dx=\int_{-\infty}^{\infty}\cdots\int_{-\infty}^{\infty} f(x)\varphi(x)dx_1\cdots dx_n \qquad (12\cdot3)$$

例 2 $\mu(E)$ を R^n の Borel 集合 E に対して σ–加法的な複素数値をとる測度とするとき

$$T_\mu(\varphi)=\int_{R^n}\varphi(x)\mu(dx) \qquad (12\cdot4)$$

例 3 例 2 の特別な場合として

$$T_\delta(\varphi)=\varphi(0)=\varphi(0,0,\cdots,0) \qquad (12\cdot5)$$

12・2 超函数についての算法

まず

$$\left.\begin{array}{l}\text{超函数の和 } (T+S)(\varphi)=T\varphi+S\varphi,\\ \text{超函数のスカラー倍 } (\alpha T)(\varphi)=\alpha T(\varphi)\end{array}\right\} \qquad (12\cdot6)$$

を定義すれば

$$T_f+T_g=T_{f+g},\quad \alpha T_f=T_{\alpha f}$$

となって都合がよい. また $a(x)$ を無限回微分可能な函数とすれば $a(x)\varphi(x)$ $\epsilon(\mathfrak{D}_{R^n})$, したがって

$$T(a\varphi)=(T_aT)(\varphi) \qquad (12\cdot7)$$

の左辺はある超函数の φ における値を定義するよって上式によって超函数 T_a と Tとの積 T_aT を定義すると

$$T_a T_f = T_{af}$$

となって都合がよい．

超函数の偏微分　$f(x)$ を一回連続偏微分可能とすると部分積分で

$$T_{\partial f/\partial x_i}(\varphi) = T_f(-\partial\varphi/\partial x_i) \tag{12·8}$$

の成立つことがわかる．$\varphi(x)$ が有界閉集合の外では 0 となるからである．一般に任意の超函数 T に対して $T(-\partial\varphi/\partial x_i)$ は φ の汎函数と考えて (12·2) を満足するから，T の**偏微分超函数** $\partial T/\partial x_i$ を

$$\partial T/\partial x_i(\varphi) = T(-\partial\varphi/\partial x_i) \tag{12·9}$$

で定義すると (12·8) とつじつまが合って都合がよい．このようにして任意の超函数は無限回偏微分可能で偏微分した結果はまた超函数になる．

しかも (12·9) より一般に

$$(D^p T)(\varphi) = (-1)^{|p|} T(D^p \varphi),\ \text{ただし} \tag{12·10}$$

$$D^p = \partial^{m_1+m_2+\cdots+m_n}/\partial x_1{}^{m_1}\partial x_2{}^{m_2}\cdots\partial x_n{}^{m_n}$$

$$|p| = m_1 + m_2 + \cdots + m_n$$

が成立つ．

Dirac の δ 函数　物理学者 P. A. Dirac は量子力学に登場して来る対称作用素のスペクトル分解を形式的直観的に表現するために δ 函数なるものを導入した．これは一次元についていえば

$$\left.\begin{aligned} &\int_{-\infty}^{\infty} \delta(x-y)\varphi(y)dy = \varphi(x) \\ &\int_{-\infty}^{\infty} \delta^{(p)}(x-y)\varphi(y)dy = (-1)^p \varphi^{(p)}(x) \end{aligned}\right\} \tag{12·11}$$

を満足するような函数である．このようなことのできる好都合な函数 $\delta(x)$ は存在しないので物理学者もこれを“擬函数”とよんでいる．ところで

$$T_{\delta(x)}(\varphi) = \varphi(x) \tag*{(12·5)′}$$

なる超函数を考えれば (12·10) に相当して

$$\begin{aligned}(d^p T_{\delta(x)}/dx^p)(\varphi) &= (-1)^p T_{\delta(x)}(d^p\varphi/dx^p) \\ &= (-1)^p \varphi^{(p)}(x)\end{aligned} \tag*{(12·11)′}$$

を得るので，Dirac の公式 (12·11) は (12·11)′ の如く超函数論的に解釈す

ることができるので都合がよい.

12·3 ポテンシャル論における Green (グリーン) の公式

R^n の有界領域を V, V の境界を ∂V とし ∂V は滑かなものとする. すなわち ∂V の各点 x^0 において (超) 切平面[1]が画かれ, かつこの (超) 切平面の方向は点 x^0 の変化につれて連続的に変化するものとする. $f(x)$ を R^n で無限回偏微分可能なものとし

$$\begin{aligned}[f;\,V]=[f(x);\,V]&=f(x), \quad x\in V\\ &=0 \quad\ \ , \quad x\bar{\in} V\end{aligned} \tag{12·12}$$

を定義する. 同じく

$$\begin{aligned}[\partial f/\partial x_1;\,\partial V]=[\partial f/\partial x_1(x);\,\partial V]&=\partial f/\partial x_1(x), \quad x\in\partial V\\ &=0, \quad x\bar{\in}\partial V\end{aligned}$$

の如く定義する.

$[f(x);\,V]$ は一般には R^n で連続函数にはならないから

$$\partial[f(x);\,V]/\partial x_1 \text{ や } (\textstyle\sum_{i=1}^n\partial^2/\partial x_i{}^2)[f(x);\,V]$$

を R^n 全体で定義することはできない. しかしながら超函数 $T_{[f;V]}$ を超函数的に偏微分して

$$\partial T_{[f;V]}/\partial x_1 \text{ や } (\textstyle\sum_{i=1}^n\partial^2/\partial x_i{}^2)T_{[f;V]}$$

などを作ることによって古典的に良く知られた有用な公式を求めることができるのは面白い. 例えば部分積分で

$$\begin{aligned}&\partial^2T_{[f;V]}/\partial x_1{}^2=T_{[f;V]}(\partial^2\varphi/\partial x_1{}^2)\\ &=\int_V\cdots\int f(x)\partial^2\varphi/\partial x_1{}^2dx\\ &=\int_{\partial V}\cdots\int f(x)\partial\varphi/\partial x_1\,dx_2dx_3\cdots dx_n-\int_V\cdots\int\partial f/\partial x_1\cdot\partial\varphi/\partial x_1\,dx\\ &=-\int_{\partial V}\cdots\int f(x)\partial\varphi/\partial x_1\cos\theta_1(x)dS\\ &\qquad+\int_{\partial V}\cdots\int\varphi(x)\partial f/\partial x_1\cos\theta_1(x)dS+\int_V\cdots\int\varphi(x)\partial^2f/\partial x_1{}^2\,dx\end{aligned}$$

1) n 次元空間で考えているから (超) という形容詞をつけた.

を得る．ここに $\cos\theta_1(x)$ は ∂V の点 x における内向法線 ν と Ox_1 軸とのなす角，また dS は ∂V 上の（超）表面積要素である．

$$\sum_{i=1}^{n}\partial f/\partial x_i\cos\theta_i(x)=\sum_{i=1}^{n}\partial f/\partial x_i\cdot\partial x_i/\partial\nu=\partial f/\partial\nu$$

$$\sum_{i=1}^{n}\partial\varphi/\partial x_i\cos\theta_i(x)=\partial\varphi/\partial\nu$$

であるから，Laplacian（ラプラシアン）

$$\Delta=\sum_{i=1}^{n}\partial^2/\partial x_i^2$$

に対して上式から

$$\Delta T_{[f;V]}(\varphi)=T_{[\Delta f;V]}(\varphi)-T_{[f;\partial V]}(\partial\varphi/\partial\nu)+T_{[\partial f/\partial\nu;\partial V]}(\varphi) \tag{12·13}$$

が得られる．これがポテンシャル論において重要な役割を演ずる **Green の公式**に他ならない．

このように密度 $[f(x);V]$ をもって V の上に分布している質量分布(＝測度）によって定義される超函数を超函数的に微分することによって V の上の密度 $[\Delta f;V]$ の質量分布のみならず密度 $[\partial f/\partial\nu;\partial V]$ をもって ∂V の上に分布している質量分布や密度 $[f;\partial V]$ をもって ∂V の上に分布している**双極**（dipole）分布が登場して来ることは興味あることである．双極分布というのは $T_{[f;\partial V]}(\partial\varphi/\partial\nu)$ における $\partial\varphi/\partial\nu$ が，∂V の法線上で境界 ∂V の外部の点 x' と内部の点 x'' をとって $\{\varphi(x'')-\varphi(x')\}$ を x' と x'' との距離で割ったものにおいてこの距離を 0 に収束させた極限であるから，電磁気論における**双極子**（dipole）との類似によってこのようによぶのである．もともと “distribution” と Schwartz がよんだのはこのような物理的直観に由来するのであろうが[1)]，本書においては岩村聯氏にならって**超函数**という言葉を使うことにする．確率論における**分布函数**（distribution function）と紛れないためでもあるし，またおよそ数学における概念は，それがどのような直観から生れたものにせよ，ひとたび定式化されればもとの直観よりははるかに精密かつ広汎な内容を具えたものになるものであるから，いつまでももとの直観にとらはれていなければならないわけでもあるまいからである．

---

1) de Rham（ド・ラーム）は電流に示唆されて current という言葉を使っている．

12·4 Hadamard（アダマル）の有限部分

$n=1$ の場合の典型的な例を挙げる.

$$f(x)=x^{-1/2},\quad x>0$$
$$=0,\quad x\leqq 0$$

なる $f(x)$ は任意の有限区間で積分可能であるから T_f は定義される．このとき，$\varphi(x)$ が有界閉区間の外では恒等的に 0 であるから,

$$\partial T_f/\partial x(\varphi)=-\int_{-\infty}^{\infty}f(x)\varphi'(x)dx=-\lim_{\varepsilon\downarrow 0}\int_{\varepsilon}^{\infty}x^{-1/2}\varphi'(x)dx$$
$$=-\lim_{\varepsilon\downarrow 0}\left\{[x^{-1/2}\varphi(x)]_{\varepsilon}^{\infty}+\int_{\varepsilon}^{\infty}2^{-1}x^{-3/2}\varphi(x)dx\right\}$$
$$=\lim_{\varepsilon\downarrow 0}\left\{\varepsilon^{-1/2}\varphi(\varepsilon)-\int_{\varepsilon}^{\infty}2^{-1}x^{-3/2}\varphi(x)dx\right\}$$
$$=\lim_{\varepsilon\downarrow 0}\left\{\varepsilon^{-1/2}\varphi(0)-\int_{\varepsilon}^{\infty}2^{-1}x^{-3/2}\varphi(x)dx\right\}$$

を得る．$\varepsilon\downarrow 0$ なるとき

$$(\varphi(\varepsilon)-\varphi(0))\varepsilon^{-1/2}=\varepsilon^{1/2}\varepsilon^{-1}(\varphi(\varepsilon)-\varphi(0))$$
$$\to 0\cdot\varphi'(0)=0$$

となるからである．**発散積分**

$$-\int_{\varepsilon}^{b}2^{-1}x^{-3/2}\varphi(x)dx$$

に**発散項** $\varepsilon^{-1/2}\varphi(0)$ を附け加えて収束せしめて，その**有限部分**

$$-\lim_{\varepsilon\downarrow 0}\int_{\varepsilon}^{\infty}x^{-1/2}\varphi'(x)dx$$

が得られたわけである．このようにして Hadamard の**有限部分の理論**は超函数の微分の議論と結びつけられるのである．Hadamard は双曲形偏微分方程式の積分の理論[1)]において

$$Q(\varepsilon)=\int_{a}^{b-\varepsilon}(b-x)^{-(3/2+\nu)}A(x)dx,\quad \nu=0,1,2,\cdots$$

の形の発散積分を処理する必要に直面して $A(x)$ を Taylor 展開することによって $(0<\vartheta(x)<1)$

$$Q(\varepsilon)=\frac{A(b)}{1/2+\nu}\{\varepsilon^{-(1/2+\nu)}-(b-a)^{-(1/2+\nu)}\}$$
$$-\frac{A'(b)}{1!(-1/2+\nu)}\{\varepsilon^{-(-1/2+\nu)}-(b-a)^{-(-1/2+\nu)}\}$$
$$+\cdots\cdots$$
$$+\frac{(-1)^{\nu}A^{(\nu)}(b)}{\nu!(1/2)}\{\varepsilon^{-1/2}-(b-a)^{-1/2}\}$$
$$+\frac{(-1)^{\nu+1}}{(\nu+1)!}\int_a^{b-\varepsilon}(b-x)^{-1/2}A^{(\nu+1)}(b-\vartheta(x)(b-x))dx$$

と書き直してから，$\varepsilon\downarrow 0$ なるときの $Q(\varepsilon)$ の**有限部分**

$$\lim_{\varepsilon\downarrow 0}\left\{Q(\varepsilon)-\varepsilon^{-(1/2+\nu)}\left[\frac{A(b)}{1/2+\nu}+\frac{(-1)A'(b)}{1!(-1/2+\nu)}\varepsilon+\cdots+\frac{(-1)^{\nu}A^{(\nu)}(b)}{\nu!(1/2)}\varepsilon^{\nu}\right]\right\}$$
$$=-(b-a)^{-(1/2+\nu)}\left\{\frac{A(b)}{1/2+\nu}+\frac{A'(b)}{1!(-1/2+\nu)}(b-a)+\cdots+(-1)^{\nu}\frac{A^{(\nu)}(b)}{\nu!(1/2)}(b-a)^{\nu}\right\}+\int_a^b(b-x)^{-(3/2+\nu)}A_1(x)dx,$$

ただし $A_1(x)=(-1)^{\nu+1}\dfrac{(b-x)^{\nu+1}}{(\nu+1)!}A^{(\nu+1)}(b-\vartheta(b-x))$

を求めたのであった．

超函数的にいえば

$$f(x)=(b-x)^{-1/2},\quad a\leqq x<b$$
$$=0,\qquad x<a \text{ または } x\geqq b$$

による超函数 T_f を考え，$d^{\nu+1}T_f/dx^{\nu+1}$ を考えることによって $Q(\varepsilon)$ の形の発散積分が表われて来るわけである．

12·5 超函数に関する偏微分方程式

共役偏微分形式 無限回微分可能な函数を係数とする偏微分形式

$$D=\sum\nolimits_{|p|\leqq m}A_p(x)D^p \tag{12·14}$$

に対して (12·10) より一般に

1) J. Hadamard : Le problème de Cauchy, Paris, (1932).

$$(DT)(\varphi)=T(D^*\varphi), \tag{12·15}$$

$$D^*\varphi=\sum_{|p|\leq m}(-1)^{|p|}D^p(A_p(x)\varphi(x))$$

が成立つ. D^* を D の共役偏微分形式という.

$$D^{**}=(D^*)^*=D \tag{12·16}$$

であることは, $\varphi, \psi\in(\mathfrak{D}_{R^n})$ とするとき

$$T_{D\psi}(\varphi)=T_\psi(D^*\varphi)=T_{D^*\varphi}(\psi)=T_\varphi(D^{**}\psi)$$

$$=T_{D^{**}\psi}(\varphi)$$

となることからわかる.

超函数 T, S が

$$DT=S \text{ すなわち } T(D^*\varphi)=S(\varphi),\ \varphi\in(\mathfrak{D}_{R_n}) \tag{12·17}$$

を満足するときに, T をこの偏微分方程式の**解超函数**という. 例えば双曲形の偏微分方程式

$$\partial^2T/\partial x\partial y=0 \tag{12·18}$$

は $T_{f(x)}+T_{g(y)}$ の形の解超函数を有する. ここに $f(x)$ や $g(y)$ は不連続函数でも差支えないから**微分方程式**の概念と大分かけ離れて来る. しかし D が, 後から説明する意味で"楕円的"ならば

$$DT=0 \tag{12·18}$$

の解超函数 T は無限回微分可能な函数 $f(x)$ で

$$(Df)(x)=0$$

を満足するものによって $T=T_f$ と表現されることを証明することができる.

Dirichlet (ディリクレ) 問題 G を R^n の有界領域, ∂G を G の境界とする. ∂G の上で定義せられた連続函数 $g(x)$ に対して, G の内部で調和 (harmonic) すなわち

$$(\Delta\tilde{f})(x)=0 \quad (\Delta=\textstyle\sum_{i=1}^n\partial^2/\partial x_i^2)$$

を満足する無限回微分可能函数 $\tilde{f}(x)$ で, x が境界 ∂G 上の点 $x^{(0)}$ に近づくとき $g(x^0)$ に収束するような $\tilde{f}(x)$ を求める問題を **Dirichlet 問題**という. 数理物理における基本的な古典的問題である.

正射影の方法 Dirichlet 問題の解法として H. Weyl (ワイル) が次の正射

影の方法を有効に使った[1]：Gで定義せられた実数値函数 $f(x)\in L^2(G)$[2] が，その担い手が G の内部にあるような有界閉領域であるような $\varphi(x)=(\mathfrak{D}_{R_n})$ のすべてに対して

$$\int_G\cdots\int f(x)\Delta\varphi(x)dx=0 \qquad (12\cdot19)$$

を満足するとする．このとき G の内部で無限回偏微分可能かつ $(\Delta\tilde{f})(x)=0$ を満足するような $\tilde{f}(x)$ で $f(x)$ とほとんど到るところ一致するものが存在する．超函数 T_f を考えると $\Delta T_f=0$ であるから $T_f=T_{\tilde{f}}$ なる如き無限回微分可能な $\tilde{f}(x)$ が存在し，$(\tilde{\Delta}f)(x)=0$ となるのである．

故に $L^2(G)$ は互いに直交する二つの閉部分空間 $H(G)$ と $N(G)$ との直和に表わされる．ここに $H(G)$ は G おいて調和で $\int_G\cdots\int|\tilde{f}(x)|^2dx_1\cdots\cdot dx_n<\infty$ なる如き実数値函数 $f(x)$ の全体，また $N(G)$ は G において定義せられた無限回偏微分可能函数 $\varphi(x)$ で，その担い手が G の内部の有界閉領域であるような $\varphi(x)$ から作った $\Delta\varphi(x)$ の全体に $L^2(G)$ における強収束の極限を付け加えた閉部分空間とするのである．

G で連続で境界 ∂G においては与えられた $g(x)$ と一致するような函数 $\tilde{g}(x)$ を作り，$\tilde{g}(x)$ の $H(G)$ への射影 $\tilde{f}(x)$ を考えると，

$$\tilde{g}(x)=\tilde{f}(x)+\tilde{h}(x),\quad \tilde{f}\in H(G),\quad \tilde{h}\in N(G)$$

よって $\tilde{f}(x)$ は G の内部で調和，また $\tilde{h}$ はその担い手が G の内部の有界閉領域であるような函数列 $\{\varphi_n(x)\}$ の強極限であるから x が ∂G に近づくとき $\tilde{h}(x)$ の値は“ほぼ 0 に近づく.” したがって x が ∂G に近づくとき $\tilde{f}(x)$ の値は“ほぼ $g(x)$ に近づく.” ここに“ほぼ”といったのは $\varphi_n(x)$ の $\tilde{h}(x)$ への近づき方が普通の収束

$$\lim_{n\to\infty}\varphi_n(x)=\tilde{h}(x)\quad（各\ x\ に対して）$$

1) The method of orthogonal projection in potential theory, Duke Math. J., 7 (1940), 411—444.

2) G において可測かつ $\int_G\cdots\int|f(x)|^2dx_1\cdots dx_n<\infty$ なる実数値函数 $f(x)$ 全体の作る Hilbert 空間.

ではなく,

$$\lim_{n\to\infty}\int_G\cdots\int|\widetilde{h}(x)-\varphi_n(x)|^2dx_1\cdots dx_n=0$$

であることによる.

上にスケッチした**正射影の方法**は Dirichlet 問題のみならず調和函数に関する存在定理を一般的に取扱う基礎とすることができることを証明することができる[1]. また K. Kodaira (小平) は正射影の方法を一般の Riemann 空間における調和積分 (harmonic integral) の存在定理に拡張して, その有効性を示した[2]. 正射影の方法を超函数における"楕円的"偏微分方程式の場合に拡張したのは L. Schwartz である. 以下これについて述べることにする.

1) 例えば M. Schiffer and D. C. Spencer : Functionals of finite Riemann surfaces, Princeton (1954) をみよ.

2) Harmonic fields in Riemannian manifold, Ann. of Math., 50 (1949), 587—665.

第13章　正射影の方法の証明

13·1　Poisson（ポアッソン）方程式

ラプラシアンの基本解　n 次元ユークリッド空間の点 $P(x_1, x_2, \cdots, x_n)$ と点 $Q(\xi_1, \xi_2, \cdots, \xi_n)$ との距離を

$$r = r_{PQ} = \{(x_1-\xi_1)^2 + (x_2-\xi_2)^2 + \cdots + (x_n-\xi_n)^2\}^{1/2} \tag{13·1}$$

とすると

$$\partial r^\alpha/\partial x_i = \partial r^\alpha/\partial r \cdot \partial r/\partial x_i = \alpha r^{\alpha-1} \cdot r^{-1}(x_i-\xi_i),$$

$$\partial^2 r^\alpha/\partial x_i{}^2 = \alpha(\alpha-1) r^{\alpha-2} r^{-2}(x_i-\xi_i)^{-2}$$
$$+\alpha r^{\alpha-1}(r^{-1} - r^{-3}(x_i-\xi_i)^{-2})$$

したがって

$$\varDelta r^\alpha = \sum_{i=1}^n \partial^2 r^\alpha/\partial x_i{}^2 = \alpha(\alpha-1) r^{\alpha-2} + \alpha(n-1) r^{\alpha-2}$$

故に

定理 13·1　$n \geqq 3$ ならば r^{2-n} は $P \neq Q$ において Laplace 方程式

$$\varDelta r^{2-n} = 0 \tag{13·2}$$

を満足する．同様の計算で $n=2$ ならば

$$\varDelta \log r^{-1} = 0 \tag{13·2$'$}$$

この r^{2-n}（$n \geqq 3$ のとき），$\log r^{-1}$（$n=2$ のとき）をラプラシアン $\varDelta$ の**基本解**（fundamental or elementary solution）という．以下に述べるような諸定理（特に定理 13·4）が成立つからである．

定理 13·2（定理 13·1 の系として）$\xi_1-\xi_2-\cdots-\xi_n$ 空間の有界領域 G において定義せられた連続函数 $\rho(\xi_1, \xi_2, \cdots, \xi_n)$ を密度として作った Newton ポテンシァル[1)]

$$V(x_1, x_2, \cdots, x_n) = \int_G \cdots \int r_{QP}^{2-n} \rho(\xi_1, \cdots, \xi_n) d\xi_1 \cdots d\xi_n \tag{13·3}$$

は点 $P(x_1, x_2, \cdots, x_n)$ が有界領域 G の外にあるときは $\varDelta V = 0$ を満足する．

---

1)　$n \geqq 3$ として

すなわち V は G の外では**調和** (harmonic) である．

定理 13·3 $V(x_1, x_2, \cdots, x_n)$ は点 P が G の内部の点であるときにも収束し，かつ

$$\partial V/\partial x_i = \int_G \cdots \int \rho \cdot \partial r^{2-n}/\partial x_i d\xi_1 \cdots d\xi_n \tag{13·4}$$

$$= \int_G \cdots \int \rho(2-n) r^{-n}(x_i - \xi_i) d\xi_1 \cdots d\xi_n$$

証明 P を中心とする空間極座標 $(0 \leqq \theta_i \leqq \pi,\ 0 \leqq \varphi \leqq 2\pi)$

$$\begin{aligned}
&\xi_1 - x_1 = r\cos\theta_1, \qquad (13·5)\\
&\xi_2 - x_2 = r\sin\theta_1\cos\theta_2,\\
&\cdots\cdots\cdots\\
&\xi_{n-2} - x_{n-2} = r\sin\theta_1\sin\theta_2\cdots\sin\theta_{n-3}\cos\theta_{n-2},\\
&\xi_{n-1} - x_{n-1} = r\sin\theta_1\sin\theta_2\cdots\sin\theta_{n-2}\cos\varphi\\
&\xi_n - x_n = r\sin\theta_1\sin\theta_2\cdots\sin\theta_{n-2}\sin\varphi
\end{aligned}$$

を導入して

$$\begin{aligned}
dv = d\xi_1\cdots d\xi_n &= \partial(\xi_1 - x_1, \cdots, \xi_n - x)/\partial(r, \theta_1, \cdots, \theta_{n-2}, \varphi)\\
&\times drd\theta_1\cdots d\theta_{n-2}d\varphi \qquad (13·6)\\
&= r^{n-1}dr\sin^{n-2}\theta_1\sin^{n-3}\theta_2\sin\theta_{n-2}d\theta_1\cdots d\theta_{n-2}d\varphi
\end{aligned}$$

を使えば，(13·3) の右辺が G の内点 P において収束することがわかる．

次に (13·4) は P が G の外部にあるときには明らかである．よって $\mathrm{P}'(0, 0, \cdots, 0, h)$ 及び $\mathrm{P} = \mathrm{P}_0(0, 0, \cdots, 0)$ を G の内部の点とし

$$h^{-1}(V(P') - V(P_0)) + \int_G \cdots \int \rho(2-n) r_0^{-n}\xi_n dv$$

$$= \int_G \cdots \int \rho\{h^{-1}(r^{2-n} - r_0^{2-n}) + (2-n) r_0^{-n}\xi_n\} dv \tag{13·7}$$

ただし $r^2 = \sum_{i=1}^{n-1}\xi_i^2 + (\xi_n - h)$, $r_0^2 = \sum_{i=1}^{n}\xi_i^2$

が $h \to 0$ なるとき 0 に収束することがいえればよい．

ところが (13·7) 右辺第二項の積分が収束することは P_0 を中心とする空間極座標をとってみるとわかる．次に G を，P_0 が中心半径が $R > h$ の球 K

と残りの部分 $G-K$ とに分けると，(13·7) の右辺が

$$\int_K\cdots\int+\int_{G-K}\cdots\int$$

の二つに分けられるが，$G-K$ においては一様に $\lim_{h\to 0}\{\quad\}=0$ であるから第二の積分は $h\to 0$ なるとき $\to 0$. しかして第一の積分については

$$\{\quad\}=\frac{(2\xi_n-h)(r_0{}^{n-3}+r_0{}^{n-4}r+\cdots+r^{n-3})}{(r_0+r)r^{n-2}r_0{}^{n-2}}+(2-n)\frac{\xi_n}{r_0{}^n},$$

$$|2\xi_n-h|\leqq|\xi_n|+|\xi_n-h|\leqq r_0+r,\quad |\xi_n|\leqq r_0$$

から

$$\begin{aligned}|\{\quad\}|&\leqq\textstyle\sum_{i=1}^{n-2}r_0{}^{-i}r^{-n+i+1}+(n-2)r_0{}^{1-n}\\&\leqq(r_0{}^{-1}+r^{-1})^{n-1}+(n-2)r_0{}^{1-n}\\&\leqq 2^{n-1}r_0{}^{1-n}+2^{n-1}r^{1-n}+(n-2)r_0{}^{1-n}\end{aligned}$$

を得るから，$R>h$ が成立ちつつ $R\to 0$ ならしめると $\lim\int_K\cdots\int=0$ である．空間極座標をそれぞれ $P_0(0,\cdots,0)$ 及び $P'(0,0,\cdots,0,h)$ を中心として導入するとき $\lim_{R\to 0}\int_K\cdots\int r_0{}^{-n+1}dv$, $\lim_{R\to 0}\int_K\cdots\int r^{-n+1}dv$ が双方ともに 0 なるからである．　　(以上)

定理 13·4　$\rho(x_1,\cdots,x_n)$が G の内部で一回連続偏微分可能とすれば，点 $P(x_1,\cdots,x_n)$ が G の内部にあるとき **Poisson 方程式**

$$\varDelta V=\textstyle\sum_{i=1}^n\partial^2V/\partial x_i{}^2=-(n-2)\Omega_n\rho(x_1,\cdots,x_n)\quad(n\geqq 3)\qquad(13\cdot 8)$$

が成立つ．ここに Ω_n は P を中心として半径 1 の球の表面積であるから[1]

$$\Omega_n=2(\sqrt{\pi})^n/\Gamma(n/2)\qquad(13\cdot 9)$$

である．

証明　$P(x_1,\cdots,x_n)$ を中心とし半径 ε の球を K_ε と書くと

$$V=\int_{K_\varepsilon}\cdots\int+\int_{G-K_\varepsilon}\cdots\int$$

において $\varDelta\int_{G-K_\varepsilon}\cdots\int=0$ (定理 13·2). 故に G として K_ε をとったときに

1)　$d\Omega_n=(dv/dr)_{r=1}=\sin^{n-2}\theta_1\sin^{n-3}\theta_2\sin\theta_{n-2}\times d\theta_1\cdots d\theta_{n-2}d\varphi$ からわかる．

(13·8) を証明すればよい.

$$-\partial r^{2-n}/\partial x_1=\partial r^{2-n}/\partial \xi_1$$

及び (13·4) によって部分積分で

$$\partial/\partial x_1\int_{K_\varepsilon}\cdots\int=-\int_{K_\varepsilon}\cdots\int \rho\partial r^{2-n}/\partial\xi_1 d\xi_1\cdots d\xi_n$$

$$=-\int_{\partial K_\varepsilon}\cdots\int \rho r^{2-n}d\xi_2\cdots d\xi_n+\int_{K_\varepsilon}\cdots\int \partial\rho/\partial\xi_1\cdot r^{2-n}d\xi_1\cdots d\xi_n$$

(∂K_ε は K_ε の超表面)

(13·4) を右辺第二項に応用して

$$\partial^2/\partial x_1{}^2\int_{K_\varepsilon}\cdots\int=-\int_{\partial K_\varepsilon}\cdots\int \rho\partial r^{2-n}/\partial x_1 d\xi_2\cdots d\xi_n$$

$$+\int_{K_\varepsilon}\cdots\int \partial\rho/\partial\xi_n\cdot\partial r^{2-n}/\partial x_1 d\xi_1\cdots d\xi_n$$

したがって $\partial K_\varepsilon=S_\varepsilon$ とおき

$$d\xi_2\cdots d\xi_n=(\xi_1-x_1)r^{-1}dS_\varepsilon=-\partial r/\partial x_1 dS_\varepsilon$$

などを用い

$$\sum_{i=1}^n \partial^2 V/\partial x_i{}^2=\int_{S_\varepsilon}\cdots\int (2-n)\rho\varepsilon^{1-n}dS_\varepsilon$$

$$+(2-n)\int_{K_\varepsilon}\cdots\int \sum_{i=1}^n \partial\rho/\partial\xi_i\cdot r^{-n}(\xi_i-x_i)d\xi_1\cdots d\xi_n$$

この右辺第二項は P を中心とした極座標を導入すると (13·6) からわかるように $\varepsilon\to 0$ とともに 0 に収束する. また右辺第一項は $dS_\varepsilon=\varepsilon^{n-1}d\Omega_n$ からわかるように $\varepsilon\to 0$ とともに (13·8) の右辺に収束する.

注　上と同様にして 2 次元の場合の Poisson 方程式

$$\Delta\cdot\iint \rho\log r^{-1}d\xi_1 d\xi_2=-2\pi\rho(x_1, x_2) \tag{13·8$'$}$$

も得られる.

13·2 正射影の方法の Garding (ガーディング) による証明 1 —弱い解が真の解であること

弱い解の定義　G を n 次元ユークリッド空間 R^n の有界領域とする. G で定義せられた可測函数 $u(x)=u(x_1, \cdots, x_n)$ が G において (無限回微分可能

な函数を係数とする）偏微分方程式

$$Dw(x)=0 \tag{13·10}$$

の**弱い解**（weak solution）であるというのは次の二条件が満足せられていることであるとする：i) $u(x)$ は G の内部にある任意の有界閉領域において $dv=dx_1\cdots dx_n$ に関して Lebgsgue 式積分可能である．ii) 無限回微分可能でかつその担い手が G の内部の閉領域であるような $f(x)=f(x_1, \cdots, x_n)$ の全体を（$\mathfrak{D}_G$）とするとき，$f\in(\mathfrak{D}_G)$ ならばつねに

$$\int_G\cdots\int u(x)(D^*f)(x)dv=0 \tag{13·11}$$

もしも $u(x)$ が無限回微分可能ならば (12·15)—(12·16) からわかるように

$$\int_G\cdots\int (Du)(x)f(x)dv=0$$

したがって $(Du)(x)=0$ を得て $u(x)$ は**真の解**（genuine solution）である．$f(x)$ は（$\mathfrak{D}_G$）の任意の函数として上式が成立つから $(Du)(x)=0$ でなければならないのである．

定理 13·5 $D=\Delta$ ならば $D=D^*$ すなわち $\Delta=\Delta^*$ であるが，このとき（G における）$\Delta w(x)=0$ の“弱い解” $u(x)$ に対して（G における）$\Delta w(x)=0$ の“真の解” $v(x)$ が存在して $u(x)$ と $v(x)$ とはほとんど到るところ等しい．すなわちラプラシアン Δ に対しては“弱い解”と“真の解”の二概念には本質的な違いはない．

証明[1)]

$$A(y,x)=-(n-2)^{-1}\Omega_n{}^{-1}\left(\textstyle\sum_{i=1}^n(y_i-x_i)^2\right)^{(2-n)/2},\quad n\geqq 3 \tag{13·12}$$

$$=-(2\pi)^{-1}\log\left(\textstyle\sum_{i=1}^n(y_i-x_i)^2\right)^{-1/2},\quad n=2$$

に対して

$$(Af)(y)=\int_G A(y,x)f(x)dx,\quad f\in(\mathfrak{D}_G) \tag{13·13}$$

$$=\int_G\cdots\int A(y,x)f(x)dx_1\cdots dx_n$$

を定義すれば，定理 13·4 の証明と同様にして $(Af)(y)$ は G の内部におい

て無限回微分可能であり，かつ

$$\Delta_y Af(y)=\sum_{i=1}^{n}\partial^2(Af)(y)/\partial y_i^2=f(y) \tag{13·14}$$

G の任意の点 $y^{(0)}$ をとり $u(y)$ が，$y^{(0)}$ の近傍で無限回微分可能な函数と，この近傍でほとんど到るところ等しいことを証明すればよいわけである．これを証明するために K を $y^{(0)}$ を含む開領域で，その閉苞 K^a が G の内部にあるものとし，K^a を含む開領域 K_1 の閉苞 $K_1{}^a$ も G の内部にあるものとする．無限回微分可能な函数 $b(y)$ で

$$\begin{aligned} b(y)&=0, \quad y\in K \\ &=1, \quad y\bar{\in} K_1 \end{aligned} \tag{13·15}$$

を満足するものをとり

$$v(x)=\int_G u(y)\Delta_y\{b(y)A(y,x)\}dy, \quad x\in K \tag{13·16}$$

をとれば $v(x)$ が K で無限回微分可能でかつ K においてほとんど到るところ $v(x)=u(x)$ であることを証明しよう．

まず $y\neq x$ ならば $\Delta_y A(y,x)=0$ であるから，$x\in K$ なるとき被積分函数は K_1-K に属さない y に対しては 0 になる．このことからまた微分記号 $\partial/\partial x_1$, $\partial^2/\partial x_1\partial x_2$, $\cdots$ などを積分記号の中へ入れることができて，$v(x)$ が K において無限回微分可能なことがわかる．

次に $f(x)\in(\mathfrak{D}_K)$ とすれば Fubini の積分順序交換の定理[1]が使えて

$$\int v(x)f(x)dx=\int u(y)dy\int \Delta_y\{b(y)A(y,x)\}f(x)dx$$

を得る．$1-b(x)=h(x)$ とおけば右辺の内部の積分は

$$\begin{aligned} \Delta_y\{b(y)Af(y)\}&=\Delta_y Af(y)-\Delta_y\{h(y)Af(y)\} \\ &=f(y)-\Delta_y\{h(y)Af(y)\} \quad \text{((13·14) を用いた)} \end{aligned}$$

$h(y)$, $Af(y)$ ともに無限回微分可能かつ K_1 の外で $h=0$ であるから $h(y)Af(y)=g(y)\subseteqq(\mathfrak{D}_G)$．よって u が“弱い解”であるということから

1) L. Garding: On a theorem by H. Weyl, Kungl, Fysiografisca Sellskapets i Lund Forhanlingar, 20 (1951), Nr. 23, 1—4 による．

2) 高木，503 頁

$$\int_G v(x)f(x)dx=\int_G u(y)f(y)dy-\int_G u(y)\Delta_y g(y)dy$$

$$=\int_G u(y)f(y)dy$$

ところが $f(x)$ はその担い手が K の内部にあるような任意の無限回微分可能な函数であったから K の内部でほとんど到るところ $v(x)=u(x)$ でなければならない．

楕円的方程式への拡張　上の証明の仕方から，一般の偏微分作用素 D に対しても次の諸条件を満足する**基本解** $A(y, x)$ が存在すれば

$$\int_G u(x)(D^*f)(x)dx=0$$

によって定義される $(Dw)(x)=0$ の“弱い解” $u(x)$ が K において“真の解”

$$v(x)=\int u(y)D_y^*\{b(y)A(y, x)\}dy$$

とほとんど到るところ等しいことがわかる：

i)　$x \neq y$ かつ $x, y \in G$ ならば，$A(y, x)$ は y, x に関して無限回微分可能である．

ii)　$\int_G |A(y, x)|dx$ が存在する．

iii)　$f \in (\mathfrak{D}_G)$ ならば ii) から

$$(Af)(y)=\int_G A(y, x)f(x)dx$$

が定義できるが，$(Af)(y)$ は G の内部で無限回微分可能かつ $D_y^*Af(y)=f(y)$.

このような基本解を有する偏微分作用素 D を Schwartz にしたがって（G において）**楕円的**であるとよぶことにしよう．無限回微分可能な函数を係数とする二階の偏微分作用素

$$D=\sum_{i,j=1}^n a_{ij}(x)\partial^2/\partial x_i\partial x_j+\sum_{i=1}^n b_i(x)\partial/\partial x_i+c(x)$$

$$(a_{ij}(x)=a_{ij}(x) \text{ とする}) \tag{13·17}$$

が古典的な意味で（G において）楕円形，すなわち実数の組 $(\xi_1, \xi_2, \cdots, \xi_n)$

が $(0, 0, \cdots, 0)$ に等しくないならば

$$\sum_{i,j=1}^{n} a_{ij}(x)\xi_i\xi_j > 0, \quad x \in G \tag{13·18}$$

が成立つときには，D は“楕円的”であることを証明することができる[1].

13·3　正射影の方法の Garding（ガーディング）による証明 2 —超函数解が真の解であること． $(\mathfrak{D}_G)$ に属する函数列 $\{f_n(x)\}$ の“収束” $f_n \Rightarrow f$ を (12·1) と同じように定義して，$(\mathfrak{D}_G)$ の上で定義せられ (12·2) を満足する加法的汎函数 $T(f)$ を $(\mathfrak{D}_G)$ で定義せられた超函数とよぶことにする．

定理 13·6　偏微分作用素 D が前 § に述べた意味で“楕円的”であるとする．超函数 T が

$DT=0$ すなわちすべての $f \in (\mathfrak{D}_G)$ に対して

$$T(D^*f)=0 \tag{13·19}$$

を満足するならば，G の内部において無限回微分可能な函数 $u(x)$ が存在して

$$T(f)=T_u(f)=\int_K u(x)f(x)dx, \quad f \in (D_K) \tag{13·20}$$

証明　$T(f)=T_{(x)}(f(x))$ とおき前 § の b, K, K_1 を用い

$$u(x)=T_{(y)}(D_y^*\{b(y)A(y, x)\}), \quad x \in K \tag{13·21}$$

を作る．$x+\varepsilon_i=(x_1, x_2, \cdots, x_{i-1}, x_i+\varepsilon_i, x_{i+1}, \cdots, x_n) \in K$ として y の函数

$$\varepsilon_i^{-1}[D_y^*\{b(y)A(y, x+\varepsilon_i)\}-D_y^*\{b(y)A(y, x)\}]$$
$$\Rightarrow \partial D_y^*\{b(y)A(y, x)\}/\partial x_i \quad (\varepsilon_i \to 0)$$

であることは $b(y)$ の定義 (13·15) から容易にわかる．$x \in K$ ならば $D_y^*\{b(y)A(x, y)\}$ は K_1-K に属さない y に対しては 0 になるからである．故に $u(x)$ は x_1 に関して偏微分可能であり，同様にして $u(x)$ は無限回微分可能である．この $u(x)$ が (13·20) を満足することの証明は前 § におけると同様にしてできる．

---

1) 例えば F. John: General properties of solutions of linear elliptic partial differential equations, Proc. of the Symposium on Spectral theory and differential problems, Oklahoma (1951), 113—175.

第14章　超函数列の収束定理

14·1　超函数列の収束定理，項別微分の定理

超函数の理論を応用するのに際して次の**収束定理**は有用である．

定理 14·1　超函数列 $\{T_j\}$ がすべての $\varphi\epsilon(\mathfrak{D}_{R_n})$ に対して有限な極限

$$T(\varphi)=\lim_{j\to\infty} T_j(\varphi) \qquad (14{\cdot}1)$$

が存在する

を満足するならば，T はまた超函数である．

注 1　$T(\varphi)$ が各 $T_j(\varphi)$ とともに加法的なことすなわち

$$T(\alpha\varphi_1+\beta_2)=\alpha T(\varphi_1)+\beta T(\varphi_2) \qquad (14{\cdot}2)$$

は明らかであるが，連続性すなわち

$$\lim_{\varphi_k\Rightarrow 0} T(\varphi_k)=0 \qquad (14{\cdot}3)$$

を証明するために $(\mathfrak{D}_{R^n})$ はにおける位相すなわち収束 $\varphi_k\Rightarrow 0$ の概念を精しく分析しけなればならない．これはやや専門的にわたるのでここには省略して

文　献

J. Dieudonné et L. Schwartz: La dualité dans les espaces $(\mathfrak{F})$ et $(\mathfrak{LF})$, Ann. Inst. Fourier, **I** (1949), 61—101.

を挙げるのにとどめておこう．ついでながら $(\mathfrak{D}_{R^n})$ の位相一般についてではなく定理 14·1 の証明だけならば

I. Halperin : Introduction to the theory of distributions, Canada (1952), p. 141.

をみられたい．

定理 14·1 の系として**項別微分定理**が成立つ：

定理 14·2 (14·1) が成立つならば，無限回偏微分可能な函数を係数とする任意の偏微分作用素 D に対して

$$\lim_{j\to\infty}(DT_j)(\varphi)=(DT)(\varphi) \qquad (14{\cdot}4)$$

証明 (12·15) によって $(DT_j)(\varphi)=T_j(\varphi)=T_j(D^*\varphi)$, $(DT)(\varphi)=T(D^*\varphi)$ であり，かつ φ とともに $D^*\varphi\in(\mathfrak{D}_{R^n})$ であることから明か．

注 2 解析概論においては Bolzano–Weierstrass（ボルツァノーワイアストラス）の定理「有界な複素数列から収束部分列を選び出すことができる」が基本的な役割りをつとめる．定理 14·1 を用い，例えば次のような収束定理を証明することができる．このような**函数空間における Bolzano-Weierstrass 型の定理**は偏微分方程式の解の存在定理などの証明に役立つのである[1]．

定理 14·3 R^n において定義せられた実数値函数の列 $\{f_m(x)\}$ が

$$\int_{-\infty}^{\infty}\cdots\int_{-\infty}^{\infty}|f_m(x)|dx_1\cdots dx_n\leqq M<\infty \quad (m=1,2,\cdots) \tag{14·5}$$

を満足するならば，適当な部分列 $\{f_{m'}(x)\}$ に対して超函数 T が存在して

$$\lim_{m'\to\infty}T_{f_{m'}}(\varphi)=T(\varphi),\quad \varphi\in(\mathfrak{D}_{R_n})$$

証明 まず

$$|T_{f_m}(\varphi)|=\left|\int_{-\infty}^{\infty}\cdots\int_{-\infty}^{\infty}f_m(x)\varphi(x)dx_1\cdots dx_n\right|$$

$$\leqq\max_{x\in R^n}|\varphi(x)|\cdot\int_{-\infty}^{\infty}\cdots\int_{-\infty}^{\infty}|f_m(x)|dx_1\cdots dx_n$$

$$\leqq M\cdot\max_{x\in R^n}|\varphi(x)|$$

であるから，各 $\varphi\in(\mathfrak{D}_{R^n})$ に対して数列 $\{T_{f_m}(\varphi)\}$ は有界数列となり，Bolzano–Weierstrass の定理によって適当な部分列 $\{T_{f_{m''}}(\varphi)\}$ が収束する．一方また $(\mathfrak{D}_{R^n})$ は距離

$$|\varphi-\psi|=\max_{x\in R^n}|\varphi(x)-\psi(x)|$$

の意味で可分 (separable) である．すなわち適当に $(\mathfrak{D}_{R^n})$ の可算列 $\{\varphi_i(x)\}$ を選べば $\{\varphi_i(x)\}$ は距離 $|\varphi-\psi|$ の意味で $(\mathfrak{D}_{R^n})$ において稠密である．すなわち任意の $\varphi\in(\mathfrak{D}_{R^n})$ と任意の $\varepsilon>0$ とに対して $|\varphi-\varphi_{i_0}|<\varepsilon$ となるような φ_{i_0} を $\{\varphi_i\}$ から選ぶことができる．

---

1) 例えば K. Yosida : Integration of the temporally inhomogeneous diffusion equations in a Riemannian space, I and II, Proc. Japan Acad., 30 (1954), 19—23 and 273—275.

定理 6·4 の証明におけると同様な対角線論法で $\{T_{f_m}\}$ の部分列 $\{T_{f_{m'}}\}$ を選んで有限な極限

$$\lim_{m'\to\infty} T_{f_{m'}}(\varphi_i)=T(\varphi_i),\quad (i=1,2,\cdots)$$

が存在するようにできる．ところが

$$|T_{f_{m'}}(\varphi)-T_{f_{k'}}(\varphi)|\leqq|T_{f_{m'}}(\varphi)-T_{f_{m'}}(\varphi_{i_0})|$$
$$+|T_{f_{m'}}(\varphi_{i_0})-T_{f_{k'}}(\varphi_{i_0})|+|T_{f_{k'}}(\varphi_{i_0})-T_{f_{k'}}(\varphi)|$$

の右辺第 1 項は

$$\leqq\int_{-\infty}^{\infty}\cdots\int_{-\infty}^{\infty}|f_{m'}(x)||\varphi(x)-\varphi_{i_0}(x)|dx_1\cdots dx_n$$

$$\leqq\max_{x\in R^n}|\varphi(x)-\varphi_{i_0}(x)|\cdot\int_{-\infty}^{\infty}\cdots\int_{-\infty}^{\infty}|f_{m'}(x)|dx_1\cdots dx_n$$

$$\leqq|\varphi-\varphi_{i_0}|\cdot M\leqq\varepsilon M$$

同じく右辺第 3 項も $\leqq|\varphi-\varphi_{i_0}|\cdot M\leqq\varepsilon M$. しかして右辺第 2 項は $m'\to\infty$, $k'\to\infty$ なるとき 0 に収束するのだから，結局有限な極限

$$\lim_{m'\to\infty} T_{f_{m'}}(\varphi)$$

が，すべての $\varphi\in(\mathfrak{D}_{R^n})$ において，存在しなければならない．　　(以上)

14·2　項別微分定理の一応用

$$f_t(x)=\int_1^t-(2\pi w)^{-2}\cos 2\pi wx\cdot dw \tag{14·6}$$

とおくと積分

$$f(x)=\lim_{t\to\infty}\int_1^t-(2\pi w)^{-2}\cos 2\pi wx\cdot dw \tag{14·7}$$

は収束する．これから

$$T_f(\varphi)=\lim_{t\to\infty}T_{f_t}(\varphi),\quad \varphi\in(\mathfrak{D}_{R^n}) \tag{14·8}$$

故に $D=d^2/dx^2$ として

$$(DT_f)(\varphi)=\lim_{t\to\infty}(DT_{f_t})(\varphi),\quad \varphi\in(\mathfrak{D}_{R^n}) \tag{14·9}$$

が成立つが (12·10) によって

$$\left.\begin{aligned} &DT_{f_t}=T_{Df_t},\\ &(Df_t)(x)=\int_1^t \cos 2\pi wx\cdot dw\\ &\qquad=(2\pi x)^{-1}\sin 2\pi tx-\int_0^1 \cos 2\pi wx\cdot dw \end{aligned}\right\} \tag{14·10}$$

であるから

$$g_t(x)=(\pi x)^{-1}\sin 2\pi tx=2\int_0^t \cos 2\pi wx\cdot dw \tag{14·11}$$

$$=2(Df_t)(x)+2\int_0^1 \cos 2\pi wx\cdot dw$$

に対して

$$\lim_{t\to\infty} T_{g_t}(\varphi)=(2DT_f)(\varphi) \tag{14·12}$$

$$+2\int_{-\infty}^{\infty}\left\{\int_0^1 \cos 2\pi wx\cdot dw\right\}\varphi(x)dx$$

が成立つ．すなわち超函数 T_{g_t} は，$t\to\infty$，なるとき，右辺の超函数（これを簡単のために $T_{[g_\infty]}$ と書くことにしよう，$[g_\infty]$ と書いたのは普通の意味の収束では $\lim_{t\to\infty} g_t(x)$ が存在しないことを明示するためにである）に収束する．

$$T_{g_t}(\varphi)=\int_{-\infty}^{\infty}\frac{\sin 2\pi tx}{\pi x}\varphi(x)dx \tag{14·13}$$

は良く知られた公式[1]によって

$$T_{[g_\infty]}=\lim_{t\to\infty}T_{g_t}(\varphi)=\varphi(0)=T_\delta(\varphi) \tag{14·14}$$

を満足する．すなわち

$$\lim_{t\to\infty} g_t(x)=\lim_{t\to\infty} 2\int_0^t \cos 2\pi wx\cdot dw$$

は存在しないが（14·14）の意味で記号的に

$$[g_\infty(x)]=\left[2\int_0^\infty \cos 2\pi wx\cdot dw\right]=\delta \tag{14·15}$$

と書いてもよいであろう．このようにして物理学者や電気学者が Dirchlet 積

1) $\lim_{t\to\infty}\int_{-\infty}^{\infty}\frac{\sin 2\pi tx}{\pi x}\varphi(x)dx=\varphi(0)$ (Dirichlet 積分)．高木，p. 335

分を記憶上の便宜のために,

$$2\int_0^\infty \cos 2\pi wx\cdot dw=\delta(x) \qquad (14\cdot15)'$$

と書くことが超函数的に正当化されたわけである.

われわれはすでに Dirac の δ 函数が超函数的に解釈されることをみたのであったが, 古典的な Fourier 級数論や Fourier 積分論も超函数的に取扱うと上述と相似た“解釈”によって種々の公式が記憶に便利になるのみならず, また多くの新しい結果も得られつつあるのである. これらについてはさきに挙げた Schwartz の書物をみられたい.

第 15 章　対称作用素の構造 (J. von Neumann の理論)

第 10 章に述べた Cayley 変換を利用して対称作用素の共役作用素の構造を決定することができる．これによってすでに第 10 章に証明した基本定理“閉対称作用素 H が自己共役であるための必要かつ十分な条件は，H の Cayley 変換がウニタリ作用素であることである”の内容が再び明らかにされる．のみならず上の構造定理は形式的に対称な偏微分作用素の取扱いに有用な役目を演ずる．また Cayley 変換を利用して“対称作用素の不足指数”なる概念を導入しておけば，対称作用素の自己共役作用素への拡張を論ずるのに都合がよい．これはまた，次章に Neumark の理論“自己共役な拡張をもたないような対称作用素に対する一般化されたスペクトル分解”を述べるための準備としても役立つのである．

15·1　対称作用素の共役作用素の構造

まず第 10 章に述べた Cayley 変換についての復習から始めよう．

定理 15·1　対称な作用素 H すなわち $H\subseteqq H^*$ を満足する作用素に対しては，連続な逆作用素 $(H+iI)^{-1}$，$(H-iI)^{-1}$ が存在する．ただし $i=\sqrt{-1}$．

証明　H が対称であるから，(10·13) に示したように

$$\|(H+iI)x\|^2=\|(H-iI)x\|^2=\|Hx\|^2+\|x\|^2$$

したがって $(H\pm iI)x=0$ から $x=0$ を得る．ゆえに逆作用素 $(H+iI)^{-1}$，$(H-iI)^{-1}$ が存在し，しかも $\|(H\pm iI)x\|^2\geqq\|x\|^2$ だから，これらの逆作用素は連続である．

系 1.　対称な閉作用素 H の Cayley 変換 U_H を

$$U_H=(H-iI)(H+iI)^{-1} \tag{15·1}$$

によって定義することができる．U_H は等距離的 ($\|U_Hx\|=\|x\|$) 閉作用素であり，逆作用素 $(I-U_H)^{-1}$ が存在しかつ

$$H=i(I+U_H)(I-U_H)^{-1} \tag{15·2}$$

証明　(15·1) の証．U_H が $\{\{(H+iI)x, (H-iI)x\}; x\in\mathfrak{D}(H)\}$ をそのグ

ラフとする等距離的閉作用素として定義された（定理 10·8）のであるから，(15·1) は定理 15·1 から明らかである．

(15·2) の証．$y=(H+iI)x$, $U_H y=(H-iI)x$ から

$$2^{-1}(I-U_H)y=ix,\quad 2^{-1}(I+U_H)y=Hx$$

ゆえに $(I-U_H)y=0$ から $(I+U_H)y=0$ をも得て，$y=0$ となり逆作用素 $(I-U_H)^{-1}$ が存在して (15·2) の成立つことがわかる．

系 2. (15·2) からとくに

$$\mathfrak{D}(H)=\mathfrak{W}(I-U_H) \tag{15·3}$$

対称作用素 H は当然 $\mathfrak{D}(H)^a=\mathfrak{H}$ を満足するから (p. 62) $\mathfrak{W}(I-U_H)^a=\mathfrak{H}$. 逆に $\mathfrak{W}(I-U)^a=\mathfrak{H}$ であるような等距離的閉作用素 U に対して，$U_H=U$ であるような対称閉作用素 H が一意的に定まる：

$$H=i(I+U)(I-U)^{-1} \tag{15·4}$$

証明　逆の部分の証．$(I-U)y=0$ とし $z=(I-U)w$ とおくと，U の等距離性で $(y,w)=(Uy,Uw)$ だから

$$(y,z)=(y,w)-(y,Uw)=(Uy,Uw)-(y,Uw)=(Uy-y,Uw)=0$$

すなわち y は $\mathfrak{H}=\mathfrak{W}(I-U)^a$ に直交することになって $y=0$. だから逆作用素 $(I-U)^{-1}$ が存在する．よって $H=i(I+U)(I-U)^{-1}$ を定義することができるわけであるが，$U_H=U$ であることの証明は定理 10·9 に示してあることになる．

定理 15·2（J. von Neumann）対称な閉作用素 H の Cayley 変換

$$U_H=(H-iI)(H+iI)^{-1}$$

に対して

$$\mathfrak{H}_H{}^{+}=\mathfrak{D}(U_H)^{\perp},\quad \mathfrak{H}_H{}^{-}=\mathfrak{W}(U_H)^{\perp} \tag{15·5}$$

とおけば (i) $\mathfrak{H}_H{}^{+}$ は $H^*x=ix$ の解 x の全体と一致する．(ii) $\mathfrak{H}_H{}^{-}$ は $H^*x=-ix$ の解 x の全体と一致する．(iii) $\mathfrak{D}(H^*)x$ の元 x は一意的に

$$x=x_0+x_1+x_2\ (\text{ただし } x_0\in\mathfrak{D}(H),\ x_1\in\mathfrak{H}_H{}^{+},\ x_2\in\mathfrak{H}_H{}^{-}) \tag{15·6}$$

と書き表わされ，したがって

$$H^*x=Hx_0+ix_1-ix_2 \tag{15·7}$$

(iv) (15·6) のように表わされる元 x は $\in \mathfrak{D}(H^*)$.

証明 (i) $x \in \mathfrak{H}_H{}^+ = \mathfrak{D}(U_H)^\perp$ とすると (15·1) によって $x \in \mathfrak{D}((H+iI)^{-1})^\perp$. よってすべての $y \in \mathfrak{D}(H)$ に対して $x \perp (H+iI)y$. すなわち $(x, (H+iI)y) = 0$. だから $(x, Hy) = -(x, iy) = (ix, y)$ となって, $x \in \mathfrak{D}(H^*)$ かつ $H^*x = ix$. この論法は逆にも辿れるから (i) が証明された. 同様にして (ii) も証明される.

(iii) U_H が等距離的閉作用素であるから, $\mathfrak{D}(U_H)$ も $\mathfrak{W}(U_H)$ もともに閉部分空間である. たとえば $\mathfrak{D}(U_H)$ についていえば, $x_n \in \mathfrak{D}(U_H)$ かつ $\|x_n - x\| \to 0$ $(n \to \infty)$ とすると, $\|U_H(x_n - x_m)\| = \|x_n - x_m\| \to 0$ $(n, m \to \infty)$ となり $\{x_n\}$, $\{Ux_n\}$ が双方ともに収束点列であるから U が閉作用素ということから

$$x \in \mathfrak{D}(U_H) \text{ かつ } U_H x = \lim_{n\to\infty} U_H x_n$$

$\mathfrak{D}(U_H)$ が閉部分空間であるから, $\mathfrak{H}$ の任意の元は一意的に $\mathfrak{D}(U_H)$ の元と $\mathfrak{D}(U_H)^\perp = \mathfrak{H}_H{}^+$ の元との和として表わされる. この直交分解を $(H^*+iI)x$ に適用すれば, (15·1) から得る $\mathfrak{D}(U_H) = \mathfrak{W}((H+iI))$ によって

$$(H^*+iI)x = (H+iI)x_0 + x' \quad (x_0 \in \mathfrak{D}(H),\ x' \in \mathfrak{H}_H{}^+)$$

なる x_0, x' が $x \in \mathfrak{D}(H^*)$ に対して一意的に定まることがわかる. ところが $x_0 \in \mathfrak{D}(H)$ だから $H \subseteq H^*$ によって $(H+iI)x_0 = (H^*+iI)x_0$. また (i) によって $x' \in \mathfrak{H}_H{}^+$ から $H^*x' = ix'$. ゆえに

$$x_1 = (2i)^{-1}x' \in \mathfrak{H}_H{}^+ \text{ とおいて } x' = (H^*+iI)x_1$$

したがって

$$(H^*+iI)x = (H^*+iI)x_0 + (H^*+iI)x_1 \quad (x_0 \in \mathfrak{D}(H),\ x_1 \in \mathfrak{H}_H{}^+)$$

これから $H^*(x - x_0 - x_1) = -i(x - x_0 - x_1)$ すなわち (ii) によって $(x - x_0 - x_1) \in \mathfrak{H}_H{}^-$. かくして分解 (15·6) がいえた. また (i), (ii) によって (15·7) も (iv) も明らかである.

分解 (15·6) の一意性の証明. $x_0 \in \mathfrak{D}(H), x_1 \in \mathfrak{H}_H{}^+, x_2 \in \mathfrak{H}_H{}^-$ かつ $x_0 + x_1 + x_2 = 0$ とするとき $x_0 = x_1 = x_2 = 0$ がいえるとよい. $H^*x_0 = Hx_0$, $H^*x_1 = ix_1$, $H^*x_2 = -ix_2$ によって

$$0=(H^*+iI)0=(H^*+iI)(x_0+x_1+x_2)=(H+iI)x_0+2ix_1$$

ゆえに $\mathfrak{H}$ の $\mathfrak{D}(U_H)=\mathfrak{W}((H+iI))$ と $\mathfrak{D}(U_H)^{\perp}=\mathfrak{H}_H{}^{+}$ の和としての表わし方の一意性（定理 2・4）によって　$(H+iI)x_0=0$,　$2ix_1=0$.
$(H+iI)^{-1}$ が存在するのだから $(H+iI)x_0=0$ によって $x_0=0$. かくして $x_0=x_1=0$ を得て $x_2=0-x_0-x_1=0-0-0=0$ もいえた.

系　対称閉作用素 H が自己共役（$H=H^*$）なための必要かつ十分な条件は，H の Cayley 変換 U_H が $\mathfrak{H}$ を $\mathfrak{H}$ 全体に 1 対 1 かつ等距離的に写すこと，すなわち U_H がウニタリ作用素なることである.

証明　$\mathfrak{D}(H)=\mathfrak{D}(H^*)$ という条件は，$\mathfrak{H}_H{}^{+}=\mathfrak{D}(U_H)^{\perp}$ も $\mathfrak{H}_H{}^{-}=\mathfrak{W}(U_H)^{\perp}$ もともに 0 ベクトルのみからなるという条件と，したがって $\mathfrak{D}(U_H), \mathfrak{W}(U_H)$ が閉部分空間ということから，$\mathfrak{D}(U_H)=\mathfrak{W}(U_H)=\mathfrak{H}$ という条件と一致する. だから Cayley 変換 U_H の等距離性から系が証明される.

注　上の証明はすでに定理 10.10, 定理 10.11 に証明したことの一部を別証明したことになる.

15・2　対称作用素の拡張（対称作用素の不足指数）

まず,

Hilbert 空間の部分空間の次元数の定義　部分空間 $\mathfrak{K}$ の部分集合 $\mathfrak{N}$ で，$\mathfrak{N}$ の有限個の元の一次結合の全体が $\mathfrak{K}$ で稠密であるときに，$\mathfrak{N}$ が $\mathfrak{K}$ を張る（span）という. $\mathfrak{K}$ を張るような $\mathfrak{K}$ の部分集合 $\mathfrak{N}$ のあらゆるとり方に対する $\mathfrak{N}$ の濃度（power, Mächtigkeit）の最小を $\mathfrak{K}$ の次元数といい，dim($\mathfrak{K}$) で表わす. だからこの次元数は有限または（可算）無限または超限数であるが，以下にはとくに断らない限り可分な Hilbert 空間しか考えないことにするから，次元数としては有限または（可算）無限しか登場して来ない. 可分な Hilbert 空間はその定義（p. 24）からわかるように高々（可算）無限次元だからである.

対称閉作用素 H の不足指数の定義　対称閉作用素 H の Cayley 変換 U_H に対して $\mathfrak{H}_H{}^{+}=\mathfrak{D}(U_H)^{\perp}, \mathfrak{H}_H{}^{-}=\mathfrak{W}(U_H)^{\perp}$ を作る. $\mathfrak{H}_H{}^{+}$, $\mathfrak{H}_H{}^{-}$ の次元数 $\dim(\mathfrak{H}_H{}^{+}), \dim(\mathfrak{H}_H{}^{-})$ をそれぞれ m, n とするとき H の**不足指数**（defect indices) が (m, n) であるという．H が自己共役であるということと H の不足指数が $(0,0)$ であるということとは同等である．また § 15·4 の例 T_0 の不足指数は $(1,1)$ である．

極大作用素 対称作用素 H が対称な拡張 $(\neq H)$ をもたないときに，H を**極大作用素** (maximal symmetric operator) という．

定理 15·3 極大作用素 H は閉作用素であり，かつ $H=H^{**}$ を満足する．また自己共役作用素は極大作用素である．

証明 H が対称ならば H^{**} は H の対称な拡張である（定理 9·10）から H が極大ならば $H=H^{**}$ でなければならない．したがって定理 9·4 によって極大作用素は閉作用素でなければならない．また自己共役作用素 H が対称な拡張 H_1 をもったとすれば，$H \subseteqq H_1$，$H_1 \subseteqq H_1^*$ から $H^* \supseteqq H_1^* \supseteqq H_1$ を得て，$H=H^*$ によって $H \subseteqq H_1 \subseteqq H$，すなわち $H=H_1$ を得ることになり H は極大でなければならない．

定理 15·4 対称閉作用素 H の不足指数 (m, n) が

$$m=m'+p, n=n'+p \quad (p>0)$$

を満足するならば，H の対称な閉度拡張 H' でその不足指数が (m', n') であるようなもの H_1 を作ることができる．

証明 それぞれ $\mathfrak{H}_H{}^+=\mathfrak{D}(U_H)^\perp, \mathfrak{H}_H{}^-=\mathfrak{W}(U_H)^\perp$ の正規直交完全系

$$\{\varphi_1, \varphi_2, \cdots, \varphi_p, \varphi_{p+1}, \varphi_{p+2}, \cdots, \varphi_{m'}\}, \ \{\psi_1, \psi_2, \cdots, \psi_p, \psi_{p+1}, \psi_{p+2}, \cdots, \psi_{n'}\}$$

をとり，U_H の等距離的な拡張 V を

$$x \in \mathfrak{D}(U_H) \text{ ならば } Vx=U_H x$$

$$V\cdot\sum_{i=1}^{p} \alpha_i \varphi_i=\sum_{i=1}^{p} \alpha_i \psi_i$$

から定義することができる．$\mathfrak{W}(I-V) \supseteqq \mathfrak{W}(I-U_H)$ であるから，その Cayley 変換が V であるような対称閉作用素 $H_1=i(I+V)(I-V)^{-1}$ が存在し H の拡張になる．H_1 の不足指数が (m', n') であることは V の作り方から明らかである．

注意 求める拡張 H_1 の作り方は一通りとは限らないわけである．

系 対称な閉作用素 H が極大なための必要かつ十分な条件は H の不足指

数 (m, n) において $m=0$ または $n=0$ の少なくとも一方が成立つことである．

証明　必要なことは上の定理から．十分，たとえば $m=0$ とし，H の真の拡張になっているような対称閉作用素 H_1 があったとして矛盾を出す．Cayley 変換 U_H, U_{H_1} について $U_H=(H-iI)(H+iI)^{-1}$, $U_{H_1}=(H_1-iI)(H_1+iI)^{-1}$ だから，$U_{H_1}\supseteqq U_H$ でなければならないが，$\mathfrak{D}(U_H)=\mathfrak{H}$ という仮定から $U_{H_1}=U_H$ でなければならないことになって，$H_1=i(I+U_{H_1})(I-U_{H_1})^{-1}=i(I+U_H)(I-U_H)^{-1}=H$. 同様にして $n=0$ のときにも H は対称な真の拡張をもたないことがいえる．

自己共役でない極大作用素の例　$\varphi_1, \varphi_2, \varphi_3, \cdots$ を（可分な）Hilbert 空間 $\mathfrak{H}$ の正規直交完全系とし

$$U\cdot\sum_{i=1}^{\infty}\alpha_i\varphi_i=\sum_{i=1}^{\infty}\alpha_i\varphi_{i+1}$$

によって，$\mathfrak{H}$ 全体で定義せられた等距離作用素を定義する．$\mathfrak{D}(U)=\mathfrak{H}$ であるのみならず $\mathfrak{W}(U)^{\perp}$ は一次元――φ_1から張られるから――である．だから U が対称閉作用素 H の Cayley 変換であることがいえれば H は不足指数（0, 1）の極大作用素である．ところで $U=U_H$ なる H の存在をいうためには，$\mathfrak{W}(I-U)^{\perp}\ni x\neq 0$ なる元が存在するとして矛盾を出すとよい．ところが$((I-U)x, x)=0$ から，$\|x\|^2=(Ux, x)$ を得るが，$\|Ux\|=\|x\|$ だから

$$\|(I-U)x\|^2=\|x\|^2-(Ux, x)-(x, Ux)+\|Ux\|^2=\|x\|^2-\|x\|^2-\|x\|^2+\|x\|^2=0$$

を得て $(I-U)x=0$ すなわち $Ux=x$. U の定義から $Ux=x$ なる x は 0 でなければならないから不合理である．

15·3　超函数論よりの一つの補助定理

次の § で微分作用素 $i^{-1}d/dt$ を調べるために補助の

定理 15·5　$a(t), b(t)$ はともに区間 $[\alpha, \beta]$ で可積分とし，$y(t)\in L_2(\alpha, \beta)$ が下に述べるような超函数論（第 12 章）式の意味での微分方程式

$$y'-ay=b \tag{15·8}$$

の解であるとする．すなわち $[\alpha, \beta]$ で一回微分可能で，$t=\alpha$ および $t=\beta$ の近傍では，恒等的に 0 となるような函数の全体を $C_0^{(1)}(\alpha, \beta)$ とするとき

$$x \in C_0^{(1)}(\alpha, \beta) \text{ ならば } \int_\alpha^\beta y(t)\{-x'(t)-a(t)x(t)\}dt=\int_\alpha^\beta x(t)b(t)dt \tag{15・9}$$

が成立つとする．このような $y(t)$ は (15・8) の普通の意味の解

$$\exp\left(\int_\alpha^t a(s)ds\right)\cdot\left\{\int_\alpha^t b(s)\cdot\exp\left(-\int_\alpha^s a(u)du\right)ds+C\right\},\quad C=\text{定数} \tag{15・10}$$

と考えてよい——ほとんどすべての $t \in [\alpha, \beta]$ において $y(t)$ は (15・10) に等しい．

証明 $y_0(t)=\exp\left(\int_\alpha^t a(s)ds\right)$, $Y(t)=y_0(t)^{-1}y(t)$ とおくと，Y は超函数式の意味での微分方程式

$$Y'=by_0^{-1}$$

を満足する．$(y_0^{-1})'=-ay_0^{-1}$ によって $(y_0^{-1}x)'=y_0^{-1}x'-ay_0^{-1}x$ したがって

$$\int_\alpha^\beta -Yx'dt=\int_\alpha^\beta -y_0^{-1}yx'dt=\int_\alpha^\beta y\{(-y_0^{-1}x)'-a(y_0^{-1}x)\}dt$$

$$=\int_\alpha^\beta y_0^{-1}x\cdot bdt=\int_\alpha^\beta x(y_0^{-1}b)dt$$

となるからである．よって $Z(t)=Y(t)-\int_\alpha^t b(s)y_0^{-1}(s)ds$ とおけば，Z は超函数論式の意味での

$$Z'=0$$

の解になる．この方程式の解が定数に限ることをいえばよい．そのために $\int_\alpha^\beta x_0(t)dt=1$ なる如き $x_0 \in C_0^{(1)}(\alpha, \beta)$ を任意に選んで固定し，任意の $x \in C_0^{(1)}(\alpha, \beta)$ に対して

$$x(t)-x_0(t)\int_\alpha^\beta x(t)dt=u(t),\quad w(t)=\int_\alpha^t u(s)ds$$

とおくと $\int_\alpha^\beta u(s)ds=0$ によって $w \in C_0^{(0)}(\alpha, \beta)$．ゆえに $Z'=0$ から

$$-\int_\alpha^\beta Z(t)w'(t)dt=-\int_\alpha^\beta Z(t)u(t)dt=0$$

すなわち

$$\int_\alpha^\beta Z(t)x(t)dt=C\int_\alpha^\beta x(t)dt,\quad C=\int_\alpha^\beta Z(t)x_0(t)dt$$

$x \in C_0^{(1)}(\alpha, \beta)$ が任意であったから，上式によって $Z(t)$ はほとんどすべての $t \in [\alpha, \beta]$ において C に等しくなければならない．

15·4　微分作用素 $i^{-1}d/dt$

$i^{-1}dt/dt$ を有限または無限区間での対称作用素と考えて，これを自己共役ならしめる**境界条件**（boundary condition）などを調べてみよう．

定理 15·6　$x(t) \in L_2(0, 1)$ が絶対連続で $x'(t)$ が $\in L_2(0, 1)$ かつ境界条件 $x(0)=x(1)=0$ を満足するとする．このような $x(t)$ に $i^{-1}x'(t)$ を対応させるような作用素 T_0 は対称閉作用素であり，T_0 の共役作用素 T_0^* は，$x(t) \in L_2(0, 1)$ が絶対連続でかつ $x'(t)$ が $L_2(0,1)$ に属するような $x(t)$ に $i^{-1}x'(t)$ を対応させる作用素 T_2 に一致する．

証明　まず T_0 は対称である．$\mathfrak{D}(T_0)$ は $L_2(0,1)$ で $L_2(0, 1)$ のノルムの意味で稠密であるし，また $x, y \in \mathfrak{D}(T_0)$ ならば部分積分でわかるように

$$(T_0x, y) = \int_0^1 i^{-1}x'(t)\overline{y(t)}dt = \Big[x(t)i^{-1}\overline{y(t)}\Big]_0^1 - \int_0^1 x(t)i^{-1}\overline{y'(t)}dt$$

$$= \int_0^1 x(t)\overline{i^{-1}y'(t)}dt = (x, T_0y)$$

が成立つからである．

次に T_0 が閉作用素であることを示す．そのためには $x_n \in \mathfrak{D}(T_0)$ が $L_2(0,1)$ のノルムの意味で $\lim_{n\to\infty} x_n = x$, $\lim_{n\to\infty} T_0x_n = \lim_{n\to\infty} i^{-1}x_n' = i^{-1}y$ を満足すると仮定するとき，$x \in \mathfrak{D}(T_0)$ かつ $T_0x = i^{-1}y$ がいえればよい．$Y(t) = \int_0^t y(s)ds$ とおいて

$$|x_n(t) - Y(t)| = \left|\int_0^t (x_n'(t) - y(t))dt\right|$$

$$\leqq \left[t \cdot \int_0^t |x_n'(t) - y(t)|^2 dt\right]^{1/2} \leqq \|x_n' - y\|$$

となるから，各 $t \in [0, 1]$ において $\lim_{n\to\infty} x_n(t) = Y(t)$．したがって $x_n(0) = x_n(1) = 0$ という仮定（$x_n \in \mathfrak{D}(T_0)$ だから）から $Y(0) = Y(1) = 0$．一方において $\lim_{n\to\infty} \|x_n - x\| = 0$ であるから，$L_2(0,1)$ の完備性の証明における如くして，

適当な部分列 $\{x_n'\}$ をとるとほとんどすべての $t\in[0,1]$ において $\lim_{n'\to\infty} x_{n'}(t)=x(t)$. だから，ほとんどすべての $t\in[0,1]$ において $x(t)=Y(t)$ すなわち $L_2(0,1)$ の元として $x=Y$. よって $x(t)=Y(t)=\int_0^t y(t)dt$ は絶対連続で $x'(t)=y(t)\in L_2(0,1)$ かつ $x(0)=x(1)=0$ ($Y(0)=Y(1)=0$ だから). すなわち $x\in\mathfrak{D}(T_0)$ かつ $T_0x=i^{-1}x'=i^{-1}y$ がいえた.

$T_0{}^*=T_2$ の証明. $x\in\mathfrak{D}(T_0), y\in\mathfrak{D}(T_0{}^*)$ かつ $T_0{}^*y=y^*$ とすれば

$$\int_0^1 i^{-1}x'(t)\overline{y(t)}dt=\int_0^1 x(t)\overline{y^*(t)}dt$$

$C_0{}^{(1)}(0,1)\subseteqq\mathfrak{D}(T_0)$ であるから $\bar{y}$ は超函数式に

$$-i^{-1}\bar{y}'=\bar{y}^*$$

を満足し，したがって定理 15·5 から $-i^{-1}\overline{y(t)}+i^{-1}\overline{y(0)}=\int_0^t\overline{y^*(s)}ds$. だから $y\in\mathfrak{D}(T_2)$ かつ $T_0{}^*y=y^*=i^{-1}y'=T_2y$ でなければならない. すなわち $T_0{}^*\subseteqq T_2$. 逆に $x\in\mathfrak{D}(T_0)$, $y\in\mathfrak{D}(T_2)$ とすれば部分積分でわかるように

$$(T_0x, y)=\int_0^1 i^{-1}x'(t)\overline{y(t)}dt=\Big[x(t)i^{-1}\overline{y(t)}\Big]_0^{-1}-\int_0^1 x(t)\overline{i^{-1}y'(t)dt}$$

$$=0+\int_0^1 x(t)\overline{i^{-1}y'(t)}dt=(x, T_2y)$$

すなわち $T_2\subseteqq T_0{}^*$ も得て $T_0{}^*=T_2$.

注 (定理 15·2 による $T_0{}^*=T_2$ の証明) $y_1\in\mathfrak{D}(T_0{}^*)$ かつ $T_0{}^*y_1=iy_1$ とすれば，任意の $x\in\mathfrak{D}(T_0)$ に対して

$$\int_0^1 i^{-1}x'(t)\overline{y_1(t)}dt=\int_0^1 x(t)\overline{iy_1(t)}dt$$

$(0,1)\subseteqq\mathfrak{D}(T_0)$ であるから，上式は $\bar{y}_1(t)$ が超函数としての微分方程式 $-\bar{y}_1'=\bar{y}_1$ の解であることを示す. すなわち $y_1(t)=C_1\exp(-t)$. 同じく $y_2\in\mathfrak{D}(T_0{}^*)$ かつ $T_0{}^*y_2=-iy_2$ とすると，$y_2(t)=C_2\exp(t)$. しかも $T_0{}^*y_1=iy_1$, $T_0{}^*y_2=-iy_2$ から $T_0{}^*y_1=i^{-1}y_1'$, $T_0{}^*y_2=i^{-1}y_2$ を得て定理 12·2 から $T_0{}^*\subseteqq T_2$ がわかる.

ところが $\exp(t), \exp(-t)$ は一次独立であるから，任意の $y(t)\in\mathfrak{D}(T_2)$ に対して

$$z(t)=y(t)-C_1\exp(-t)-C_2\exp(t)$$

が，$z(0)=z(1)=0$ を満足するように定数 C_1, C_2 を一意的に定めることができる. すな

わち $z(t)\in\mathfrak{D}(T_0)$, だから再び定理 15·2 によって $T_2\subseteqq T_0{}^*$ もいえて $T_0{}^*=T_2$.

定理 15·7　上にみたように T_0 の不足指数は $(1,1)$ であるから，定理 15·4 によって T_0 は自己共役な拡張をもつはずである．このような拡張 S に対しては $0\leqq\varphi<2\pi$ なる φ が一意的に定まって $S=T_{3,\varphi}$ ここに $T_{3,\varphi}$ は次のようにして定義される： $[0,1]$ で絶対連続な $x(t)\in L_2(0,1)$ で $x(0)-e^{i\varphi}x(1)=0$, $x'(t)\in L_2(0,1)$ を満足するような $x(t)$ に $i^{-1}x'(t)$ を対応される作用素を $T_{3,\varphi}$ とする．

$S=T_{3,\varphi}$ の証明．任意の $x(t), y(t)\in\mathfrak{D}(S)$ に対して

$$(Sx, y)=(x, Sy)$$

よってとくに，$x\in C_0{}^{(1)}(0,1)\subseteqq\mathfrak{D}(T_0)$ に対して

$$\int_0^1 i^{-1}x'(t)\overline{y(t)}dt=\int_0^1 x(t)\overline{y^*(t)}dt,\quad y^*=S\cdot y$$

だから $\bar{y}(t)$ は超函数論的の意味で

$$-i^{-1}\bar{y}'=\bar{y}^*$$

を満足し，したがって定理 15·5 によって，$\bar{y}(t)=i^{-1}\int_0^t\overline{y^*(t)}dt$ となり $y(t)$ は絶対連続かつ $i^{-1}y'=y^*=Sy$ が成立つことがわかった．すなわち S は T_2 の縮少である．しかして S の対称性 $(Sx, y)=(x, Sy)$ から

$$\int_0^1 i^{-1}x'(t)\overline{y(t)}dt=\int_0^1 x(t)\overline{i^{-1}y'(t)}dt\quad(x, y\in\mathfrak{D}(S))$$

が成立たねばならないが，左辺を部分積分してわかるように

$$\Big[x(t)\overline{y(t)}\Big]_0^1=0 \text{ すなわち } x(1)\overline{y(1)}-x(0)\overline{y(0)}=0$$

よってとくに $|x(1)|^2=|x(0)|^2$ を得る．$\mathfrak{D}(S)$ は $\mathfrak{D}(T_0)$ 以外のベクトルを含む（S は T_0 の真の拡張）から $x_0(0)\neq0$ なる $x_0\in\mathfrak{D}(S)$ が存在する．$|x_0(1)|^2=|x_0(0)|^2$ によって $x_0(0)=x_0(1)e^{i\varphi}$ なる $\varphi(0\leqq\varphi<2\pi)$ が一意的に定まる．ゆえに $x_0(1)\overline{y(1)}-x_0(0)\overline{y(0)}=0$ からすべての $y\in\mathfrak{D}(S)$ に対して $y(0)=y(1)e^{i\varphi}$.

かくして $\mathfrak{D}(S)\subseteqq T_{3,\varphi}$ がいえたわけであるが，S は自己共役かつ $T_{3,\varphi}$ は

明らかに対称であるから $S=T_{3,\varphi}$ でなければならない．

定理 15·8 $x(t)\in L_2(0,\infty)$ が $0\leqq t<+\infty$ で絶対連続で $x(0)=0$ かつ $x'(t)\in L_2(0,\infty)$ であるような $x(t)$ に $i^{-1}x'(t)$ を対応させる作用素 T_0 は極大作用素で，その不足指数は $(1,0)$ である．$T_0{}^*$ は，$x(x)\in L_2(0,\infty)$ が $0\leqq t<\infty$ で絶対連続で $x'(t)\in L_2(0,\infty)$ であるような $x(t)$ に $i^{-1}x'(t)$ を対応させる $i^{-1}d/dt$ 作用素である．

証明 T_0 が対称なことの証明．$x,y\in\mathfrak{D}(T_0)$ とすると部分積分で

$$\int_0^\alpha i^{-1}x'(t)\overline{y(t)}dt=\left[i^{-1}x(t)\overline{y(t)}\right]_0^\alpha-\int_0^\alpha i^{-1}x(t)\overline{y'(t)}dt$$

を得るが，左辺も右辺第2項も $\alpha\uparrow\infty$ なるとき収束するから，$\alpha\uparrow\infty$ なるとき右辺第1項も収束する．この極限 $\lim_{\alpha\to\infty}i^{-1}x(t)\overline{y(t)}$ が 0 であることは，Schwarz 不等式で $x(t)\overline{y(t)}$ が $(0,\infty)$ において可積分なことからわかる．かくして T_0 の対称なことがいえた．

T_0 が閉作用素なことは，定理 15·6 の証明におけるようにして証明される．

次に $T_0{}^*y=iy$ とすると，すべての $x\in\mathfrak{D}(T_0)$ に対して

$$(T_0x,y)=\int_0^\infty i^{-1}x'(t)\overline{y(t)}dt=\int_0^\infty x(t)\overline{iy(t)}dt=(x,T_0{}^*y)$$

$C_0{}^{(1)}(0,\infty)\subseteqq\mathfrak{D}(T_0)$ であるから，$\bar{y}$ は超函数式の意味で

$$-i^{-1}\bar{y}'=i\bar{y},\quad y'=-y$$

を満足する．したがって定理 15·5 から $y(t)=Ce^{-t}$ となる．同じく $T_0{}^*y_1=-iy_1$ とすると $y_1(t)=C_1e^t$ となり $y_1\in L_2(0,\infty)$ であるために $C_1=0$，すなわち $y_1=0$．だから T_0 の不足指数は $(1,0)$ であり，定理 15·2 から $T_0{}^*\subseteqq i^{-1}d/dt$.

$T_0{}^*=i^{-1}d/dt$ の証明．任意の $z\in\mathfrak{D}(i^{-1}d/dt)$ に対して $z(t)-z(0)e^{-t}=w(t)$ とおくと $w\in\mathfrak{D}(T_0)$ となるから，$z(t)=w(t)+z(0)e^{-t}\in\mathfrak{D}(T_0{}^*)$ となり $i^{-1}d/dt\subseteqq T_0{}^*$，結局 $T_0{}^*=i^{-1}d/dt$.

定理 15·9 $x\in L_2(-\infty,\infty)$ が $-\infty<t<\infty$ で絶対連続で $x'\in L_2(-\infty,\infty)$ なるとき，$x(t)$ に $i^{-1}x'(t)$ を対応させる作用素 T は自己共役である．

証明　T が対称な閉作用素であることは，前定理と同様にして証明される．同じく前定理におけると同じく $T^*y=iy$ から $y(t)=Ce^{-t}$，$T^*y_1=-iy_1$ から $y_1(t)=C_1e^t$ を得るが，これらが $\in L_2(-\infty,\infty)$ であるためには C, C_1 ともに 0 となって，定理 15·2 から $T^*=T$.

第 16 章　一般化されたスペクトル分解 (Neumark の理論)

Hilbert 空間 $\mathfrak{H}$ における対称閉作用素 H の不足指数 (m, n) において $m \neq n$ ならば，これを Neumann の方法（定理 15·4）によって $\mathfrak{H}$ における自己共役な作用素に拡張することはできない．しかし M. A. Neumark は，$\mathfrak{H}$ をその閉部分空間とするような Hilbert 空間 $\hat{\mathfrak{H}}$ と $\hat{\mathfrak{H}}$ における自己共役な作用素 $\hat{H}$ を適当にとれば，H を $\hat{\mathfrak{H}}$ における作用素と考えたとき，$\hat{H}$ が H の拡張になることを示した．よって $\hat{H}$ のスペクトル分解を

$$\hat{H}=\int \lambda d\hat{E}(\lambda)$$

$\hat{H}$ から H への射影を $\hat{P}$ とするとき

$$x \in \mathfrak{D}(H) \subseteqq \mathfrak{H}=\hat{P}\hat{\mathfrak{H}} \text{ ならば}$$

$$Hx=\hat{P}\hat{H}x=\int \lambda dF(\lambda)x, \quad F(\lambda)=\hat{P}\hat{E}(\lambda)\hat{P}$$

と表わされる．ここに得られた $F(\lambda)$ は $\hat{E}(\lambda)$ のように射影作用素ではないが $\mathfrak{H}$ における自己共役作用素で

$$\lambda_2>\lambda_1 \text{ ならば } (F(\lambda_2)x, x) \geqq (F(\lambda_1)x, x), \quad x \in \mathfrak{H},$$

$$F(\lambda+0)=F(\lambda),$$

$$F(-\infty)=0, \quad F(+\infty)=I$$

を満足する．

このような意味での一般化された単位の分解 $\{F(\lambda)\}$ を利用すれば，H は上の如く一般化された意味でのスペクトル分解 $Hx=\int \lambda dF(\lambda)x, x \in \mathfrak{D}(H)$ をもつのである．

16·1　一般化されたスペクトル分解

定理 16·1　(Neumark) Hilbert 空間 $\mathfrak{H}_1$ における対称閉作用素 H_1 の不足指数を (m, n) とするとき，$\mathfrak{H}_1$ を閉部分空間として含むような Hilbert 空間 $\mathfrak{H}$ と $\mathfrak{H}$ における不足指数 $(m+n, m+n)$ の対称閉作用素 H を作って

$$H_1=P(\mathfrak{H}_1)HP(\mathfrak{H}_1), \text{ ただし } P(\mathfrak{H}_1) \text{ は } \mathfrak{H} \text{ から } \mathfrak{H}_1 \text{ への射影作用素} \tag{16·1}$$

が成立つようにできる．

証明　$\mathfrak{H}_2$ を $\mathfrak{H}_1$ と同じ次元数[1)]の Hilbert 空間とし，$\mathfrak{H}_2$ における対称閉作用素 H_2 で不足指数が (n, m) であるものを作る．例えば $\mathfrak{H}_2$ を $\mathfrak{H}_1$ と同一視して[2)]，H_2 を $-H_1$ にとればよい．$H_2=-H_1$ ならば，定理 15·2 によって，

$$\mathfrak{H}_{H_1}^{+}=\mathfrak{H}_{H_2}^{-},\quad \mathfrak{H}_{H_1}^{-}=\mathfrak{H}_{H_2}^{+}$$

となるから，$H_2=-H_1$ の不足指数は (n, m) となるのである．

ここにおいて積空間 $\mathfrak{H}=\mathfrak{H}_1\otimes\mathfrak{H}_2$ における作用素 H を

$$\left.\begin{array}{l}\{x, y\}\in\mathfrak{H},\ x\in\mathfrak{D}(H_1),\ y\in\mathfrak{D}(H_2),\ \text{に対して}\\ H\{x, y\}=\{H_1x, H_2y\},\ \text{すなわち}\ H=H_1\otimes H_2\end{array}\right\}\qquad(16\cdot2)$$

によって定義すれば (16·1) が成立つ．この H は対称閉作用素であり，かつその不足指数は $(m+n, m+n)$ である．

まず H が対称作用素であることは，直積の定義 (16·2) から容易にわかる．$(H_1\otimes H_2)^*=H_1^*\otimes H_2^*$ であるからである．また H が閉作用素であることも，直積空間 $\mathfrak{H}=\mathfrak{H}_1\otimes\mathfrak{H}_2$ における収束の概念（第 9 章）と，H_1 および H_2 が閉作用素であることから容易にわかる．H の不足指数を計算するためには定理 15·2 を使えばよい．すなわち $\mathfrak{H}_H^{+}$ は

$$H^*\{x, y\}=\{H_1^*x, H_2^*y\}=i\{x, y\}\ \text{すなわち}$$
$$H_1^*x=ix,\quad H_2^*y=iy$$

の解 $\{x, y\}\in\mathfrak{H}$ の作る $\mathfrak{H}$ の部分空間であるから，再び定理 15·2 をそれぞれ H_1, H_2 に適用して，

$$\mathfrak{H}_H^{+}=\mathfrak{H}_{H_1}^{+}\otimes\mathfrak{H}_{H_2}^{+}$$

同じく $\mathfrak{H}_H^{-}=\mathfrak{H}_{H_1}^{-}\otimes\mathfrak{H}_{H_2}^{-}$ も得て，$\dim(\mathfrak{H}_{H_1}^{+})=\dim(\mathfrak{H}_{H_2}^{-})=m$，$\dim(\mathfrak{H}_{H_1}^{-})=\dim(\mathfrak{H}_{H_2}^{+})=n$ から $\dim(\mathfrak{H}_H^{+})=\dim(\mathfrak{H}_H^{-})=m+n$ を得る．すなわち H の不足指数は $(m+n, m+n)$ である．

系　上の H の自己共役な拡張を $\hat{H}$ とし，$\hat{H}$ のスペクトル分解を $\int\lambda d\hat{E}(\lambda)$

1)　$\mathfrak{H}_2$ における完全正規直交系のベクトルの個数が $\mathfrak{H}_1$ のそれと同数であること（第 15 章）．

2)　同型（isomorphic）！

とすると，H したがって $\hat{H}$ が，$\mathfrak{H}$ における作用素と考えた H_1 の拡張であり

$$\left.\begin{aligned} &x\in\mathfrak{D}(H_1)\subseteqq\mathfrak{H}_1=P(\mathfrak{H}_1)\mathfrak{H} \text{ ならば,}\\ &\qquad x=P(\mathfrak{H}_1)x\in\mathfrak{D}(\hat{H}) \text{ であり，したがって}\\ &H_1x=P(\mathfrak{H}_1)\hat{H}x=P(\mathfrak{H}_1)\hat{H}P(\mathfrak{H}_1)x\\ &\qquad=\int_{-\infty}^{\infty}\lambda dF(\lambda)x,\ F(\lambda)=P(\mathfrak{H}_1)\hat{E}(\lambda)P(\mathfrak{H}_1) \end{aligned}\right\} \quad (16\cdot3)$$

明らかに $\{F(\lambda)\}$，$-\infty<\lambda<\infty$，は $\mathfrak{H}_1$ における“一般化された単位の分解”である：

$$\left.\begin{aligned} &F(\lambda) \text{ は } \mathfrak{H}_1 \text{ における自己共役作用素で } \lambda_2>\lambda_1 \text{ ならば}\\ &(F(\lambda_2)x,x)\geqq(F(\lambda_1)x,x),\ x\in\mathfrak{H}_1 \end{aligned}\right\} \quad (16\cdot4)$$

$$F(\lambda+0)=F(\lambda) \text{ すなわち } \lim_{\varepsilon\downarrow0}F(\lambda+\varepsilon)x=F(\lambda)x,\ x\in\mathfrak{H}_1 \quad (16\cdot5)$$

$$F(-\infty)x=\lim_{\lambda\downarrow-\infty}F(\lambda)x=0,\quad F(\infty)x=\lim_{\lambda\uparrow\infty}F(\lambda)x=x,\ x\in\mathfrak{H}_1 \quad (16\cdot6)$$

$F(\lambda)$ が $\mathfrak{H}$ における自己共役作用素であることは明らかだから，$P(\mathfrak{H}_1)\mathfrak{H}=\mathfrak{H}_1$ によって，$\mathfrak{H}_1$ における自己共役作用素とも考えられるのである．

かくして閉対称作用素 H_1 に対して，(16·4)-(16·6) および

$$x\in\mathfrak{D}(H_1) \text{ ならば } H_1x=\int_{-\infty}^{\infty}\lambda dF(\lambda)x \quad (16\cdot7)$$

が成立つという意味で“一般化されたスペクトル分解”ができたわけである．

例 $x(t)\in L_2(-\infty,0)$ が $-\infty<t\leqq0$ で絶対連続で $x(0)=0$ かつ $x'(t)\in L_2(-\infty,0)$ であるような $x(t)$ に $i^{-1}x'(t)$ を対応させる作用素 H_1 は，対称な極大作用素でその不足指数は $(0,1)$ である．(定理 15·8 と同じようにして証明される)．$x(t)\in L_2(0,\infty)$ が $0\leqq t<\infty$ で絶対連続で $x(0)=0$ かつ $x'(t)\in L_2(0,\infty)$ であるような $x(t)$ に $i^{-1}x'(t)$ を対応させる作用素 H_2 は，対称な極大作用素で，その不足指数は $(1,0)$ である (定理 15·8)．ここにおいて $\mathfrak{H}_1=L_2(-\infty,0)$ とし，直積

$$\mathfrak{H}=L_2(-\infty,\infty)=L_2(-\infty,0)\otimes L_2(0,\infty)$$

における作用素 $H=H_1\otimes H_2$ は，$x(x)\in L_2(-\infty,\infty)$ が $-\infty<t<\infty$ で絶対連続で $x(0)=0$ かつ $x'(t)\in L_2(-\infty,\infty)$ であるような $x(t)$ に $i^{-1}x'(t)$ を対

応させるような作用素として具体的に与えられるわけである．前 § から H は不足指数（1, 1）の対称閉作用素である．不足指数が（1, 1）であることは，§ 15·3 においてと同じようにしても証明される．すなわち H^* は，$x(t)\in L_2(-\infty,\infty)$ が $-\infty<t\leqq 0$ および $0\leqq t<\infty$ において絶対連続で $x'(t)\in L_2(-\infty,\infty)$ であるような $x(t)$ に $i^{-1}x'(t)$ を対応させるような作用素に一致し

$$H^*y=iy,\quad H^*z=-iz$$

の解はそれぞれ

$$y_1(t)=\begin{cases}e^{-t}, & t\geqq 0\\ 0\ , & t<0\end{cases}\qquad z_1(t)=\begin{cases}e^{t}, & t\leqq 0\\ 0, & t>0\end{cases}$$

の定数倍で与えられることがいえるからである．

上の H に対して，定理 15·9 に与えた作用素 $\hat{H}=i^{-1}d/dt$ は H の自己共役な拡張である．この $i^{-1}d/dt$ に対しては，そのスペクトル分解を第 10 章に与えてあるから，H_1 の"一般化されたスペクトル分解"が与えられたわけになる．

注　$\hat{H}=\int_{-\infty}^{\infty}\lambda d\hat{E}(\lambda)$ が H_1 の拡張であるから，$x\in\mathfrak{D}(H_1)$ ならば（10·11）が使えて

$$\|H_1x\|^2=\|\hat{H}x\|^2=\int_{-\infty}^{\infty}\lambda^2d\|\hat{E}(\lambda)x\|^2=\int_{-\infty}^{\infty}\lambda^2d(\hat{E}(\lambda)x,x)$$

$$=\int_{-\infty}^{\infty}\lambda^2d(\hat{E}(\lambda)P(\mathfrak{H}_1)x,P(\mathfrak{H}_1)x)=\int_{-\infty}^{\infty}\lambda^2d(F(\lambda)x,x)<\infty$$

定理 10·5 によれば $x\in\mathfrak{D}(\hat{H})$ と $\int_{-\infty}^{\infty}\lambda^2d\|\hat{E}(\lambda)x\|^2=\int_{-\infty}^{\infty}\lambda^2d(\hat{E}(\lambda)x,x)<\infty$ とは同等でこのような x に対しては $\hat{H}x=\int_{-\infty}^{\infty}\lambda d\hat{E}(\lambda)x$ が成立つ（定理 10·4）のであった．ところが上に示した如く $x\in\mathfrak{D}(H_1)$ ならば $\int_{-\infty}^{\infty}\lambda^2d(F(\lambda)x,x)<\infty$ であったが，逆に $\int_{-\infty}^{\infty}\lambda^2d(F(\lambda)x,x)<\infty$ であるからといって $x\in\mathfrak{D}(H_1)$ とは限らない．この点がスペクトル分解と一般化されたスペクトル分解の間の大きな差違である．しかし H_1 が極大作用素ならば，次の定理が成立つので都合がよい．

定理 16·2　対称な極大作用素の一般化されたスペクトル分解を $\int_{-\infty}^{\infty}\lambda d\cdot F(\lambda)$ とするとき，$x\in\mathfrak{D}(H_1)$ なることと $x\in\mathfrak{H}_1$ で $\int_{-\infty}^{\infty}\lambda^2d(F(\lambda)x,\ x)<\infty$ となっていることは同等である．

証明 $\mathfrak{H}\supseteqq\mathfrak{H}_1$ における自己共役作用素 $\hat{H}=\int_{-\infty}^{\infty}\lambda d\hat{E}(\lambda)$ が H_1 の拡張になっているとせよ．まず $x\in\mathfrak{H}_1$ かつ $\int_{-\infty}^{\infty}\lambda^2 d(F(\lambda)x,x)<\infty$ ならば，上に示したと同じようにして

$$\int_{-\infty}^{\infty}\lambda^2 d\|\hat{E}(\lambda)x\|^2=\int_{-\infty}^{\infty}\lambda^2 d(\hat{E}(\lambda)x,x)=\int_{-\infty}^{\infty}\lambda^2(\hat{E}(\lambda)P(\mathfrak{H}_1)x,P(\mathfrak{H}_1)x)$$

$$=\int_{-\infty}^{\infty}\lambda^2 d(F(\lambda)x,x)<\infty$$

となるから，定理 10·5 によって $x\in\mathfrak{D}(\hat{H})$ となる．そして $H'=P(\mathfrak{H}_1)\hat{H}P(\mathfrak{H}_1)$ を $\mathfrak{H}_1$ における対称作用素と考えたとき，$\mathfrak{D}(H')=\mathfrak{D}(\hat{H})\cap\mathfrak{H}_1$ であり，かつ $x\in\mathfrak{D}(H_1)$ ならば $H_1x=H'x$ であることは $\hat{H}$ が H_1 の拡張であることからわかる．すなわち H' は，$\mathfrak{H}_1$ における対称作用素と考えて H_1 の拡張である．H_1 が $\mathfrak{H}_1$ における対称作用素として極大であったから $H'=H_1$ でなければならない．

ゆえに $\mathfrak{D}(H_1)=\mathfrak{D}(H')=\mathfrak{D}(\hat{H})\cap\mathfrak{H}_1$ となる．だから $H'=P(\mathfrak{H}_1)\hat{H}P(\mathfrak{H}_1)$ により，$x\in\mathfrak{H}_1$ かつ $\int_{-\infty}^{\infty}\lambda^2 d\|\hat{E}(\lambda)x\|^2<\infty$ ならば，すなわち $x\in\mathfrak{H}_1$ かつ $\int_{-\infty}^{\infty}\lambda^2 d(F(\lambda)x,x)<\infty$ ならば $x\in\mathfrak{D}(H_1)$ であり，また逆に $x\in\mathfrak{D}(H_1)$ ならば $x\in\mathfrak{H}_1$ かつ $\int_{-\infty}^{\infty}\lambda^2 d(F(\lambda)x,x)=\int_{-\infty}^{\infty}\lambda^2 d\|\hat{E}(\lambda)x\|^2<\infty$ である．

すぐ上に述べた例は定理 16·2 を利かすことのできる例になっているわけである．任意の対称閉作用素は，定理 15·4 の方法で，極大作用素に拡張できるのだから極大作用素に拡張しておいてから定理 16·1 の方法で一般化されたスペクトル分解を求めれば定理 16·2 を利かせることができるのである．

16·2 一般化された単位の分解の構成法

$\mathfrak{H}(\supseteqq\mathfrak{H}_1)$ の単位の分解 $\{\hat{E}(\lambda)\}$，$-\infty<\lambda<\infty$，から

$$F(\lambda)=P(\mathfrak{H}_1)\hat{E}(\lambda)P(\mathfrak{H}_1),\quad P(\mathfrak{H}_1) \text{ は } \mathfrak{H} \text{ から } \mathfrak{H}_1 \text{ への射影} \tag{16·8}$$

の如くにして得られる $\{F(\lambda)\}$，$-\infty<\lambda<\infty$，は明らかに $\mathfrak{H}_1$ の一般化された単位の分解になる——(16·4) 乃至 (16·6) を満足する．ところが逆に $\mathfrak{H}_1$ の

一般化された単位の分解は上のような方法以外では構成されないことを示すことができるから，(16・8) は一般化された単位の分解を構成する最も一般な方法なのである．すなわち

定理 16・3 (Neumark) Hilbert 空間 $\mathfrak{H}_1$ における有界作用素の系 $\{F(\lambda)\}$, $-\infty<\lambda<\infty$, が (16・4)-(16・6) を満足するとする．このとき適当にとった Hilbert 空間 $\mathfrak{H}(\supseteqq\mathfrak{H}_1)$ の単位の分解 $\{\hat{E}(\lambda)\}$, $-\infty<\lambda<\infty$, で (16・8) の成立つようなものを作ることができる．

証明　第一段　自己共役な有界作用素 A, B について，すべての x において $(Ax,x)\geqq(Bx,x)$ なるとき $A\geqq B$ と書く，とくに $A\geqq 0$ なるとき A を**正値作用素** (positive operator) という．$mI\leqq A\leqq M\cdot I$ の成立つような m の上限を m_0, M の下限を M_0 とおけば

$$\|A\|=\max\{|m_0|,|M_0|\}$$

が成立つ．証明．上式右辺を C とすると，$|(Ax,x)|\leqq\|Ax\|\cdot\|x\|\leqq\|A\|\cdot\|x^2\|=\|A\|(Ix,x)$ であるから $C\leqq\|A\|$．次に $x\neq 0$ として $e=(\|Ax\|/\|x\|)^{1/2}$, $y=e^{-1}Ax$ おいて

$$\begin{aligned}\|Ax\|^2&=(Aex,y)=4^{-1}\{(A(ex+y),ex+y)-(A(ex-y),ex-y)\}\\&\leqq 4^{-1}C\|ex+y\|^2+4^{-1}C\|ex-y\|^2\\&=2^{-1}C\{\|ex\|^2+\|y\|^2\}=2^{-1}C\{e^2\|x\|^2+e^{-2}\|Ax\|^2\}=C\|Ax\|\cdot\|x\|\end{aligned}$$

これから $\|Ax\|\leqq C\|x\|$ を得て $\|A\|\leqq C$, 結局 $\|A\|=C$ が証明された．

次に (16・4)-(16・6) から，$\lambda_1<\lambda_2$ なるとき $0\leqq F(\lambda_2)-F(\lambda_1)\leqq I$．ゆえに

$$\|F(\lambda_2)-F(\lambda_1)\|\leqq 1$$

の成立つことがいえる．これは第五段において必要となる．

第二段　$(\alpha,\beta]$ の形の左に開き右に閉じた区間 Δ と $\mathfrak{H}_1$ の元 f との対

$$\{\Delta,f\}$$

の全体 $\mathfrak{K}$ に“内積”

$$(\{\Delta_1,f_1\},\{\Delta_2,f_2\})=(F(\Delta_1\cap\Delta_2)f_1,f_2),\quad ただし\ F(\Delta)=F(\beta)-F(\alpha)\qquad(16\cdot 9)$$

を導入すると，(16・4) によって

$$(\{\varDelta, f\}, \{\varDelta, f\}) = (F(\varDelta)f, f) = ((F(\beta) - F(\alpha))f, f) \geqq 0 \quad (16\cdot10)$$

$$(\{\varDelta_1, f_1\}, \{\varDelta_2, f_2\}) = (F(\varDelta_1 \cap \varDelta_2)f_1, f_2)$$
$$= (f_1, F(\varDelta_1 \cap \varDelta_2)f_2) = \overline{(\{\varDelta_2, f_2\}, \{\varDelta_1, f_1\})} \quad (16\cdot11)$$

が成立つ．$\varDelta_1$ と $\varDelta_2$ が共通点がない（$\varDelta_1 \cap \varDelta_2 =$ 空集合）ならば

$$\{\varDelta_1, f\} + \{\varDelta_2, f\} = \{\varDelta_1 + \varDelta_2, f\}$$

また

$$\{\varDelta, f_1\} + \{\varDelta, f_2\} = \{\varDelta, f_1 + f_2\},$$
$$\alpha\{\varDelta, f\} = \{\varDelta, \alpha f\}$$

によって，和およびスカラー乗法を導入すると，例えば

$$\varDelta_1 = (\alpha_1, \beta_1], \quad \varDelta_2 = (\alpha_2, \beta_2], \quad \alpha_1 < \alpha_2 < \beta_1 < \beta_2$$

として

$$\{\varDelta_1, f_1\} + \{\varDelta_2, f_2\} = \{(\alpha_1, \alpha_2], f_1\} + \{(\alpha_2, \beta_1], f_1\}$$
$$+ \{(\alpha_2, \beta_1], f_2\} + \{(\beta_1, \beta_2], f_2\}$$
$$= \{(\alpha_1, \alpha_2], f_1\} + \{[\alpha_2, \beta_1], f_1 + f_2\} + \{(\beta_1, \beta_2], f_2\}$$

を適用して，$\sum_{i=1}^{n} \alpha_i\{\varDelta_i, f_i\}$ の形の元の全体 $\tilde{\mathfrak{R}}$ がベクトル空間になることが容易にわかる（$\{\varDelta, 0\}$ の形の元が 0 ベクトルになる）．

ゆえに $\tilde{f} = \sum_i \alpha_i'\{\varDelta_i', f_i\}$, $\tilde{g} = \sum_j \alpha_j''\{\varDelta_j'', f_j''\}$ なる $\tilde{\mathfrak{R}}$ の二元に対して，$\varDelta_i', \varDelta_j''$ を小区間 $\varDelta_k$ に分割して，各 $\varDelta_i'$ および $\varDelta_j''$ を互いに共通点のない $\varDelta_k$ の和となるようにして，

$$\tilde{f} = \sum_{n=1}^{m} \alpha_n\{\varDelta_n, f_n\}, \quad \tilde{g} = \sum_{n=1}^{m} \beta_n\{\varDelta_n, f_n\}$$

の形に書き直すことができる．たとえば $\varDelta_1 \cap \varDelta_2 =$ 空集合，$f_1 \neq f_2$ ならば

$$\tilde{f} = \{\varDelta_1, f_1\} = 1\cdot\{\varDelta_1, f_1\} + 0\cdot\{\varDelta_2, f_2\}$$
$$\tilde{g} = \{\varDelta_2, f_2\} = 0\cdot\{\varDelta_1, f_1\} + 1\cdot\{\varDelta_2, f_2\}$$

こうすれば (16·9) を拡張して“内積”

$$(\tilde{f}, \tilde{g}) = (\textstyle\sum_n \alpha_n\{\varDelta_n, f_n\}, \sum_n \beta_n\{\varDelta_n, f_n\}) = \sum_{n,k} \alpha_n \bar{\beta}_k (F(\varDelta_n \cap \varDelta_k) f_n, f_k)$$
$$= \textstyle\sum_n \alpha_n \bar{\beta}_n (F(\varDelta_n) f_n, f_n)$$

を定義することができて，(16·9) および (16·10) に相当する

$$(\tilde{f},\tilde{f})\geqq 0,\quad (\tilde{f},\tilde{g})=\overline{(\tilde{g},\tilde{f})} \tag{16·12}$$

の成立つことがわかる.

第三段　$\tilde{\mathfrak{K}}$ の元 $\tilde{f}$ で

$$(\tilde{f},\tilde{f})=0$$

を満足するものの全体を $\tilde{\mathfrak{N}}$ と書くと, $\tilde{\mathfrak{N}}$ は $\tilde{\mathfrak{K}}$ の部分空間になる.

証明　Schwarz の不等式 (1·15) を得たと同様にして, (16·12) から

$$|(\tilde{f},\tilde{g})|^2\leqq(\tilde{f},\tilde{f})\cdot(\tilde{g},\tilde{g}) \tag{16·13}$$

を得るから,

$$(\tilde{f}_1+\tilde{f}_2,\tilde{g})=(\tilde{f}_1,\tilde{g})+(\tilde{f}_2,g),\quad (\alpha\tilde{f},\tilde{g})=\alpha(\tilde{f},\tilde{g}) \tag{16·14}$$

を用い, $(\tilde{f}_1,\tilde{f}_1)=(\tilde{f}_2,\tilde{f}_2)=0$ ならば $(\alpha\tilde{f}_1,\alpha\tilde{f}_1)=|\alpha|^2(\tilde{f}_1,\tilde{f}_1)=0$ なるのみならず

$$(\tilde{f}_1+\tilde{f}_2,\tilde{f}_1+\tilde{f}_2)=(\tilde{f}_1,\tilde{f}_1)+(\tilde{f}_1,\tilde{f}_2)+(\tilde{f}_2,\tilde{f}_1)+(\tilde{f}_2,\tilde{f}_2)=2\Re(\tilde{f}_1,\tilde{f}_2)$$

によって

$$|(\tilde{f}_1+\tilde{f}_2,\tilde{f}_1+\tilde{f}_2)|\leqq 2|(\tilde{f}_1,\tilde{f}_2)|\leqq 2(\tilde{f}_1,\tilde{f}_1)^{1/2}\cdot(\tilde{f}_2,\tilde{f}_2)^{1/2}=0$$

を得るのでよる.

ここにおいて $\tilde{\mathfrak{K}}$ の $\tilde{\mathfrak{N}}$ による**剰余類** (residue class) $\hat{\mathfrak{K}}=\tilde{\mathfrak{K}}/\tilde{\mathfrak{N}}$ を考える. すなわち $(\tilde{f}'-\tilde{f})\in\tilde{\mathfrak{N}}$ であるような $\tilde{f}'$ を $\tilde{f}$ と同じ**類** (class) にまとめて $\hat{f}$ と書く. したがって $(\tilde{f}-\tilde{f}')\in\tilde{\mathfrak{N}}$ ならば $\tilde{f}$ も $\tilde{f}'$ もともに類 $\hat{f}$ の代表の一つなのである. 類 $\hat{f},\hat{g}\in\hat{\mathfrak{K}}$ の和およびスカラー乗法を,

$$\left.\begin{array}{l}\hat{f}+\hat{g}\ \text{は}\ \tilde{f}+\tilde{g}\ (\text{ただし}\ \tilde{f}\in\hat{f},\tilde{g}\in\hat{g})\ \text{を含む類},\\ \alpha\hat{f}\ \text{は}\ \alpha\tilde{f}\ (\text{ただし}\ \tilde{f}\in\hat{f})\ \text{を含む類}\end{array}\right\} \tag{16·15}$$

によって定義すると $\hat{\mathfrak{K}}$ はベクトル空間になる. しかも $\tilde{f}_1,\tilde{f}_2\in\hat{f}$, $\tilde{g}_1,\tilde{g}_2\in\hat{g}$ ならば, $(\tilde{f}_1-\tilde{f}_2)\in\tilde{\mathfrak{N}}$, $(\tilde{g}_1-\tilde{g}_2)\in\tilde{\mathfrak{N}}$ によって

$$\begin{aligned}|(\tilde{f}_1,\tilde{g}_1)-(\tilde{f}_2,\tilde{g}_2)|&=|(\tilde{f}_1-\tilde{f}_2,\tilde{g}_1)+(\tilde{f}_2,\tilde{g}_1-\tilde{g}_2)|\\&\leqq(\tilde{f}_1-\tilde{f}_2,\tilde{f}_1-\tilde{f}_2)^{1/2}\cdot(\tilde{g}_1,\tilde{g}_1)^{1/2}+(\tilde{f}_2,\tilde{f}_2)^{1/2}\cdot(\tilde{g}_1-\tilde{g}_2)^{1/2}=0\end{aligned}$$

となるから,

$$(\hat{f},\hat{g})=(\tilde{f},\tilde{g})\ (\text{ただし}\ \tilde{f}\in\hat{f},\tilde{g}\in\hat{g}) \tag{16·16}$$

によって $\hat{\mathfrak{K}}$ の二つの類 $\hat{f}, \hat{g}$ の内積が定義されるわけである．$(\hat{f}, \hat{f})=0$ は類 $\hat{f}$ が $\hat{\mathfrak{N}}$ に属すること，すなわち剰余類 $\hat{\mathfrak{K}}=\tilde{\mathfrak{K}}/\tilde{\mathfrak{N}}$ の 0 ベクトルになることを示すからである．

かくして $\hat{\mathfrak{K}}$ は内積の定義せられたベクトル空間になる．ただし $\hat{\mathfrak{K}}$ はノルム $\|\hat{f}-\hat{g}\|=(\hat{f}-\hat{g}, \hat{f}-\hat{g})^{1/2}$ による収束に関して完備であるかどうかはわからない．一般に完備性の証明せられていない，内積の定義せられたベクトル空間を **pre-Hilbert 空間**という．

第四段　後から定理 16·4 に示すように，任意の pre-Hilbert 空間 $\hat{\mathfrak{K}}$ に対して $\hat{\mathfrak{K}}$ をその稠密な部分空間とするような Hilbert 空間 $\mathfrak{H}$ を作ることができる．

もとの Hilbert 空間 $\mathfrak{H}_1$ の各ベクトル f に，$\tilde{\mathfrak{K}}$ の元 $\{(-\infty, \infty], f\}$ を含む類 $\hat{\hat{f}}$ を対応させると，この対応

$$\mathfrak{H}_1 \ni f \to \hat{\hat{f}} \in \hat{\mathfrak{K}} \subseteqq \mathfrak{H}$$

は明らかに一対一，かつ (16·15) および (16·16) から

$$f_1+f_2 \to \hat{\hat{f}}_1+\hat{\hat{f}}_2, \quad \alpha f \to \alpha\hat{\hat{f}}, \quad (f_1, f_2)=(\hat{\hat{f}}_1, \hat{\hat{f}}_2)$$

の成立つことがわかる．だから Hilbert 空間として $\mathfrak{H}_1$ と同型なもの，すなわち $\hat{\hat{f}}$ の形の類の全体が，$\hat{\mathfrak{K}}$ のしたがって $\mathfrak{H}$ の部分空間になる．

第五段　$\mathfrak{H}$ から $\mathfrak{H}_1$ への射影を $P(\mathfrak{H}_1)$ とするとき，$\mathfrak{H}$ の単位の分解 $\{\hat{E}(\lambda)\}$ に対して

$$F(\lambda)=F((-\infty, \lambda])=P(\mathfrak{H}_1)\hat{E}(\lambda)P(\mathfrak{H}_1)$$

の成立つことを示す．証明．$\{\Delta, f\}$ を含む類 $\in \hat{\mathfrak{K}} \subseteqq \mathfrak{H}$ に $P(\mathfrak{H}_1)$ を施して得られる $\mathfrak{H}_1$ の元を g とすると，$\mathfrak{H}_1$ のすべてのベクトル h に対して

$$(\{\Delta, f\}-\{(-\infty, \infty], g\}, \{(-\infty, \infty]h\})=0$$

となるべきであるから[1]，

$$(\{\Delta, f\}, \{(-\infty, \infty], h\})=(F(\Delta)f, h)=(\{(-\infty, \infty)g\}, \{(-\infty, \infty), h\})$$
$$=(F((-\infty, \infty))g, h)=(g, h)$$

1)　任意の $x \in \mathfrak{H}$ に対して $(x-P(\mathfrak{H}_1)x)$ は $\mathfrak{H}_1$ のすべての元に直交する．

を得て，$h\in\mathfrak{H}_1$ が任意であったことから

$$F(\varDelta)f=g \quad \text{すなわち} \quad P(\mathfrak{H}_1)\cdot\{\varDelta,f\}=\{(-\infty,\infty],F(\varDelta)f\}$$

ゆえに

$$\hat{E}(\lambda)\{\varDelta,f\}=\{(-\infty,\lambda]\cap\varDelta,f\} \tag{16·17}$$

とおくと，$P(\mathfrak{H}_1)\cdot\{\varDelta,f\}=\{(-\infty,\infty],F(\varDelta)f\}$ の形のベクトルに対して

$$\begin{aligned}P(\mathfrak{H}_1)\hat{E}(\lambda)\{(-\infty,\infty],F(\varDelta)f\}&=P(\mathfrak{H}_1)\{(-\infty,\lambda],F(\varDelta)f\}\\&=\{(-\infty,\infty],F(\lambda)\cdot F(\varDelta)f\}\end{aligned}$$

すなわち

$$P(\mathfrak{H}_1)\hat{E}(\lambda)\cdot\widehat{\widehat{(F(\varDelta)f)}}=\widehat{\widehat{(F(\lambda)F(\varDelta)f)}} \tag{16·18}$$

ところが，(16·17) で与えられた $\hat{E}(\lambda)$ を加法的に $\tilde{\mathfrak{K}}$ にしたがって $\hat{\mathfrak{K}}$ に拡張し，ついで連続性によって[1] $\hat{\mathfrak{K}}$ が稠密に横わっている $\mathfrak{H}$ 全体に拡張すると $\{\hat{E}(\lambda)\}$ が $\mathfrak{H}$ の単位の分解であることは次のようにしてわかる．すなわち

$$\hat{E}(\lambda)^2\{\varDelta,f\}=\hat{E}(\lambda)\{(-\infty,\lambda]\cap\varDelta,f\}=\{(-\infty,\lambda]\cap\varDelta,f\}=\hat{E}(\lambda)\{\varDelta,f\},$$

$$\begin{aligned}(\hat{E}(\lambda)\{\varDelta,f\},\{\varDelta',f'\})&=(\{(-\infty,\lambda]\cap\varDelta,f\},\{\varDelta',f'\})\\&=(F((-\infty,\lambda]\cap\varDelta\cap\varDelta')f,f')\\&=(f,F((-\infty,\lambda]\cap\varDelta\cap\varDelta')f')=(\{\varDelta,f\},\hat{E}(\lambda)\{\varDelta',f'\})\end{aligned}$$

によって $\tilde{\mathfrak{K}}$ の上では $\hat{E}(\lambda)^2=\hat{E}(\lambda)$ かつ $\tilde{\mathfrak{K}}$ の上で $\hat{E}(\lambda)$ は対称である．しかも明らかに $\mathfrak{K}$ の上で $\hat{E}(\infty)=I$, $\hat{E}(-\infty)=0$ であり，また $\hat{E}(\lambda)^2=\hat{E}(\lambda)$ を得ると同様にして $\hat{\mathfrak{K}}$ の上で $\hat{E}(\lambda)\hat{E}(\mu)=\hat{E}(\min(\lambda,\mu))$ であるのである．

かくして $\hat{\hat{f}}$ の形の元の一次結合の全体を $\mathfrak{H}_1$ と同一視して，(16·18) から

$$P(\mathfrak{H}_1)\hat{E}(\lambda)P(\mathfrak{H}_1)=F(\lambda)$$

を得る．

系　$\mathfrak{H}_1$ における対称閉作用素 H_1 の一般化されたスペクトル分解 (16·4)–(16·7) に対して，適当にとった Hilbert 空間 $\mathfrak{H}\supseteqq\mathfrak{H}_1$ の自己共役作用素 $H=\int_{-\infty}^{\infty}\lambda d\hat{E}(\lambda)$ を作って H が，$\mathfrak{H}$ の部分空間 $\mathfrak{H}_1$ での作用素と考えた H_1 の拡張になっているようにできる．すなわち，対称閉作用素 H_1 の一般化された

---

1)　第一段によって $\|\hat{E}(\lambda)\{\varDelta,f\}\|=\|\{(-\infty,\infty],F(\varDelta)f\}\|=\|F(\varDelta)f\|\leqq\|f\|$.

スペクトル分解を求める構成法としては § 16·1 に与えたような方法が最も一般なものということができる.

16·3 pre–Hilbert 空間の完備化

定理 16·4 pre–Hilbert 空間 X_0 に対して Hilbert 空間 X を定めて X_0 を，X の稠密な部分空間と 1 対 1 かつ，pre–Hilert 空間として同型なように対応させることができる.

証明 すべての実数を有理数列の極限として定義するのと同じ考えで証明される．すなわち X_0 の点列 $\{x_n\}$ で Cauchy の収束条件

$$\lim_{n,m\to\infty} \|x_n - x_m\| = 0$$

を満足しているものの全体を考える．このような $\{x_n\}$ と $\{x_n'\}$ が $\lim_{n\to\infty}\|x_n - x_n'\| = 0$ を満足しているときに $\{x_n\}$ と $\{x_n'\}$ とを同じ類 (class) $\tilde{x}$ に属せしめ $\{x_n\}\sim\{x_n'\}$ と書くことにする．$\tilde{x}$ のような類の全体を X と書く.

X が pre–Hilbert 空間であることの証明．$\{x_n\}\sim\{x_n'\}$, $\{y_n\}\sim\{y_n'\}$ ならば $\{x_n+y_n\}\sim\{x_n'+y_n'\}$ であることは三角不等式からわかる．すなわち

$$\|(x_n+y_n)-(x_n'+y_n')\| \leqq \|x_n - x_n'\| + \|y_n - y_n'\| \to 0 (n\to\infty)^{1)}$$

同じく $\{\alpha x_n\}\sim\{\alpha x_n'\}$ であるから，算法

$$\{x_n\}+\{y_n\}=\{x_n+y_n\}, \quad \alpha\{x_n\}=\{\alpha x_n\}$$

によって X はベクトル空間になる[2]．同じく $\{x_n\}\sim\{x_n'\}$, $\{y_n)\sim\{y_n'\}$ ならば $\lim_{n\to\infty}(x_n, y_n) = \lim_{n\to\infty}(x_n', y_n')$ である．まず

$$|(x_n, y_n)| - (x_m, y_m)| = |(x_n - x_m, y_n) + (x_m, y_n - y_m)|$$
$$\leqq \|x_n - x_m\|\cdot\|y_n\| + \|x_m\|\cdot\|y_n - y_m\| \to 0 (n, m\to\infty)$$

であるから $\lim_{n\to\infty}(x_n, y_n)$ が存在するが，これとほぼ同じようにして，この極限が $\lim_{n\to\infty}(x_n', y_n')$ に等しいこともいえる．ゆえに

$$(\{x_n\}, \{y_n\}) = \lim_{n\to\infty}(x_n, y_n)$$

---

1) $\|(x_n+y_n)-(x_m+y_m)\| \leqq \|x_n - x_m\| + \|y_n - y_m y\| \to 0$ $(n, m\to\infty)$ であるから，$\{x_n+y_n\}\in X$ であることは明らかである.

2) X の 0 ベクトルは $\lim_{n\to\infty}\|x_n\| = 0$ なる $\{x_n\}$ を含む類.

によって内積を定義すると X は pre–Hilbert 空間になることがいえる．たとえば $(\{x_n\},\{x_n\})\geqq 0$ であるが，ここで等号の成立つのは $\lim_{n\to\infty}\|x_n\|^2=0$ なるとき，すなわち $\{x_n\}$ が X の 0 ベクトルであるときに限るのである．

次に X_0 が X の稠密な部分空間 X_0' と同型になることの証明．すべての n に対して $x_n=x$ となるような $\{x\}$ を $\tilde{\tilde{x}}$ と書くことにすると，対応

$$X_0\ni x\to\tilde{\tilde{x}}=\{x\}$$

は一対一であるから $\tilde{\tilde{x}}$ の如き特別な類の全体を X_0' としたとき，この対応で

$$x+y\to\{x+y\}=\tilde{\tilde{x}}+\tilde{\tilde{y}},\quad \alpha x\to\{\alpha x\}=\alpha\{x\}=\alpha\tilde{\tilde{x}}$$

$$(x,y)=\lim(x,y)=(\tilde{\tilde{x}},\tilde{\tilde{y}})$$

が成立つから X_0 は X_0' に，pre–Hilbert 空間として，同型である．X'_0 が X において稠密なことは次のようにして示される．任意の $\tilde{x}=\{x_n\}$ に対して $\tilde{\tilde{x}}_m$ をとると，$\lim_{n,m\to\infty}\|x_n-x_m\|=0$ によって，

$$\|\tilde{x}-\tilde{\tilde{x}}_m\|^2=(\tilde{x}-\tilde{\tilde{x}}_m,\tilde{x}-\tilde{\tilde{x}}_m)=\lim_{n\to\infty}(x_n-x_m,x_n-x_m)\to 0(m\to\infty)$$

を得るから X_0' は X において稠密である．

最後に X が完備であることの証明．X の点列 $\tilde{x}_1,\tilde{x}_2,\cdots,\tilde{x}_n,\cdots$ が Cauchy の収束条件 $\lim_{n,m\to\infty}\|\tilde{x}_n-\tilde{x}_m\|=0$ を満足しているとする．上に示したことから，各 $\tilde{x}_n$ に対して

$$\|\tilde{x}_n-\tilde{\tilde{x}}^{(n)}\|\leqq n^{-1}$$

なる $x^{(n)}\in X_0$ をとることができる．$n,m\to\infty$ なるとき

$$\|x^{(n)}-x^{(m)}\|=\|\tilde{\tilde{x}}^{(n)}-\tilde{\tilde{x}}^{(m)}\|\leqq\|\tilde{\tilde{x}}^{(n)}-\tilde{x}_n\|+\|\tilde{x}_n-\tilde{x}_m\|+\|\tilde{x}_m-\tilde{\tilde{x}}^{(m)}\|\to 0$$

であるから，$\tilde{x}=\{x^{(n)}\}\in X$ である．しかも

$$\begin{aligned}\|\tilde{x}-\tilde{x}_n\|&\leqq\|\tilde{x}-\tilde{\tilde{x}}^{(n)}\|+\|\tilde{\tilde{x}}^{(n)}-\tilde{x}_n\|\leqq\|\tilde{x}-\tilde{\tilde{x}}^{(n)}\|+n^{-1}\\&=\lim_{m\to\infty}\|x^{(m)}-x^{(n)}\|+n^{-1}\end{aligned}$$

は，$n\to\infty$ なるとき 0 に収束するから，$\lim_{n\to\infty}\|\tilde{x}_n-x\|=0$ となって X の完備なことが証明された．

注　X は X_0 と pre–Hilbert 空間として同型なものの閉苞として得られるのである

から，上のような X が二つあったとすればそれらは Hilbert 空間として同型である．この意味で一意的に定まる X を X_0 の**完備化** (completion) と呼ぶことにする．

完備化の例 1 有限閉区間 $[\alpha, \beta]$ で連続な複素数値函数 $x(t)$ の全体 $C(\alpha, \beta)$ は

$$(x+y)(t)=x(t)+y(t), \quad (\alpha x)(t)=\alpha x(t),$$
$$(x, y)=\int_\alpha^\beta x(t)\overline{y(t)}dt$$

の意味で pre–Hilbert 空間になる．$C(\alpha, \beta)$ の完備化は $L_2(\alpha, \beta)$ と同型である．証明．$C(\alpha, \beta)$ の函数列 $\{x_n(t)\}$ で Cauchy の収束条件 $\lim_{n, m\to\infty}\int_\alpha^\beta |x_n(t)-x_m(t)|^2dt=0$ を満足するものに対して，$C(\alpha, \beta)\subseteqq L_2(\alpha, \beta)$ と考えることによって，$L_2(\alpha, \beta)$ の函数 $\tilde{x}(t)$ で $\lim_{n\to\infty}\int_\alpha^\beta |\tilde{x}(t)-x_n(t)|^2dt$ を満足するものが一意的に定まる[1]．だから類 $\{x_n(t)\}$ を $\tilde{x}(t)$ と同一視することによって $C(\alpha, \beta)$ の完備化 $\tilde{C}(\alpha, \beta)$ は $L_2(\alpha, \beta)$ の部分空間と同型である．この部分空間が実は $L_2(\alpha, \beta)$ と一致していることは，各 $\tilde{x}(t)\in L_2(\alpha, \beta)$ に対して $\lim_{n\to\infty}\int_\alpha^\beta |\tilde{x}(t)-x_n(t)|^2dt=0$ となるような連続函数列 $\{x_n(t)\}$ がとれることが，Lebesgue 積分の定義から明らかである．

完備化の例 2 m 次元ユークリッド空間 E^m の連結領域 G の点 $x=(x_1, \cdots, x_m)$ で定義せられた複素数値の函数 $f(x)$ で k 回連続復分可能なもの $f(x)$ の全体を $C^{(k)}(G)$ と書く．$C^{(k)}(G)$ に属する函数のうちで，G の内部にある有界閉集合の外では恒等的に 0 になるようなものの全体を $C_0^{(k)}(G)$ と書く[2]．$C_0^{(k)}(G)$ に属する函数の例として，G の点 $x^{(0)}=(x_1^{(0)}, \cdots, x_m^{(0)})$ を中心として半径 $\varepsilon>0$ の球が G の内部に含まれるならば

$$f(x)=\begin{cases}\exp(-1/(\varepsilon^2-|x-x^{(0)}|^2)), |x-x^{(0)}|=(\sum_{j=1}^m(x_j-x_j^{(0)})^2)^{1/2}<\varepsilon \text{ のとき}, \\ 0, \ |x-x^{(0)}|\geqq\varepsilon \text{ のとき}\end{cases}$$

を挙げることができる．この $f(x)$ は無限回連続微分可能であるから，任意の

1) $L_2(\alpha, \beta)$ の完備性の証明 (3 頁) と同様にしてわかる．
2) L. Schwartz にしたがって $\mathfrak{D}^{(k)}(G)$ と書くこともある．

k に対して $C_0^{(k)}(G)$ に属する．すなわち $f(x)\in C_0^{(\infty)}(G)$.

$C_0^{(\infty)}(G)$ は算法

$$(f+g)(x)=f(x)+g(x),\quad (\alpha f)(x)=\alpha f(x)$$

および内積

$$(f,g)_k=\sum_{|j|\leqq k}\int_G D^{(j)}f(x)\cdot\overline{D^{(j)}g(x)dx}\,,\quad dx=dx_1\cdot\cdots\cdot dx_m \tag{16·19}$$

の意味で pre-Hilbert 空間を作る．ここに m 個の整数 $\geqq 0$ の組 $j=(j_1, j_2,\cdots,j_m)$ に対して

$$D^{(j)}=\partial^{j_1+j_2+\cdots j_m}/\partial x_1^{j_1}\partial x_2^{j_2}\cdots\partial x_m^{j_m},\quad |j|=\sum_{i=1}^{m}j_i \tag{16·20}$$

とする．

$C_0^{(\infty)}(G)$ をノルム $\|f\|_k=(f,f)_k^{1/2}$ の意味で完備化したものを $H_0^{(k)}(G)$ とする．$C_0^{(\infty)}(G)$ の函数列 $\{f_n(x)\}$ が Cauchy の収束条件 $\lim_{n,p\to\infty}\sum_{|j|\leqq k}\int_G D^{(j)}f_n(x)-D^{(j)}f_p(x)|^2dx=0$ を満足するとすれば，$L_2(G)$ の完備性によって，$f^{(j)}(x)\in L_2(G)$（ただし $|j|\leqq k$）が存在して

$$\lim_{n\to\infty}\int_G|D^{(j)}f_n(x)-f^{(j)}(x)|^2dx=0$$

が成立つ．だから $\{f_n(x)\}$ に対しては，上式を満足するような $L_2(G)$ の函数の系 $f^{(j)}(x)$（ただし $|j|\leqq k$）が対応する．しかも $\{g_n(x)\}$ には $L_2(G)$ の函数の系 $g^{(j)}(x)$（$|j|\leqq k$）が対応すると，$\{\alpha f_n(x)+\beta g_n(x)\}$ には $L_2(G)$ の函数の系 $\alpha f^{(j)}(x)+\beta g^{(j)}(x)$（$|j|\leqq k$）が対応し，しかも $L_2(G)$ での内積 $(f,g)_0$ の連続性から

$$\begin{aligned}(\{f_n\},\{g_n\})_k&=\lim_{n\to\infty}(f_n,g_n)_k=\lim_{n\to\infty}\sum_{|j|\leqq k}(D^{(j)}f_n,D^{(j)}g_n)_0\\&=\sum_{|j|\leqq k}(f^{(j)},g^{(j)})_0\end{aligned}$$

が成立つ．このようにして，$C_0^{(\infty)}(G)$ のノルム $\|f\|_k$ による完備化 $H_0^{(k)}(G)$ は上の如き函数の系 $f^{(j)}(x)\in L_2(G)$（ただし $|j|\leqq k$）で表現される．

この $f(x)=f^{(0)}(x)$ は一般に微分可能ではないが，

$$\varphi(x)\in C_0^{(\infty)}(G) \text{ ならば } (-1)^{|j|}(D^{(j)}\varphi,f)_0=(\varphi,f^{(j)})_0 \tag{16·21}$$

が成立つ．（以下その証明）$\varphi(x)$ が G の内部にあるような有界閉集合の外で

は恒等的に 0 になるのだから，部分積分して

$$(-1)^{|j|}(D^{(j)}\varphi, f_n)_0=(\varphi, D^{(j)}f_n)_0$$

ゆえに，$L_2(G)$ での内積の連続性を用い，$n\to\infty$ ならしめて (16·21) を得る．

(16·21) は，$f(x)$ に超函数論的に $D^{(j)}$ を施したものが $f^{(j)}(x)$ であり，かつこの $f^{(j)}(x)$ が $L_2(G)$ に属することを示す．この意味で $f^{(j)}(x)$ を $f(x)$ の **強-$D^{(j)}$-微分** (strong-$D^{(j)}$-derivative) と呼び $f^{(j)}(x)=\widetilde{D}^{(j)}f(x)=\widetilde{D}_{(x)}{}^{(j)}f(x)$ と書く．

かくして $C_0{}^{(\infty)}(G)$ のノルム $\|f\|_k$ による完備化は，$C_0{}^{(\infty)}(G)$ の適当な函数列 $\{f_n(x)\}$ によって

$$\lim_{n\to\infty}\int_G |D^{(j)}f_n(x)-\widetilde{D}^{(j)}f(x)|^2dx=0 \qquad (\text{ただし } |j|\leqq k)$$

の成立つような $f(x)\in L_2(G)$ の全体 $H_0{}^{(k)}(G)$ からなり，この $H_0{}^{(k)}(G)$ は

$$(f+g)(x)=f(x)+g(x),\ (\alpha f)(x)=\alpha f(x),$$
$$(f, g)_k=\sum_{|j|\leqq k}(\widetilde{D}^{(j)}f, \widetilde{D}^{(j)}g).$$

によって Hilbert 空間になると考えてよい．

16·4 半有界作用素

完備化の概念の応用として半有界作用素に関する Friedrichs の定理を証明しよう．まず

半有界作用素の定義 対称作用素 H が，ある定数 α に対して，

すべての $x\in\mathfrak{D}(H)$ においてつねに $(Hx, x)\leqq\alpha\|x\|^2$

(またはつねに $\geqq\alpha\|x\|^2$) (16·22)

を満足するときに，H は**上半有界** (または**下半有界**) であるという．

例 $C_0{}^{(\infty)}(-\infty, \infty)$ すなわち $(-\infty, \infty)$ で無限回微分可能な函数 $x(t)$ で $|t|$ が十分大きい所では恒等的に 0 となるような $x(x)$ の全体を考える．明らかに $C_0{}^{(\infty)}(-\infty, \infty)$ は $L_2(-\infty, \infty)$ において稠密である．$q(t)$ を $(-\infty, \infty)$で，連続でつねに $\geqq 0$ とする．このとき各 $x(t)\in C_0{}^{(\infty)}(-\infty,\infty)\subseteqq L_2(-\infty, \infty)$ に

$$-x''(t)+q(t)x(t)\in L_2(-\infty, \infty)$$

を対応させる作用素 H は対称である．部分積分でわかる如く，$y(t)\in\mathfrak{D}(H)=C_0^{(\infty)}(-\infty,\infty)$ ならば

$$\int_{-\infty}^{\infty}(-x''(t)+q(t)x(t))\overline{y(t)}dt=\int_{-\infty}^{\infty}x(t)(-\bar{y}''(t)+q(t)\overline{y(t)})dt$$

となるからである．同じ計算で

$$(Hx,x)=\int_{-\infty}^{\infty}x(t)\bar{x}'(t)dt+\int_{-\infty}^{\infty}q(t)x(t)\overline{x(t)}dt\geqq 0$$

であるから，H は下半有界である．

定理 16·5　(Friedrichs) Hilbert 空間 $\mathfrak{H}$ において上（または下）半有界な作用素 H は $\mathfrak{H}$ における自己共役作用素に拡張できる．

証明　(H. Frendenthal による）上半有界な場合は $-H$ を考えることにして下半有界な場合を考える．また自己共役な $(1-\alpha)I$ を H に加えて

$$x\in\mathfrak{D}(H)\subseteqq\mathfrak{H} \text{ において } (Hx,x)\geqq\|x\|^2$$

と仮定しても一般性を失わない．

$\mathfrak{D}(H)$ の二点 x,y の“新しい内積”を

$$(x,y)'=(Hx,y)$$

によって定義する．このとき“新しいノルム”は

$$\|x\|'=(Hx,x)^{1/2}$$

になるわけである．かくして得られた pre-Hilbert 空間 $\mathfrak{D}(H)$ を完備化した Hilbert 空間を $\mathfrak{D}(H)'$ とおく．

まず位相を考慮に入れないで単なる点集合と考えたときには，$\mathfrak{D}(H)'$ がもとの $\mathfrak{H}$ の部分集合と考えられることを示す．以下その証明．$\mathfrak{D}(H)$ の点列 $\{x_n\}$ が“Cauchy の収束条件”

$$\lim_{n,m\to\infty}\|x_n-x_m\|'=0 \tag{16·23}$$

を満足するならば，

$$\|x_n-x_m\|'=(H(x_n-x_m),x_n-x_m)^{1/2}\geqq\|x_n-x_m\|$$

によって，$\lim_{n,m\to\infty}\|x_n-x_m\|=0$．だから $\mathfrak{H}$ の完備性により $\mathfrak{H}$ の点 x が存在して

$$\lim_{n\to\infty}\|x-x_n\|=0$$

ゆえに“収束条件”(16·23) を満足する $\mathfrak{D}(H)$ の点列 $\bar{x}=\{x_n\}\in\mathfrak{D}(H)'$ に $\mathfrak{H}$ の点 $x=\lim_{n\to\infty}x_n$ ($\mathfrak{H}$ における強収束) を対応させると，この対応

$$\mathfrak{D}(H)'\ni\{x_n\}\to x\in\mathfrak{H}$$

が1対1なことがいえればよい．それには“収束条件”を満足する $\mathfrak{D}(H)$ の点列 $\{y_n\}$ が $\{x_n\}$ と異なるならば

$$\{x_n\}\to y$$

として $x\neq y$ をいうとよい．ゆえに

$$z_n=x_n-y_n,\ \lim_{n\to\infty}\|z_n\|'=\alpha>0 \text{ かつ } \lim_{n\to\infty}\|z_n\|=0$$

から矛盾を出せばよい．ところが $\mathfrak{D}(H)'$ における“内積”の連続性から

$$\begin{aligned}\alpha^2&=\lim_{n\to\infty}(\|z_n\|')^2=\lim_{n,m\to\infty}(z_n,z_m)'=\lim_{n,m\to\infty}(Hz_n,z_m)\\&=\lim_{n\to\infty}\lim_{m\to\infty}(Hz_n,z_m)=\lim_{n\to\infty}(Hz_n,0)=0\end{aligned}$$

なる矛盾が得られるのである．

さて $\mathfrak{H}$ の部分空間

$$\tilde{\mathfrak{D}}=\mathfrak{D}(H^*)\cap\mathfrak{D}(H)'$$

は，$\mathfrak{D}(H)\subseteqq\mathfrak{D}(H^*)$ によって

$$\mathfrak{D}(H)\subseteqq\tilde{\mathfrak{D}}\subseteqq\mathfrak{D}(H^*)$$

を満足する．この $\tilde{\mathfrak{D}}$ を定義域としここにおいて H^* に等しい作用素を，すなわち H^* の $\tilde{\mathfrak{D}}$ への縮少を $\tilde{H}$ とすると，$\tilde{H}$ は H の自己共役な拡張である．

以下その証明．まず H が対称すなわち $H\subseteqq H^*$ であるから $\tilde{H}$ は H の拡張である．次に $\tilde{H}$ の対称なことをいう．$x,y\in\tilde{\mathfrak{D}}$ とすると，$x,y\in\mathfrak{D}(H)'$ であるから

$$\lim_{m\to\infty}\|x_m-x\|'=0,\quad \lim_{m\to\infty}\|y_m-y\|'=0$$

なる如き $\mathfrak{D}(H)$ の点列 $\{x_m\}, \{y_m\}$ が存在する．ゆえに $\mathfrak{D}(H)'$ における“内積”の連続性から $m,n\to\infty$ なるとき

$$(x_m,y_n)'=(Hx_m,y_n)$$

が収束する．この極限は $\mathfrak{H}$ における内積の連続性で

$$\lim_{m\to\infty}\lim_{n\to\infty}(Hx_m, y_n)=\lim_{m\to\infty}(Hx_m, y)=\lim_{m\to\infty}(x_m, \widetilde{H}y)=(x, \widetilde{H}y),$$

$$\lim_{n\to\infty}\lim_{m\to\infty}(Hx_m, y_n)=\lim_{n\to\infty}(x, Hy_n)=\lim_{n\to\infty}(\widetilde{H}x, y_n)=(\widetilde{H}x, y)$$

のいずれにも等しいから，$\widetilde{H}$ は対称である．

序でながら，上の証明と同じようにして

$$x\in\mathfrak{D}(\widetilde{H}) \text{ ならば } (\widetilde{H}x, x)\geqq\|x\|^2 \qquad (16\cdot24)$$

もいえるわけである．

最後に $x\in\mathfrak{D}(H), y\in\mathfrak{H}$ とすると $\|x\|\leqq\|x\|'$ によって

$$|(x, y)|\leqq\|x\|\cdot\|y\|\leqq\|x\|'\cdot\|y\|$$

ゆえに $F(x)=(x, y)$ は $\mathfrak{D}(H)'$ において稠密な $\mathfrak{D}(H)$ において定義せられた $\|\ \ \|'$ の意味で連続な加法的汎函数である．だから $F(x)$ を $\mathfrak{D}(H)'$ において定義せられた $\|\ \ \|'$ の意味で連続な加法的汎函数に，連続性によって拡張できる．この汎函数に $\mathfrak{D}(H)'$ における Riesz の定理 2·6 を適用すると，$y'\in\mathfrak{D}(H)'$ が存在して

$$F(x)=(x, y)=(x, y')'=(Hx, y')$$

だから $y'\in\mathfrak{D}(H^*)$ かつ $H^*y'=y$ となって結局

$$y'\in\widetilde{\mathfrak{D}} \text{ かつ } \widetilde{H}y'=y$$

かくして対称作用素 $\widetilde{H}$ の値域 $\mathfrak{W}(\widetilde{H})$ が $\mathfrak{H}$ と一致するから，定理 10·13 によって，$\widetilde{H}$ は自己共役である．

注　(16·22) を満足する半有界作用素 H は，

$$x\in\mathfrak{D}(\widetilde{H}) \text{ においてつねに } (\widetilde{H}x, x)\leqq\alpha\|x\|^2 \text{（またはつねに } \alpha\|x\|^2\text{）} \qquad (16\cdot22)'$$

を満足する自己共役作用素 $\widetilde{H}$ に拡張されることが，上の証明でいえたことになる．

第 17 章　正 規 作 用 素

自己共役作用素やウニタリ作用素に対してはそのスペクトル分解を定義することができた．自己共役性 $T=T^*$ やウニタリ性 $T^*=T^{-1}$ があれば，もちろん

$$TT^*=T^*T \tag{17·1}$$

が成立つ．(17·1) を満足するような閉作用素 T を**正規作用素** (normal) という．自己共役作用素およびウニタリ作用素のスペクトルはそれぞれ実数軸上および単位円周上にのっておったのであるが，正規作用素はそのスペクトルが複素数平面上にひろがった "複素スペクトル分解" を許す作用素として特徴づけられることを示すことができる．

正規作用素について論ずるために，まず閉作用素についてしらべておくことにする．

17·1　閉作用素の標準分解

まず準備としてユニタリ作用素の概念を一般にした

準等距離作用素の定義　Hilbert 空間 $\mathfrak{H}$ における有界作用素 V に対して閉部分空間 $\mathfrak{M}$ が定まって i) V は $\mathfrak{M}$ を閉部分空間 $\mathfrak{N}$ へ 1 対 1 かつ等距離的：

$$\|Vx\|=\|x\|$$

に写し，ii) $\mathfrak{M}^{\perp}$ においては $V=0$ となっているときに V を ($\mathfrak{M}$ から $\mathfrak{N}$ への) **準等距作用素** (partially isometric operator) という．特に $\mathfrak{M}=\mathfrak{N}=\mathfrak{H}$ ならば V はユニタリ作用素である．

定理 17·1　$\mathfrak{M}$ から $\mathfrak{N}$ への準等距離作用素 V の共役作用素 V^* は $\mathfrak{N}$ から $\mathfrak{M}$ への準等距離作用素であり，$x\in\mathfrak{M}$ ならば $V^*Vx=x$.

証明　$x\in\mathfrak{M}$, $Vx=y\in\mathfrak{N}$ とすると，任意の $z\in\mathfrak{M}$ に対して

$$(Vz, y)=(Vz, Vx)=(z, x)$$

が成立つ．V の等距離性から，V が内積の値を変えないのである ((7·5) をみよ)．また任意の $z\in\mathfrak{M}^{\perp}$ に対しては，$x\in\mathfrak{M}$, $Vx=y\in\mathfrak{N}$ のとき

$$(Vz, y)=(0, y)=0,\quad (z, x)=0$$

結局すべての $z\in\mathfrak{H}$ に対して

$$(Vz, y)=(z, x), \quad y=Vx\in\mathfrak{N}, \quad x\in\mathfrak{M} \tag{17·2}$$

また $y\in\mathfrak{N}^\perp$ ならば，任意の $z\in\mathfrak{H}$ に対して $Vz\in\mathfrak{N}$ だから

$$(Vz, y)=0=(z, 0) \tag{17·3}$$

ゆえに始めの式 (17·2) から $x=V^*y=V^*Vx$ を得て $V^*\mathfrak{N}=\mathfrak{M}$. またあとの式 (17·3) から $V^*\mathfrak{N}^\perp=0$ を得る.

定理 17·2 $\mathfrak{H}$ における有界作用素 V が準等路離作用素であるための必要かつ十分な条件は VV^*（または V^*V）が射影作用素であることである.

証明 （必要）V が $\mathfrak{M}$ から $\mathfrak{N}$ への準等距離作用素とすれば，$\mathfrak{M}$ への射影を $P(\mathfrak{M})$ として $Vx=VP(\mathfrak{M})x$. ゆえに前定理から

$$V^*Vx=V^*VP(\mathfrak{M})x=P(\mathfrak{M})x$$

（十分）$V^*V=P(\mathfrak{M})$ とすると，$x\in\mathfrak{M}$ ならば $V^*Vx=x$, したがって

$$(Vx, Vx)=(x, V^*Vx)=(x, x), \quad x\in\mathfrak{M}.$$

また $x\in\mathfrak{M}^\perp$ ならば $V^*Vx=P(\mathfrak{M})x=0$, したがって

$$(Vx, Vx)=(x, V^*Vx)=0, \quad x\in\mathfrak{M}^\perp$$

をも得る. だから V は $\mathfrak{M}$ の上で等距離的であり，かつ $\mathfrak{M}^\perp$ の上では 0 になる.

定理 17·3 $\mathfrak{H}$ における加法的閉作用素 A, B が $\mathfrak{D}(A)^a=\mathfrak{H}$, $\mathfrak{D}(B)^a=\mathfrak{H}$ および $A^*A=B^*B$ を満足するならば，$\mathfrak{D}(A)=\mathfrak{D}(B)$ かつ $\mathfrak{M}(A)^a$ から $\mathfrak{M}(B)^a$ への準等距離作用素 W が存在して $B=WA$.

証明 まず $x\in\mathfrak{D}(A^*A)=\mathfrak{D}(B^*B)$ ならば $A^{**}=A$, $B^{**}=B$ を用いて

$$(A^*Ax, x)=(Ax, Ax)=\|Ax\|^2, \quad (B^*Bx, x)=(Bx, Bx)=\|Bx\|^2$$

を得るから $A^*A=B^*B$ によって

$$\|Ax\|=\|Bx\| \tag{17·4}$$

次に A_I を,

$$\mathfrak{D}(A_I)=\mathfrak{D}(A^*A) \text{ かつ } x\in\mathfrak{D}(A_I) \text{ で } A_Ix=Ax$$

によって定義する. すなわち A_I は A の $\mathfrak{D}(A^*A)$ への縮少である. このとき A_I, A のグラフ（第 9 章）について

$$\mathfrak{G}(A_I)^a=\mathfrak{G}(A)^a$$

が成立つ．以下その証明．$\mathfrak{G}(A_I)\subseteqq\mathfrak{G}(A)$ なのだから，$\{x_0, Ax_0\}\in\mathfrak{G}(A)$ が $\mathfrak{G}(A_I)^\perp$ に属するならば $x_0=Ax_0=0$ であることをいえばよい．$\{x_0, Ax_0\}\in\mathfrak{G}(A_I)^\perp$ だから任意の $x\in\mathfrak{D}(A^*A)$ に対して

$$(\{x_0, Ax_0\}, \{y, Ay\})=(\{x_0, Ax_0\}, \{y, A_Iy\})=(x_0, y)+(Ax_0, Ay)$$
$$=(x_0, y+A^*Ay)=0$$

しかも定理 10·4 の証明中に示したごとく $\mathfrak{W}(I+A^*A)=\mathfrak{H}$ であるから，$x_0=0$ したがって $Ax_0=0$ となるのである．

ゆえに任意の $x\in\mathfrak{D}(A)$ に対して $x_n\in\mathfrak{D}(A_I)$ を $\lim_{n\to\infty}x_n=x$, $\lim_{n\to\infty}Ax_n=Ax$ なる如くに選ぶことができる．しかも (17·4) によって $\|A(x_n-x_m)\|=\|B(x_n-x_m)\|$ であるから，$\{Bx_n\}$ が強収束し，B が閉作用素であることから $x\in\mathfrak{D}(B)$ かつ $B\,x=\lim_{n\to\infty}Bx_n$ かくして $\mathfrak{D}(A)=\mathfrak{D}(B)$，かつすべての $x\in\mathfrak{D}(A)=\mathfrak{D}(B)$ に対して $\|Ax\|=\|Bx\|$ の成立つことがわかった．ゆえに Ax に Bx を対応させると，$\mathfrak{W}(A)$ に $\mathfrak{W}(B)$ が 1 対 1 かつ等距離的に対応する．この対応を $\mathfrak{W}(A)^a$ と $\mathfrak{W}(B)^a$ の間の 1 対 1 等距離的対応に，連続性によって，拡張し $\mathfrak{W}(A)^\perp=(\mathfrak{W}(A)^a)^\perp$ においては 0 としたものを W とすると $B=WA$.

定理 17·4 $\mathfrak{D}(A)^a=\mathfrak{H}$ なる加法的閉作用素 A に対して

$$\mathfrak{N}(A)=\{x, Ax=0\}=\mathfrak{W}(A^*)^\perp=(\mathfrak{W}(A^*)^a)^\perp,$$
$$\mathfrak{N}(A^*)=\{x, Ax^*=0\}=\mathfrak{W}(A)^\perp=(\mathfrak{W}(A)^a)^\perp$$

証明 $x\in\mathfrak{D}(A)$, $y\in\mathfrak{D}(A^*)$ ならば $(Ax, y)=(x, A^*y)$. よって $\mathfrak{N}(A)\subseteqq\mathfrak{W}(A^*)^\perp$ は明らかである．逆に $x\in\mathfrak{W}(A^*)^\perp$ とすると，上式から，$Ax\in\mathfrak{D}(A^*)^\perp$. ところが A が閉作用素であるから A^{**} が存在して $=A$. ゆえに $\mathfrak{D}(A^*)^\perp=0$ となって $Ax=0$, すなわち $x\in\mathfrak{N}(A)$.

以上を準備として標題にいう**閉作用素の標準分解** (canonical decomposition) について述べる：

定理 17·5 (J. von Neumann) $\mathfrak{D}(A)^a=\mathfrak{H}$ なる加法的閉作用素 A に対して，自己共役作用素 B と準等距離作用素 W とが

$$A=WB, \quad A^*=BW^*, \quad B^2=A^*A, \tag{17·5}$$
$$\mathfrak{W}(B)^a=\mathfrak{N}(B)^\perp=\mathfrak{N}(A)^\perp=\mathfrak{W}(A^*)^a, \mathfrak{W}(A)^a=\mathfrak{N}(A^*)^\perp \tag{17·6}$$

を満足するように定まる．この表示 $A=WB$ を A の標準分解という．

証明　定理 10·14 によって A^*A は自己共役である．しかも $A^{**}=A$ であるから，$x\in\mathfrak{D}(A^*A)$ に対して $(A^*Ax, x)=(Ax, Ax)\geqq 0$ すなわち A^*A は**正値的作用素**（posive operator）である．よって A^*A のスペクトル分解は $A^*A=\int_0^\infty \lambda dE(\lambda)$ の如くなるから

$$B=\int_0^\infty \sqrt{\lambda}\, dE(\lambda)$$

とおけば，B は自己共役になり（定理 10·5），定理 10·6 におけると同じようにして $B^2=A^*A$ なることがわかる．ゆえに定理 17·3 により $A=WB$ なる準等距離作用素が存在する．これから

$$A^*=(WB)^*=B^*W^*=BW^*$$

を証明することができる．以下その証明．$y\in\mathfrak{D}(A^*)=\mathfrak{D}((WB)^*)$ とすれば，任意の $x\in\mathfrak{D}(B)=\mathfrak{D}(WB)$ に対して

$$(Bx, W^*y)=(WBx, y)=(x, (WB)^*y)$$

したがって $W^*y\in\mathfrak{D}(B^*)$ かつ $B^*W^*y=(WB)^*y$ すなわち

$$(WB)^*\subseteqq B^*W^*=BW^*$$

また逆に $y\in\mathfrak{D}(BW^*)$，したがって $W^*y\in\mathfrak{D}(B^*)$ とすれば，$x\in\mathfrak{D}(B)=\mathfrak{D}(WB)$ に対して $B^*=B$ を用い

$$(WBx, y)=(Bx, W^*y)=(x, B^*W^*y)=(x, B^*W^*y)$$

を得て $y\in\mathfrak{D}((WB)^*)$ かつ $(WB)^*y=BW^*y$ すなわち

$$BW^*\subseteqq(WB)^*$$

よって結局 $WB^*=(WB)^*$ が得られた．

かくして (17·5) が証明せられた．また (17·6) は前定理から得られる．$\mathfrak{R}(B)=\mathfrak{R}(A)$ なることは，定理 17·3 によって，$\mathfrak{D}(A)=\mathfrak{D}(B)$ かつ $x\in\mathfrak{D}(A)=\mathfrak{D}(B)$ ならば $\|Ax\|=\|Bx\|$ が成立つことからわかるのである．

定理 17·6　分解 (17·5) における W, B は次の二性質によって，A に対して一意的に定まる：i) B は自己共役正値的にして $B^2=A^*A$，ii) W は有界にしてかつ $\mathfrak{R}(B)\subseteqq\mathfrak{R}(W)$．

証明 まず自己共役正値的な B のスペクトル分解を $\int_0^\infty \lambda dF(\lambda)$ とすると

$$E(\lambda)=F(\sqrt{\lambda}),\ \lambda\geqq 0\ ;\quad E(\lambda)=0,\ \lambda<0 \tag{17·7}$$

によって単位の分解 $\{E(\lambda)\}$ が定まる．自己共役作用素 $\int_0^\infty \lambda dE(\lambda)=C$ が A^*A に等しいことを示そう．$x\in\mathfrak{D}(C)$ は

$$\int_0^\infty \lambda^2 d\|E(\lambda)x\|^2=\int_0^\infty \lambda^2 d\|F(\sqrt{\lambda})x\|^2=\int_0^\infty \lambda^4 d\|F(\lambda)x\|^2<\infty$$

と同等であるが，$\lambda^2\leqq\dfrac{1}{2}+\dfrac{1}{2}\lambda^4$ によって，

$$\int_0^\infty \lambda^4 d\|F(\lambda)x\|^2<\infty \ \text{ならば}\ \int_0^\infty \lambda^2 d\|F(\lambda)x\|^2<\infty$$

であるから，$x\in\mathfrak{D}(C)$ ならば $x\in\mathfrak{D}(B)$ である．しかもこのとき $F(\lambda)F(\mu)=F(\min(\lambda,\mu))$ で

$$\int_0^\infty \lambda^2 d\|F(\lambda)Bx\|^2=\int_0^\infty \lambda^2 d\left\|F(\lambda)\left\{\int_0^\infty \mu dF(\mu)x\right\}\right\|^2$$

$$=\int_0^\infty \lambda^2 d\left\|\int_0^\lambda \mu dF(\mu)x\right\|^2=\int_0^\infty \lambda^4 d\|F(\lambda)x\|^2<\infty$$

を得るから $B(Bx)=B^2x$ が定義される．すなわち $x\in\mathfrak{D}(C)$ ならば $x\in\mathfrak{D}(B^2)$．しかも上と同じような計算で

$$(B^2x,y)=(B(Bx),y)=\int_0^\infty \lambda d(F(\lambda)Bx,y)=\int_0^\infty \lambda^2 d(F(\lambda)x,y)$$

$$=\int_0^\infty \lambda d(F(\sqrt{\lambda})x,y)=\int_0^\infty \lambda d(E(\lambda)x,y)=(Cx,y)$$

を得るから，$B^2x=Cx$．自己共役な B^2 が自己共役な C の拡張であることがいえたから $B^2=C$．

ゆえに自己共役かつ正値的な $B=\int_0^\infty \lambda dF(\lambda)$ が $B^2=A^*A$ を満足したとすると，$C=A^*A$ のスペクトル分解 $\int_0^\infty \lambda dE(\lambda)$ に対して (17·7) が成立つ．すなわち i) を満足ような B は A に対して一意的に定まる．

次に $A=WB$ だから，W の値は $\mathfrak{W}(B)$ の上では一意的に定まる．しかも ii) によって $\mathfrak{N}(B)$ の上では $W=0$ であるが，定理 17·5 における如くして

$\mathfrak{W}(B)^a=\mathfrak{N}(B)^\perp$ であるから $\mathfrak{W}(B)^a$ と $\mathfrak{N}(B)^\perp$ との張る空間が $\mathfrak{H}$ 自身と一致し，したがって有界作用素 W が一意的に定まるわけである．

証明を完結するためには A の標準分解における W が上の ii) を満足することをいっておかねばならないが，これは (17·6) から得る $\mathfrak{W}(B)^\perp=\mathfrak{N}(B)$ と，定理 17·3 の証明からわかるように，W が $(\mathfrak{W}(B)^a)^\perp=\mathfrak{W}(B)^\perp$ で 0 になることから明らかである．

17·2 正規作用素の複素スペクトル分解

正規作用素の定義 $\mathfrak{D}(A)^a=\mathfrak{H}$ なる加法的作用素 A が i) 閉作用素で，かつ ii) $A^*A=AA^*$ を満足するときに A を**正規作用素** (normal operator) という．

定理 17·7 $\mathfrak{D}(A)^a=\mathfrak{H}$ なる如き加法的閉作用素 A が正規であるための必要かつ十分な条件は，A と A^* とが**ノルム同等** (metrically equal) であること．すなわち

$$\mathfrak{D}(A)=\mathfrak{D}(A^*) \text{ かつ } \mathfrak{D}(A) \text{ に属する } x \text{ に対してつねに } \|Ax\|=\|A^*x\| \tag{17·8}$$

が成立つことである．

証明 必要なことは，定理 17·3 において $B^*=A$ (すなわち $B=B^{**}=A^*$) とおいて，(17·4) からわかる．

(十分) 仮定から $\mathfrak{N}(A)=\mathfrak{N}(A^*)$．ゆえに $B=A^*$ とおいて定理 17·3 の証明と同様にして $A^*=WA$ なる如き準等距離作用素 W の存在することがわかる．これから (17·5) を得た如くして $A=A^*W^*$ を，したがって $AA^*=A^*W^*WA$ が得られる．ところが，定理 17·1 によって $x\in\mathfrak{D}(A)$ ならば $W^*WAx=Ax$ であるから $AA^*=A^*A$.

系 対称閉作用素 H が正規であるためには H が自己共役であることが必要かつ十分である．

証明 (十分) は明らか．(必要) H が正規ならば $\mathfrak{D}(H)=\mathfrak{D}(H^*)$．したがって H の対称性 $H\subseteqq H^*$ から $H=H^*$ でなければならない．

正規作用素の例 二次元のユークリッド空間 E^2 において二乗可積分な函数

$f(z)=f(x,y)$, $z=x+iy$, の全体が作る Hilbert 空間を $L_2(E^2)$ とする. $f(z)\in L_2(E^2)$ かつ $zf(z)\in L_2(E^2)$ であるような $f(z)$ に $zf(z)$ を対応させるような作用素 A ($Af(z)=zf(z)$) は正規である. p.61 の例1とほぼ同じようにして A^* が, $f(z)\in\mathfrak{D}(A)=\mathfrak{D}(A^*)$ に $\bar{z}f(z)$ を対応させる作用素であることを証明できるからである.

定理 17·8　正規作用素 A に対して

$$H_1=2^{-1}(A+A^*),\quad H_2=(2i)^{-1}(H-H^*) \tag{17·9}$$

とおけば, H_1 も H_2 もともに自己共役であってかつ

$$A=H_1+iH_2,\quad H_1H_2=H_2H_1 \tag{17·10}$$

証明　前定理で $\mathfrak{D}(A)=\mathfrak{D}(A^*)$ また A が閉作用素ということから $A^{**}=A$. ゆえに $H_1^*=H_1$, $H_2^*=H_2$ は明らかである. 次に $AA^*=A^*A$ から

$$H_1H_2=\frac{1}{4i}(A+A^*)(A-A^*)=\frac{1}{4i}(A-A^*)(A+A^*)=H_1H_2$$

定理 17·9　H_1, H_2 が自己共役で $\mathfrak{D}(H_1)=\mathfrak{D}(H_2)$ が $H_1H_2=H_2H_1$ ならば $A=H_1+iH_2$ は正規である.

証明　$A^*=H_1^*+(iH_2)^*=H_1-iH_2$ であるから $H_1H_2=H_2H_1$ によって $AA^*=A^*A$.

定理 17·10　前定理の自己共役作用素 H_1, H_2 のスペクトル分解を $H_1=\int_{-\infty}^{\infty}\lambda dE_1(\lambda)$, $H_2=\int_{-\infty}^{\infty}\lambda dE_2(\lambda)$ とすれば

$$\text{すべての } \lambda,\mu \text{ に対して } E_1(\lambda)E_2(\mu)=E_2(\mu)E_1(\lambda) \tag{17·11}$$

が成立つ.

証明　(H_2+iI) が有界な逆作用素 $(H_2+iI)^{-1}$ をもつ (定理 15·1) のだから $I=(H_2+iI)(H_2+iI)^{-1}$. ゆえに

$$H_1=H_1(H_2+iI)(H_2+iI)^{-1}$$

ところが $H_1H_2=H_2H_1$ であるから

$$H_1=(H_2+iI)H_1(H_2+iI)^{-1}$$

したがって

$$(H_2+iI)^{-1}H_1=(H_2+iI)^{-1}(H_2+iI)H_1(H_2+iI)^{-1}=H_1(H_2+iI)^{-1}$$

ゆえに再び $H_1H_2=H_2H_1$ を用い

$$(H_2-iI)(H_2+iI)^{-1}H_1=(H_2-iI)H_1(H_2+iI)^{-1}=H_1(H_2-iI)(H_2+iI)^{-1}$$

すなわち H_2 の Cayley 変換 $U_{H_2}=(H_2-iI)(H_2+iI)^{-1}$ に対して

$$U_{H_2}H_1=H_1U_{H_2}$$

これからと同じようにして H_1 の Cayley 変換 $U_{H_1}=(H_1-iI)(H_1+iI)^{-1}$ に対して

$$U_{H_2}U_{H_1}=U_{H_1}U_{H_2} \tag{17·12}$$

ところが，定理 10·11 の証明に示された如く

$$\left.\begin{aligned} U_{H_1}&=\int_0^1 e^{2\pi i\theta}dF_1(\theta),\quad F_1(\theta)=E_1(\lambda) \\ && (\text{ただし }\lambda=-\mathrm{cotag}\,\pi\theta) \\ U_{H_2}&=\int_0^1 e^{2\pi i\theta}dF_2(\theta),\quad F_2(\theta)=E_2(\lambda) \end{aligned}\right\} \tag{17·13}$$

であるから，(17·12)-(17·13) から

すべての $\theta,\varphi(0\leqq\theta,\varphi\leqq1)$ に対して $F_1(\theta)F_2(\varphi)=F_2(\varphi)F_1(\varphi)$ (17·11)′

がいえればよい．

(7·11)′ の証明．(17·12) から $U_{H_1}^{-1}U_{H_2}U_{H_1}=U_{H_2}=U_{H_1}U_{H_1}^{-1}U_{H_2}$ したがって $U_{H_1}^{-1}U_{H_2}=U_{H_1}^{-1}U_{H_2}U_{H_1}U_{H_1}^{-1}=U_{H_2}U_{H_1}^{-1}U_{H_1}U_{H_1}^{-1}=U_{H_2}U_{H_1}^{-1}$ を得る．ゆえに (17·12) から

$$U_{H_2}^nU_{H_1}^m=U_{H_1}^mU_{H_2}^n \quad (n,m=0,\pm1,\pm2,\cdots) \tag{17·12)′$$

ゆえに，$e^{2\pi i\theta}$ および $e^{-2\pi i\theta}$ の任意の多項式 $p(\theta)$ に対して

$$p(U_{Hj})=\int_0^1 p(\theta)dF_j(\theta) \quad (j=1,2)$$

なること（(10·12) を用いよ）から，$p_1(\theta),p_2(\theta)$ を $e^{2\pi i\theta}$ および $e^{-2\pi i\theta}$ の多項式とするとき

$$\int_0^1 p_1(\theta)dF_1(\theta)\cdot\int_0^1 p_2(\varphi)dF_2(\varphi)=\int_0^1 p_2(\varphi)dF_2(\varphi)\int_0^1 p_1(\theta)dF_1(\theta) \tag{17·12)″$$

よって 1 を週期とする任意の連続函数 $f_1(\theta),f_2(\theta)$ に対して

$$\int_0^1 f_1(\theta)dF_1(\theta)\int_0^1 f_2(\varphi)dF_2(\varphi)=\int_0^1 f_2(\varphi)dF_2(\varphi)\cdot\int_0^1 f_1(\theta)dF_1(\theta) \tag{17·12)'''$$

の成立つことがわかる（定理 8·4 の証明中における如くして）．ここにおいて $0<\theta_0<1,\ 0<\varphi_0<1$ とし

$$f_1(\theta)=f_{1,n}(\theta)=\begin{cases}1, & 0\leqq\theta\leqq\theta_0 \text{ において}\\ 0, & \theta_0+n^{-1}\leqq\theta\leqq 1,\end{cases}$$

$f_1(\theta)$ は $\theta_0\leqq\theta\leqq\theta_0+n^{-1}$ においては θ の1次函数，

また $f_2(\theta)=f_{2,n}(\theta)$ は $f_{1,n}(\theta)$ の上の定義において θ_0 の代りに φ_0 をとったものとする．このようにして (17·12)''' において $n\to\infty$ ならしめると，定理 8·4 の証明中における如くして

$$(F_1(\theta_0)-F_1(0))(F_2(\varphi_0)-F_2(0))=(F_2(\varphi_0)-F_2(0))(F_1(\theta_0)-F_1(0))$$

すなわち $F_1(\theta_0)F_2(\varphi_0)=F_2(\varphi_0)F_1(\theta_0)$ を得る．

系 1 正規作用素 $A=H_1+iH_2$ ($H_1=H_1^*,\ H_2=H_2^*,\ \mathfrak{D}(H_1)=\mathfrak{D}(H_2)$) に対して，$H_1=\int_{-\infty}^{\infty}\lambda dE_1(\lambda)$，$H_2=\int_{-\infty}^{\infty}\lambda dE_2(\lambda)$ として

$$E(z)=E_1(\Re z)E_2(\Im m z)\quad (z \text{ は複素数}) \tag{17·14}$$

とおけば $E(z)$ 射影作用素で

$$\left.\begin{aligned}&E(z_1)E(z_2)=E(z_3),\ \text{ただし}\\ &\Re z_3=\min(\Re z_1, \Re z_2),\ \Im m z_3=\min(\Im m z_1, \Im m z_2)\end{aligned}\right\} \tag{17·15}$$

$$\Re\zeta\geqq 0, \Im m\zeta\geqq 0 \text{ で } \zeta\to 0 \text{ なるとき } \lim E(z+\zeta)=E(z)\ (\text{強}) \tag{17·16}$$

$$\Re z\to-\infty \text{ または } \Im m z\to-\infty \text{ なるとき } \operatorname{lin} E(z)=0\ (\text{強}) \tag{17·17}$$

$$\Re z\to\infty \text{ および } \Im m z\to\infty \text{ なるとき } \lim E(z)=I\ (\text{強}) \tag{17·18}$$

が成立つ．複素数 z に対して定義せられた射影作用素の系 $\{E(z)\}$ が (17·15)-(17·18) を満足するときに $\{E(z)\}$ を**複素単位分解** (compex resolution of the identity) という．

証明 $\{E_1(\lambda)\}, \{E_2(\lambda)\}$ が単位の分解であることと，(17·11) から明らかである．

系 2 正規作用素 $A=H_1+iH_2$ ($H_1=H_1^*, H_2=H_2^*, \mathfrak{D}(H_1)=\mathfrak{D}(H_2)$) はそ

の複素単位分解 $\{E(z)\}$ によって

$$A=\iint zdE(z)$$

と表わされる．すなわち

$$\mathfrak{D}(A)=\left\{f\,;\int_{-\infty}^{\infty}\int_{-\infty}^{\infty}|z|^2d(E(z)f,f)<\infty\right\} \tag{17·19}$$

で，かつかかる $f\epsilon\mathfrak{D}(A)$ と任意の $g\epsilon\mathfrak{H}$ に対して

$$(Af,g)=\int_{-\infty}^{\infty}\int_{-\infty}^{\infty}zd(E(z)f,g),\quad z=x+iy \tag{17·20}$$

証明 $z=x+iy$ とおくと

$$\int_{-\infty}^{\infty}\int_{-\infty}^{\infty}x^2d(E(z)f,f)=\int_{-\infty}^{\infty}x^2d(E_1(x)f,f),$$

$$\int_{-\infty}^{\infty}\int_{-\infty}^{\infty}y^2d(E(z)f,f)=\int_{-\infty}^{\infty}y^2d(E_2(y)f,f)$$

となるから，$\mathfrak{D}(A)=\mathfrak{D}(H_1)=\mathfrak{D}(H_2)$ となって (17·19) は容易にわかる．また $f\epsilon\mathfrak{D}(A)=\mathfrak{D}(H_1)=\mathfrak{D}(H_2)$ ならば任意の $g\epsilon\mathfrak{H}$ に対して

$$(H_1f,g)=\int_{-\infty}^{\infty}\lambda d(E_1(\lambda)f,g)=\int_{-\infty}^{\infty}\int_{-\infty}^{\infty}\Re zd(E(z)f,g),$$

$$i(H_2f,g)=i\int_{-\infty}^{\infty}\lambda d(E_2(\lambda)f,g)=\int_{-\infty}^{\infty}\int_{-\infty}^{\infty}\Im m zd(E(z)f,g)$$

となることから A の複素スペクトル分解 (17·20) も得られる．

注 逆に (17·15)–(17·18) を満足する複素単位分解 $\{E(z)\}$ が与えられたとき，(17·19)–(17·20) によって正規作用素 A が定義せられることもわかる（定理 10·5 の如くして）．すなわち正規作用素というのは，それに対してスペクトル分解を定義し得る最も一般な作用素というこがとできるわけである．自己共役作用素の場合と同じように，正規作用素 $A=\iint zdE(z)$ に対して複素数 $z_0=\lambda_0+i\mu_0$ が A の固有値であるための必要かつ十分な条件は

$$\lim_{\lambda\uparrow\lambda_0,\,\mu\uparrow\mu_0}E(\lambda+i\mu)\neq E(\lambda_0+\mu_0)$$

であること，および z_0 に属する A の固有空間への射影作用素が

$$E(\lambda_0,\mu_0)-\lim_{\lambda\uparrow\lambda_0,\,\mu\uparrow\mu_0}E(\lambda+i\mu)$$

で与えられることを示すことができる.

複素スペクトル分解の例 §17·2 に与えた正規作用素 $A(Af(z)=zf(z))$に対しては，そのスペクトル分解 $A=\iint zdE(z)$ は

$$E(\alpha+i\beta)f(x+iy)=\begin{cases} f(y+iy), & x\leqq\alpha \text{ かつ } y\leqq\beta \text{ なるとき} \\ 0, & x>\alpha \text{ または } y>\beta \text{ なるとき} \end{cases}$$

で与えられることがわかる. このとき

$$\int_{-\infty}^{\infty}\int_{-\infty}^{\infty}|\alpha+i\beta|^2 d\|E(\alpha+i\beta)f(x+iy)\|^2$$
$$=\int_{-\infty}^{\infty}\int_{-\infty}^{\infty}(\alpha^2+\beta^2)d_{\alpha,\beta}\left(\int_{-\infty}^{\alpha}\int_{-\infty}^{\beta}|f(x+iy)|^2dxdy\right)$$
$$=\int_{-\infty}^{\infty}\int_{-\infty}^{\infty}(\alpha^2+\beta^2)|f(\alpha+i\beta)|^2 d\alpha d\beta,$$

$$\int_{-\infty}^{\infty}\int_{-\infty}^{\infty}(\alpha+i\beta)d(E(\alpha+i\beta)f(x+iy), g(x+iy))$$
$$=\int_{-\infty}^{\infty}\int_{-\infty}^{\infty}(\alpha+i\beta)d_{\alpha,\beta}\left(\int_{-\infty}^{\alpha}\int_{-\infty}^{\beta}f(x+iy)\overline{g(x+iy)}dxdy\right)$$
$$=\int_{-\infty}^{\infty}\int_{-\infty}^{\infty}(\alpha+i\beta)f(\alpha+i\beta)\cdot\overline{g(\alpha+i\beta)}d\alpha d\beta$$

が成立つからである.

Browder の問題 $\mathfrak{D}(A)^a=\mathfrak{H}_1$ なる加法的作用素 A が条件：

$$\mathfrak{D}(A)\subseteqq\mathfrak{D}(A^*) \text{ かつ } x\in\mathfrak{D}(A) \text{ ならば } \|Ax\|=\|A^*x\| \tag{17·21}$$

を満足するときに，A を**準正規作用素** (quasi-normal operator) とでもよべば，準正規作用素 A に対して，$\mathfrak{H}_1$ を閉部分空間として含む Hilbert 空間 $\mathfrak{H}$ および $\mathfrak{H}$ における正規作用素 $\tilde{A}$ を作って，A を $\mathfrak{H}$ における作用素と考えたとき $\tilde{A}$ が A の拡張になっているようにできないか，これが Browder の問題である. もしこれが肯定的に解決されたならば，それは Neumark の理論（第 16 章）を一般化したものになるわけである.

第 18 章　作用素の函数

自己共役作用素またはユニタリ作用素あるいはなお一般に正規作用素 A が与えられたとき，A のスペクトル分解 $A=\int_{-\infty}^{\infty}\int_{-\infty}^{\infty} z dE(z)$ を利用して，A の函数と呼ばれる作用素

$$f(A)=\int_{-\infty}^{\infty}\int_{-\infty}^{\infty} f(z)dE(z),\quad z=x+iy$$

を定義することができて

$$f_1(A)f_2(A)=\int_{-\infty}^{\infty}\int_{-\infty}^{\infty} f_1(z)f_2(z)dE(z),$$

$$f_1(A)+f_2(A)=\int_{-\infty}^{\infty}\int_{-\infty}^{\infty} \{f_1(z)+f_2(z)\}dE(z)$$

$$f_1(A)^*=\int_{-\infty}^{\infty} \overline{f_1(z)}dE(z)$$

などの作用素解析（operational calculus）を展開することができる．

以下には簡単のために自己共役作用素 H の函数を述べることにする．正規作用素の函数についてもほぼ同じように論ずることができる．

18·1　自己共役作用素の函数の定義

自己共役作用素の函数の定義　自己共役作用素 H のスペクトル分解を $H=\int_{-\infty}^{\infty}\lambda dE(\lambda)$ とする．$(-\infty,\infty)$ において Borel 可測な複素数値函数 $f(\lambda)$[1)]に対して，Lebesgue–Stieltjes 式積分

$$\int_{-\infty}^{\infty}|f(\lambda)|^2 d\|E(\lambda)x\|^2$$

が存在し，かつ有限であるような $x\in\mathfrak{H}$ の全体を $\mathfrak{D}(f(H))$ と書けば，Lebesgue–Stieltjes 式積分

$$\int_{-\infty}^{\infty} f(\lambda)d(E(\lambda)x,y),\quad x\in\mathfrak{D}(f(H)),\quad y\in\mathfrak{H} \qquad (18\cdot1)$$

が存在して有限である．証明は定理 10·4 と同じようにしてやればよい．(18·1)

---

1)　$\mathfrak{R}f(\lambda)=u_1(\lambda)$，$\mathfrak{I}m f(\lambda)=u_2(\lambda)$ とおくとき，任意の $\alpha<\beta$ に対して $\{\lambda;\alpha<u_j(\lambda)<\beta\}$ $(j=1,2)$ が $(-\infty,\infty)$ の上の Borel 集合であること．

が y の有界な加法的汎函数の共役複素数になっていることも，定理 10·4 と同じようにしてわかるから，これを $(f(H)x,y)$ の形に書くことができる (Riesz の定理 2·6 による)．だから (18·1) によって H の函数

$$f(H)=\int_{-\infty}^{\infty}f(\lambda)dE(\lambda) \tag{18·2}$$

が定義されるのである．すなわち

$$(f(H)x,y)=\int_{-\infty}^{\infty}f(\lambda)d(E(\lambda)x,y),\ \text{ただし}\,x\in\mathfrak{D}(f(H)),\,y\in\mathfrak{H} \tag{18·1'}$$

例 1. H が有界かつ $f(\lambda)$ が多項式 $\sum_j\alpha_j\lambda^j$ ならば，(10·12) からわかるように，

$$f(H)=\int_{-\infty}^{\infty}f(\lambda)dE(\lambda)=\sum_j\alpha_jH^j$$

例 2. $f(\lambda)=(\lambda-i)/(\lambda+i)$ とすれば $f(H)$ は H の Cayley 変換 U_H に等しい．

証明 λ が実数とすると $|(\lambda-i)/(\lambda+i)|=1$ であるから $\mathfrak{D}(f(H))=\mathfrak{H}$ となる．そして

$$\int_{-\infty}^{\infty}\frac{\lambda-i}{\lambda+i}dE(\lambda)$$

に有界作用素 $(H+iI)^{-1}=\int_{-\infty}^{\infty}(\lambda+i)^{-1}dE(\lambda)$ を施した結果が $(H-iI)^{-1}=\int_{-\infty}^{\infty}(\lambda-i)^{-1}dE(\lambda)$ になることの証明は，定理 11·2 の i) の証明と同様にしてわかる．

例 3. (10·11) を得たと同様にして

$$x\in\mathfrak{D}(f(H))\ \text{ならば}\ \|f(H)x\|^2=\int_{-\infty}^{\infty}|f(\lambda)|^2d\|E(\lambda)x\|^2 \tag{18·3}$$

例 4. $f(\lambda)=\arctan\lambda$ とすると，$f(\lambda)$ が有界 $(|f(\lambda)|\leqq\pi/2)$ だから，$H'=\arctan H$ は有界で，(18·3) からわかるように

$$\|H'\|=\|\arctan H\|\leqq\pi/2$$

このとき $\mu=\arctan\lambda$, $E(\tan\mu)=F(\mu)$ とおくと $F(\mu)$ も単位の分解になって

$$H'=\int_{-\infty}^{\infty}\arctan\lambda dE(\lambda)=\int_{-\pi/2}^{\pi/2}\mu dF(\mu)$$

これから容易にわかるように

$$\tan H'=\int_{-\pi/2}^{\pi/2}\tan\mu dF(\mu)=\int_{-\infty}^{\infty}\lambda dE(\lambda)=H$$

作用素の函数をなおくわしく論ずるためには，（必らずしも有界でない）加法的作用素 A と有界加法的作用素 B の**可換性**（commutativity）：

$$AB\supseteqq BA \tag{18·4}$$

を定義しておく必要がある．(18·4) は

$$x\in\mathfrak{D}(A) \text{ ならば } Bx\in\mathfrak{D}(A) \text{ かつ } ABx=BAx \tag{18·5}$$

を意味する．だから A, B ともに有界作用素ならば，(18·4) は普通の意味の可換性 $AB=BA$ と同義である．

上の (18·4) の意味で A と可換な有界作用素の全体を $(A)'$ と書くことにすると

定理 18·1 自己共役作用素 H の函数 $f(H)$ に対して

$$(f(H))'\supseteqq(H)' \tag{18·6}$$

すなわち $f(H)$ は H と可換な有界作用素のすべてと可換である．ゆえに，とくに定理 10·5 によって，$f(H)$ は H の単位の分解 $E(\kappa)$ と可換である．

証明 $S\in(H)'$ とすると S は $E(\lambda)$ と可換である．まず S は H の Cayley 変換 U_H と可換である．なんとなれば，$x\in\mathfrak{D}(H)$ なるとき $S\in(H)'$ により

$$S(H+iI)x=(H+iI)Sx, \quad (H-iI)Sx=S(H-iI)x$$

始めの式に $(H+iI)^{-1}$ を施しついで $y=(H+iI)x$ とおいて，すべての $y\in\mathfrak{H}=\mathfrak{W}(H+iI)$ に対して $(H+iI)^{-1}Sy=S(H+iI)^{-1}y$ すなわち．$(H+iI)^{-1}S=S(H+iI)^{-1}$．ゆえに

$$S(H-iI)(H+iI)^{-1}=(H-iI)(H+iI)^{-1}S, \text{ すなわち } SU_H=U_HS$$

だから S が $U_H{}^n=\int_0^1 e^{2\pi in\theta}dF(\theta)$ $(n=0,\pm1,\pm2,\cdots)$ と可換になって

$$\int_0^1 e^{2\pi in\theta}d(SF(\theta)x,y)=\left(S\int_0^1 e^{2\pi in\theta}dF(\theta)x,y\right)$$

$$=\int_0^1 e^{2\pi in\theta}d(F(\theta)Sx,y)$$

ゆえに定理 8·5 における一意性の証明と同様にして

$$SF(\theta)=F(\theta)S$$

したがって $E(-\mathrm{cotan}\,\pi\theta)=F(\theta)$ によって S は $E(\lambda)$ と可換である.

次に $x\in\mathfrak{D}(f(H))$ ならば $SE(\lambda)=E(\lambda)S$ によって

$$\left(S\int f(\lambda)dE(\lambda)x, y\right)=\int f(\lambda)d(SE(\lambda)x, y)=\int f(\lambda)d(E(\lambda)Sx, y)$$

すなわち $Sf(H)\subseteqq f(H)S$ を得る.

18·2 Neumann–Riesz–Mimura の定理

定理 18·1 の逆は次の形に成立つ.

定理 18·2 (Neumann–Riesz–Mimura の定理) 可分な Hilbert 空間 $\mathfrak{H}$ においては, $\mathfrak{D}(T)^a=\mathfrak{H}$ であるような閉加法的作用素 T が, 自己共役な $H=\int\lambda dE(\lambda)$ の, 到る所有限な $f(\lambda)$ による函数 $f(H)$ であるための必要かつ十分な条件は

$$(T)'\supseteqq(H)' \tag{18·7}$$

である.

証明 (十分) なことをいえばよいが, その際に H が有界としても一般性を失はない. もし H が有界でないときは有界な

$$H_1=\arctan H$$

を考えると, 定理 18·1 によって, $H=\tan H_1$ は $(H_1)'$ に属するすべての作用素可換である. したがって, 定理の仮定 (18·7) から,

$$(T)'\supseteqq(H)'\supseteqq(H_1)'$$

となり, 有界な H_1 に対して定理が成立つとすれば $T=f_1(H_1)=f_1(\arctan H)=f_2(H)$, ただし $f_2(\lambda)=f_1(\arctan\lambda)$.

だから以下 H は有界として (十分) なことを証明しよう.

(第一段) 各 $x_0\in\mathfrak{D}(T)$ に対して Borel 可測な $F(\lambda)$ を定めて $Tx_0=F(H)x_0$ ならしめ得る. 証明. $x_0, Hx_0, H^2x_0, \cdots, H^nx_0, \cdots$ を含む最小の閉部分空間を $\mathfrak{M}(x_0)$, $\mathfrak{M}(x_0)$ への射影を L とすると

$$(T)'\in L$$

である. まず明らかに $H\mathfrak{M}(x_0)\subseteqq\mathfrak{M}(x_0)$ であるから $HL=LHL$, したがって

$LH=(HL)^*=(LHL)^*=LHL=HL$ を得て $L\in(H)'$. だから仮定 (18·7) によって $(T)'\ni L$.

ゆえに

$$Tx_0=TLx_0=LTx_0\in\mathfrak{M}(x_0)$$

となり，したがって多項式の列 $\{p_n(\lambda)\}$ が存在して

$$Tx_0=\lim_{n\to\infty}p_n(H)x_0 \quad (\text{強}) \tag{18·8}$$

ところが，(18·3) によって

$$\|p_n(H)x_0-p_m(H)x_0\|^2=\int_{-\infty}^{\infty}|p_n(\lambda)-p_m(\lambda)|^2d\|E(\lambda)x_0\|^2$$

であるから，上式は $n, m\to\infty$ なるとき 0 に収束する．だから $L_2(\alpha,\beta)$ の完備性の証明（定理 1·3）と同様にして，λ の単調増加有界函数 $\|E(\lambda)x_0\|^2$ から作られる Lebesgue-Stieltjes 式測度に[1] 関して 2 乗可積分であるような Borel 可測函数 $F(\lambda)$ が存在して

$$\lim_{m\to\infty}\int|p_m(\lambda)-F(\lambda)|^2d\|E(\lambda)x_0\|^2=0$$

ゆえに $F(H)$ に対して

$$\lim_{m\to\infty}\|(p_m(H)-F(H))x_0\|^2=\lim_{m\to\infty}\int|p_m(\lambda)-F(\lambda)|^2d\|E(\lambda)x_0\|^2=0$$

が成立ち，(18·8) から $Tx_0=F(H)x_0$.

上の $F(\lambda)$ は測度 $\|E(\lambda)x_0\|^2$ に関してほとんど到る所有限値をとる Borel 可測函数であるから，$F(\lambda)$ の定義せられていないような λ や $|F(\lambda)|=\infty$ なる λ では $F(\lambda)=0$ とおいて，$F(\lambda)$ は到る所有限値をとる Borel 可測函数としても差支えない．

（第二段）$\mathfrak{H}$ が可分であるから，$\mathfrak{D}(T)\subseteqq\mathfrak{H}$ において稠密な可算点列 $g_1, g_2, \cdots, g_n, \cdots$ が存在する．$\mathfrak{D}(T)^a=\mathfrak{H}$ であるから $\{g_n\}$ は $\mathfrak{H}$ においても稠密である．

$$f_1=g_1, f_2=g_2-L_1g_2, \cdots, f_n=g_n-\sum_{k=1}^{n-1}L_kg_n \tag{18·9}$$

---

1) 以下このような測度を測度 $\|E(\lambda)x_0\|^2$ と略称する．

とおく，ここに L_k は閉部分空間 $\mathfrak{M}(f_k)$ への射影である．第一段によって $L_k\in(H)'$ であるから，L_k は T と可換である．ゆえに

$L_kg_n\in\mathfrak{D}(T)$ したがって，また $f_n\in\mathfrak{D}(T)$ $(n=1,2,\cdots)$ (18·10)

この L_k について

$$L_iL_k=0\ (i\neq k) \tag{18·11}$$

$$I=\sum_{k=1}^{\infty}L_k \tag{18·12}$$

を示そう．

まず (18·11) が $i,k<n$ に対してはすでに証明せられたと仮定すると，$i<n$ のとき

$$L_if_n=L_ig_n-L_i(\sum_{k=1}^{n-1}L_kg_n)=L_ig_n-L_i^2g_n=L_ig_n-L_ig_n=0,$$

$$L_iH^{k'}f_n=H^{k'}L_if_n=0$$

を得るから，$H^{k'}f_n$ の形の点したがって $\mathfrak{M}(f_n)$ は $\mathfrak{M}(f_i)$ に直交する．だから $L_iL_n=L_nL_i$.

次に (18·12) をいうには，$\sum_{k=1}^{\infty}L_k=P$ とおいて $Pg_n=g_n$ $(n=1,2,\cdots)$ がいえればよい．$\{g_n\}$ が $\mathfrak{H}$ において稠密であるからである．ところが，(18·9) によって

$$Pg_n=Pf_n+\sum_{k=1}^{n-1}PL_kg_n$$

であるが，$f_n\in\mathfrak{M}(f_n)$ によって $Pf_n=f_n$, および (18·11) によって $PL_k=L_k$ であるから (18·12) が成立つ．

（第三段）正数列 $\{c_n\}$ を

$$\sum_{n=1}^{\infty}c_nf_n,\quad \sum_{n=1}^{\infty}c_nT_nf_n$$

がともに強収束するように選ぶ．たとえば

$$c_n=2^{-n}(\|f_n\|+\|Tf_n\|)^{-1}$$

ととればよい．T が閉作用素であるから

$$x_0=\sum_{n=1}^{\infty}c_nf_n\in\mathfrak{D}(T)\ \text{かつ}\ T_0x=y_0=\sum_{n=1}^{\infty}c_nTf_n \tag{18·13}$$

である．ゆえに〔第一段〕で

$$Tx_0=F(H)x_0 \tag{18·14}$$

ここにおいて B を $(H)'$ に属する自己共役（有界）作用素とすると，定理の仮定から T は B と可換，また定理 18·1 によって $F(H)$ は B と可換である．ゆえに

$$F(H)Bx_0=BF(H)x_0=BTx_0=TBx_0 \tag{18·15}$$

$e_n(\lambda)$ を $\{\lambda\,;\,|F(\lambda)|\leqq n\}$ の定義函数[1]とし

$$B=c_m{}^{-1}P_nH^kL_m,\quad \text{ただし}\ P_n=e_n(H) \tag{18·16}$$

ととってみると，

$$TP_n=F(H)P_n \tag{18·17}$$

が成立つことがわかる．

まず $f_m\in\mathfrak{M}(f_m)$ と (18·11) とによって，$L_mx_0=\sum_{n=1}^{\infty}c_nL_mf_n=c_mf_m$ であるから，(18·15) により

$$\begin{aligned}F(H)P_nH^kf_m&=F(H)c_m{}^{-1}P_nH^kL_mx_0=F(H)Bx_0=TBx_0\\&=Tc_m{}^{-1}P_nH^kL_mx_0=TP_nH^kf_m\end{aligned}$$

すなわち m を定めて k を動かしたときの H^kf_m の一次結合であるような h に対しては

$$F(H)P_nh=TP_nh \tag{18·17$'$}$$

ところが，このような h は $\mathfrak{M}(f_m)$ において稠密であり，なおまた m をも動かすならば，h は $\mathfrak{H}$ において稠密なことが (18·12) からわかる．

P_n は，(18·3) によって，有界であるが，$F(H)P_n$ もまた有界である．$F(H)P_n$ は，

$$\begin{aligned}F_n(\lambda)=F(\lambda)e_n(\lambda)&=F(\lambda),\quad |F(\lambda)|\leqq n\ \text{のとき}\\&=0,\qquad\ \ |F(\lambda)|>n\ \text{のとき}\end{aligned}$$

なる $F_n(\lambda)$ によって定義せられた $F_n(H)$ に等しいから，(18·3) によって $F_n(H)=F(H)P_n$ は有界なのである．

任意の $h^*\in\mathfrak{H}$ に対して H^kf_m の形の元の一次結合 h_i の列で $\lim_{i\to\infty}h_i=h^*$ と

1) $|F(\lambda)|\leqq n$ または $|F(\lambda)|>n$ にしたがって，$e_n(\lambda)=1$ または $e_n(\lambda)=0$.

なるものをとると，$F(H)P_n$ の連続性から

$$F(H)P_n h^* = \lim_{i\to\infty} F(H)P_n h_i$$

ところが $\lim_{i\to\infty} P_n h_i = P_n h^*$ であるから，(18・17)′ と T の閉作用素なことを使うと，上式から (18・17) がいえる．

（第四段）$y \in \mathfrak{D}(F(H))$，$y_n = P_n y$ とすると，$|F(\lambda)|$ が到る所有限という仮定から $\lim_{n\to\infty} P_n = I$ である．ゆえに $\lim_{n\to\infty} y_n = \lim_{n\to\infty} P_n x = y$. よって (18・17) と T が閉作用素なることを用い，

$$T \supseteq F(H)$$

がいえる．$F(H), P_n$ の定義から $y \in \mathfrak{D}(F(H))$ ならば $\lim_{n\to\infty} F(H)P_n y = F(H)y$ となるからである．

同じく $y \in \mathfrak{D}(T)$ とし $y_n = P_n y$ とおいて

$$Ty_n = TP_n y = F(H)P_n y,$$

$$TP_n y = P_n T y \quad (P_n = e_n(H) \in (H)' \text{ であるから})$$

を用い，もし $F(H)$ が閉作用素であることがわかっておれば，$F(H) \supseteq T$ もいえる．ところが $F(H)$ が閉作用素であることは次の § で証明されるから，結局 $F(H) = T$.

注 $\mathfrak{H}$ が可分でないと T が (18・7) を満足しても T が H の函数になるとは限らない．そのような反例は B. v. Sz. Nagy : Spektraldarstellung lineare Transformationen des Hilbertschen Raumes, Berlin (1942)，p. 65 に挙げてある．

18・3 作用素解析

複素数値の Borel 可測函数 $f(\lambda)$ が与えられたとき

$$\int_{-\infty}^{\infty} |f(\lambda)|^2 d\|E(\lambda)x\| < \infty \quad \left(\text{ただし } H = \int_{-\infty}^{\infty} \lambda dE(\lambda)\right)$$

なる如き $x \in \mathfrak{H}$ の全体を $\mathfrak{D}(E(\lambda), f)$ と書くことにすると，§ 18・1 に示したように $\mathfrak{D}(E(\lambda), f)$ を定義域とする加法的作用素 $f(H) = T_f$ が定義せられて

$$(T_f x, y) = \int_{-\infty}^{\infty} f(\lambda) d(E(\lambda)x, y) \quad (x \in \mathfrak{D}(E(\lambda), f), y \in \mathfrak{H}) \tag{18・1′}$$

$$\|T_f x\|^2 = \int_{-\infty}^{\infty} |f(\lambda)|^2 d\|E(\lambda)x\|^2 \tag{18・3}$$

を満足する．このとき

定理 18·3（i） $\mathfrak{D}(E(\lambda),f)=\mathfrak{D}(E(\lambda),\bar{f})$，かつここに属する x，y に対して

$$(T_f x, y)=(x, T_{\bar{f}}y) \quad (\text{ただし } \bar{f}(\lambda)=\overline{f(\lambda)})$$

（ii） $x\in\mathfrak{D}(E(\lambda),f)$，$y\in\mathfrak{D}(E(\lambda),g)$ ならば

$$(T_f x, T_g y)=\int_{-\infty}^{\infty} f(\lambda)\overline{g(\lambda)}d(E(\lambda)x, y)$$

（iii） 任意の μ に対して，T_f と $E(\mu)$ とは可換である．

（iv） $x\in\mathfrak{D}E((\lambda), f)$ なるとき $T_{\alpha f}\cdot x=\alpha T_f x$．また $x\in\mathfrak{D}(E(\lambda), f)\cap\mathfrak{D}(E(\lambda), g)$ なるとき $T_{f+g}x=T_f x+T_g x$.

（v） $x\in\mathfrak{D}(E(\lambda),f)$ なるときは，$T_f\cdot x\in\mathfrak{D}(E(\lambda), g)$ と $x\in\mathfrak{D}(E(\lambda), f\cdot g)$ とは同等で，かつこのとき

$$T_g\cdot T_f x=T_{gf}\cdot x$$

（vi） $f(\lambda)$ が到る所有限ならば，T_f は正規作用素になりかつ

$$T_f{}^*=T_{\bar{f}}$$

とくに $f(\lambda)$ が実数値函数ならば T_f は自己共役である．

証明（i）まず $\mathfrak{D}(E(\lambda),f)=\mathfrak{D}(E(\lambda),\bar{f})$ は明らか．そして

$$(T_f x, y)=\int_{-\infty}^{\infty} f(\lambda)d(E(\lambda)x, y)=\int_{-\infty}^{\infty} f(\lambda)d(x, E(\lambda)y)$$

$$=\overline{(T_{\bar{f}}\cdot y, x)}=(x, T_{\bar{f}}\cdot y)$$

(iii) $E(\lambda)E(\mu)=E(\min(\lambda, \mu))$ を用い，$x\in\mathfrak{D}(E(\lambda),f)$ ならば

$$\int_{-\infty}^{\infty} |f(\lambda)|^2 d\|E(\lambda)E(\mu)x\|^2=\int_{-\infty}^{\mu} |f(\lambda)|^2 d\|E(\lambda)x\|^2$$

$$\leqq\int_{-\infty}^{\infty} |f(\lambda)|^2 d\|E(\lambda)x\|^2<\infty$$

を得て，$x\in\mathfrak{D}(E(\lambda),f)$ ならば $E(\mu)x\in\mathfrak{D}(E(\lambda),f)$．しかも任意の $y\in\mathfrak{H}$ に対して

$$(T_f\cdot E(\mu)x, y)=\int_{-\infty}^{\infty} f(\lambda)d(E(\lambda)E(\mu)x, y)=\int_{-\infty}^{\infty} f(\lambda)d(E(\lambda)x, E(\mu)y)$$

$$=(T_f x, E(\mu)y)=(E(\mu)Tx, y)$$

(ii), (iii) を用い

$$(T_f x, T_g y)=\int_{-\infty}^{\infty} f(\lambda)d(E(\lambda)x, T_g y)=\int_{-\infty}^{\infty} f(\lambda)d(x, E(\lambda)T_g y)$$

$$=\int_{-\infty}^{\infty} f(\lambda)d\overline{(T_g E(\lambda)y, x)}=\int_{-\infty}^{\infty} f(\lambda)d\left(\int_{-\infty}^{\infty}\overline{g(\mu)}d\overline{(E(\mu)E(\lambda)y, x)}\right)$$

$$=\int_{-\infty}^{\infty} f(\lambda)d\left(\int_{-\infty}^{\lambda}\overline{g(\mu)}d\overline{(y, E(\mu)x)}=\int_{-\infty}^{\infty} f(\lambda)\overline{g(\lambda)}d(E(\lambda)x, y)\right)$$

(iv) は明らか.

(v) まず $\int_{-\infty}^{\infty}|f(\lambda)|^2 d\|E(\lambda)x\|^2<\infty$ ならば, $\int_{-\infty}^{\infty}|f(\lambda)g(\lambda)|^2 d\|E(\lambda)x\|^2<\infty$ なるとき, かつこのときに限って $\int_{-\infty}^{\infty}|g(\lambda)|^2 d\|E(\lambda)T_f x\|^2<\infty$ である. 証明, (ii), (iii) および $E(\lambda)E(\mu)=E(\min(\lambda, \mu))$ によって

$$\infty>\int_{-\infty}^{\infty}|g(\lambda)|^2 d\|E_\lambda T_f x\|^2=\int_{-\infty}^{\infty}|g(\lambda)|^2 d\|T_f E(\lambda)x\|^2$$

$$=\int_{-\infty}^{\infty}|g(\lambda)|^2 d\left(\int_{-\infty}^{\infty}|f(\mu)|^2 d\|E(\mu)E(\lambda)x\|^2\right)$$

$$=\int_{-\infty}^{\infty}|g(\lambda)|^2 d\left(\int_{-\infty}^{\lambda}|f(\mu)|^2 d\|E(\mu)x\|^2\right)$$

$$=\int_{-\infty}^{\infty}|g(\lambda)f(\lambda)|^2 d\|E(\lambda)x\|^2$$

しかも上の計算は逆にも辿ることができる. かつこのとき

$$(T_g T_f x, y)=\int_{-\infty}^{\infty} g(\lambda)d(E(\lambda)T_f x, y)$$

$$=\int_{-\infty}^{\infty} g(\lambda)d\left(\int_{-\infty}^{\lambda} f(\mu)d(E(\mu)x, y)\right)$$

$$=\int_{-\infty}^{\infty} g(\lambda)f(\lambda)d(E(\lambda)x, y)=(T_{gf}x, y)$$

(vi) α を正数とし, $h(\lambda)=|f(\lambda)|+\alpha, k(\lambda)=h(\lambda)^{-1}, g(\lambda)=f(\lambda)h(\lambda)^{-1}$ とおけば, $k(\lambda)$ も $g(\lambda)$ もともに有界である. だから $\mathfrak{D}(E(\lambda), k), \mathfrak{D}(E(\lambda), g)$ はともに $\mathfrak{H}$ に一致する. だから (v) によって

$$T_f = T_h T_g = T_g T_h \tag{18·18}$$

(18·3)′ と (i) とによって $T_k^* = T_k$ すなわち T_k は自己共役である．(v) によって

$$x = T_h T_k x, x \in \mathfrak{H} \text{ および } x = T_k T_h x$$

を得て $T_h = T_k^{-1}$ となり，定理 9·9 によって T_k は自己共役である．ゆえに $\mathfrak{D}(E(\lambda), f) = \mathfrak{D}(E(\lambda), h)$ が $\mathfrak{H}$ において稠密であり，したがって T_f^* を考えることができる．

$T_f^* = T_{\bar{f}}$ の証明．$(T_f x, y) = (x, y^*)$，$x \in \mathfrak{D}(E(\lambda), f)$，の成立つ点対 $\{y, y^*\}$ に対して (18·18) および $T_g^* = T_{\bar{g}}$ から

$$(T_f x, y) = (T_g T_h x, y) = (T_h x, T_{\bar{g}} y)$$

を得て，$x \in \mathfrak{D}(E(\lambda), f) = \mathfrak{D}(E(\lambda), h)$ と T_h の自己共役性とによって

$$T_{\bar{g}} \cdot y \in \mathfrak{D}(E(\lambda), h) \text{ かつ } T_h T_{\bar{g}} y = y^*$$

再び (18·18) を用い $T_{\bar{f}} y = y$．ゆえに $T_f^* = T_{\bar{f}}$ がいえた．

だから (v) を用い T_f の正規なことがわかる．

第 19 章　1 パラメター半群の理論
(Stone の定理の拡張)

量子力学の教えるところによれば，電子や中性子または原子核などのいわゆる素粒子（elementary particle）からなる系の時間的発展を記述する基礎方程式は Schrödinger の波動方程式

$$H\psi+\frac{h}{i}\frac{\partial\psi}{\partial t}=0$$

$(i=\sqrt{-1}$，$2\pi h=$ Planck の定数 $=6.624\times10^{-27}\mathrm{erg}\times\mathrm{sec})$

である．ここに，この素粒子系のエネルギー作用素とよばれる H は，この系の全エネルギーを表わすハミルトン函数

$$\sum_{j=1}^{f}\frac{1}{2m_j}(p_{x_j}^2+p_{y_j}^2+p_{z_j}^2)+U(x_1, y_1, z_1, \cdots, x_f, \cdots, y_f, \cdots, z_f)$$

（ただし m_j は系の第 j 番目の素粒子の質量；$p_{x_j}, p_{y_j}, p_{z_j}$ はこの素粒子の運動量の x-, y-, z- 成分；U は系のポテンシャルエネルギー）

において置き換え

$$p_{x_j}\to\frac{h}{i}\frac{\partial}{\partial x_j},\quad p_{y_j}\to\frac{h}{i}\frac{\partial}{\partial y_j},\quad p_{z_j}\to\frac{h}{i}\frac{\partial}{\partial z_j}$$

を行って得られる作用素である．すなわち

$$H=-\sum_{j=1}^{f}\frac{h^2}{2m_j}\left(\frac{\partial^2}{\partial x_j^2}+\frac{\partial^2}{\partial y_j^2}+\frac{\partial^2}{\partial z_j^2}\right)+U(x_1, \cdots, z_f)$$

波動函数（wave function）と呼ばれる $\psi=\psi(x_1, \cdots, z_f ; t)$ は，時刻 t における系の状態を定めるもので，この状態においてはこの系の f 個の素粒子の配置が $3f$ 次元の位置座標空間の領域 D に落ちる確率は

$$\int_D\cdots\int|\psi(x_1, \cdots, z_f ; t)|^2dx_1\cdots dz_f$$

に比例するものと要請されている（M. Born)．だから，これら f 個の素粒子の $3f$ 次元の位置座標空間へのあらゆる配置に対する全確率 1 に比例するものとして

$$\int_{-\infty}^{\infty}\cdots\int_{-\infty}^{\infty}|\psi(x_1, \cdots, z_f ; t)|^2dx_1\cdots dz_f<\infty$$

でなければならない．すなわち Hilbert 空間 $L_2(E^{3f})$ が Schrödinger 方程式における波動函数 $\psi(x_1, \cdots, z_f; t)$ の属する場なのである．

波動函数 $\psi=\psi(x_1, \cdots, z_f; t)$ は，その確率密度 (probability density) としての意義から，系の素粒子の位置座標 $x_1, y_1, \cdots, z_f$ などのいずれかが $\to\infty$ または $\to-\infty$ なるとき十分すみやかに $\psi\to 0$ となるものと考えられる．だからこのような波動函数に作用させるものと考えれば，部分積分で容易にわかるように H は対称作用素になる．すなわち

$$(H\psi_1, \psi_2)=(\psi_1, H\psi_2)\quad (\text{ただし} (\ ,\ ) \text{は} L_2(E^{3f}) \text{の内積})$$

この系の素粒子が E^{3f} の中のある有界領域 D に閉じ込められているとき（例えばある容器に封入されている場合）にも，波動函数 $\psi(x_1, \cdots, z_f; t)$ として D の外で 0 となるもののみを考えることにすれば，Schrödinger 方程式はこの系の時間的発展を記述するものとして有効である．このとき D 内における部分積分で

$$(H\psi_1, \psi_2)=(\psi_1, H\psi_2)\quad (\text{ただし} (\ ,\ ) \text{は} L_2(D) \text{における内積})$$

が成立つように，D の境界における境界条件を指定した波動函数のみを H の定義域に属する函数と考えるならば，H は対称作用素である．

とくに，H が自己共役になるように波動函数の境界条件を指定し得るならば，H のスペクトル分解 $H=\int_{-\infty}^{\infty}\lambda dE(\lambda)$ を利用して Schrödinger 方程式を

$$\psi(x_1, \cdots, z_f; t)=\int_{-\infty}^{\infty} e^{-\lambda t i \hbar^{-1}} dE(\lambda)\psi(x_1, \cdots, z_f; 0)$$

の如く解き得ることが示される (Stone の定理)．すなわちこの系の $t=0$ における初期状態を表わす波動函数 $\psi(x_1, \cdots, z_f; 0)$ を定めれば，この初期状態から出発しての系の時間的発展が，上の如くエネルギー作用素の函数

$$U_t=f_t(H),\quad \text{ただし}\ f_t(\lambda)=e^{-\lambda t i \hbar^{-1}} \tag{19·1}$$

によって与えられることが示されるのである：

$$\psi(x_1, \cdots, z_f; t)=U_t\cdot\psi(x_1, \cdots, z_f; 0)$$

本章では，このような“作用素の指数函数”についての一般論を述べる．

19·1　有界作用素の 1 パラメーター半群

標記の例を与えるために

定理 19·1　$H=\int_{-\infty}^{\infty}\lambda dE(\lambda)$ が自己共役であるとき，(19·1) に与えた U_t

$(-\infty<t<\infty)$ はユニタリ作用素であり，かつ"1 パラメター群"の性質：

$$U_tU_s=U_{t+s}(-\infty<t,s<\infty),\ U_0=I,$$

$$\lim_{t\to t_0}U_tx=U_{t_0}x(x\in\mathfrak{H},-\infty<t_0<\infty)$$

を満足する．

証明 λ,t,h^{-1} が実数であるから，$f_t(\lambda)=e^{-it\lambda h^{-1}}$ $(i=\sqrt{-1})$ は有界である．ゆえに U_t は有界作用素であるが，定理 18·3 の (vi) によって，$U_t^*=U_{-t}$ が成立つ．同じく，また定理 18·3 の (v) を使えば $U_tU_s=U_{t+s}$ もいえるから，$U_0=I$ によって各 U_t がユニタリである．

次に任意の正数 δ に対して

$$\|U_tx-U_{t_0}x\|=\int_{-\infty}^{\infty}|e^{-it\lambda h^{-1}}-e^{-it_0\lambda h^{-1}}|^2d\|E_\lambda x\|^2$$

$$\leqq\int_{-\delta}^{\delta}|e^{-it\lambda h^{-1}}-e^{-it_0\lambda h^{-1}}|^2d\|E(\lambda)x\|^2+2\int_{|\lambda|>\delta}d\|E(\lambda)x\|^2$$

を得る．この右辺第2項は $\delta\to\infty$ なるとき 0 に収束する．また $\delta>0$ を定めたとき，右辺第1項は $t\to t_0$ にしたがって 0 に収束するから，結局 $\lim_{t\to t_0}U_tx=U_{t_0}x$ がいえた．

有界作用素の 1 パラメーター半群の定義 Hilbert 空間 $\mathfrak{H}$ における有界作用素の系 $\{T_t\}$, $0\leqq t<\infty$, が

$$T_tT_s=T_{t+s}\quad(0\leqq t,s<\infty),\ T_0=I \tag{19·2}$$

$$\lim_{t\to t_0}T_tx=T_{t_0}x\quad(x\in\mathfrak{H},0\leqq t_0<\infty) \tag{19·3}$$

$$\|T_t\|\leqq 1\quad(0\leqq t<\infty) \tag{19·4}$$

を満足するときに，$\{T_t\}$ は**有界作用素の 1 パラメーター半群**あるいは簡単に**半群** (semi-group) を作るという．上の U_t はその 1 例である．

条件 (19·4) の意義を明らかならしめるために

定理 19·2 (E. Hille)[1] $\mathfrak{H}$ における有界作用素の系 $\{T_t\}$, $0\leqq t<\infty$, が条件 (19·2) および (19·3) を満足するならば，i) $\|T_t\|$ は任意の有界区間

1) E. Hille–R. S. Phillips : Functional Analysis and Semi-groups, New York (1957), 244.

$[0, t_0]$ で t に関して有界であり，また ii)

$$\lim_{t\to\infty} t^{-1}\log\|T_t\| = \inf_{t>0} t^{-1}\log\|T_t\| \geqq -\infty \tag{19·5}$$

証明 i)　もし $\|T_{t_n}\| \geqq n$ かつ $0 \leqq \lim_{n\to\infty} t_n = t_\infty < \infty$ なる如き数列 $\{t_n\}$ が存在したとすると，共鳴定理 6·2 および (19·3) から得る $\{\|T_{t_n}\|\}$ の有界性に反する.

ii)　$p(t) = \log\|T_t\|$ とおけば $-\infty \leqq p(t) < \infty$. かつ (19·2) から

$$p(t+s) \leqq p(t) + p(s)$$

が成立つ. $\gamma = \inf_{t>0} t^{-1}p(t)$ とおいて $\gamma = \lim_{t\to\infty} t^{-1}p(t)$ を示そう. $-\infty \leqq \gamma < \infty$ であるが，まず γ が有限のときを考える．任意の $\varepsilon > 0$ に対して $p(a) \leqq (\gamma + \varepsilon)a$ なる如き $a > 0$ をとり，$na \leqq t < (n+1)a$ なる正整数を定めれば

$$\gamma \leqq t^{-1}p(t) \leqq t^{-1}p(na) + t^{-1}p(t-na)$$
$$\leqq \frac{na}{t}\,\frac{p(a)}{a} + \frac{p(t-na)}{t} \leqq \frac{na}{t}(\gamma+\varepsilon) + \frac{p(t-na)}{t}$$

ここにおいて $t\to\infty$ ならしめると，i) によって右辺第 2 項 $\to 0$，また右辺第 1 項は $\to \gamma+\varepsilon$. だから $\lim_{t\to\infty} t^{-1}p(t) = \gamma$.

$\gamma = -\infty$ のときにも同じようにして (19·5) がいえる.

注　$\{T_t\}, 0 \leqq t < \infty$, が (19·2)–(19·3) を満足するならば,

$$e^{\gamma t} \leqq \|T_t\| \leqq e^{\beta t}, \quad 0 \leqq t < \infty$$

なる如き数 γ, β $(-\infty \leqq \gamma < \beta < \infty)$ が存在するわけで，T_t の代りに $S_t = e^{-\beta t}T_t$ をとれば，この S_t は

$$S_tS_s = S_{t+s}\,(0 \leqq t, s < \infty),\ S_0 = I,$$
$$\lim_{t\to t_0} S_tx = S_{t_0}x\,(x \in \mathfrak{H}, 0 \leqq t_0 < \infty),$$
$$\|S_t\| \leqq 1$$

を満足するのである.

またもし $\mathfrak{H}$ が可分であるならば，(19·2) なる条件のもとに (19·3) を

$$\lim_{t\downarrow 0} T_tx = x \ (\text{弱}),\quad x \in \mathfrak{H} \tag{19·3$'$}$$

でおきかえても (19·3) の成立つことを証明することができる[1),]

1)　例えば K. Yosida : Lectures on semi-group theory and its application to Cauchy's problem in partial differential equations, Tata Institute of Fundamental Research (1957), p. 58.

以下，とくに断らない限り，(19·2)-(19·4) を満足する半群のみを取扱う．

半群の例 1. $\mathfrak{H}=L_2(0,\infty)$ とし，$x(s)\in L_2(0,\infty)$ に対して

$$(T_tx)(s)=x(t+s)$$

このとき (19·3) の証明．完備化の例2 (§16·3) に示したように，$C_0^{(0)}(0,\infty)$ は $L_2(0,\infty)$ の中で $L_2(0,\infty)$ のノルムの意味で稠密である．だから任意の $\varepsilon>0$ に対して $\|x-x_\varepsilon\|\leqq\varepsilon$ となるような $x_\varepsilon(s)\in C_0^{(0)}(0,\infty)$ が存在する．

$$\|T_tx-T_{t_0}x\|\leqq\|T_tx-T_tx_\varepsilon\|+\|T_tx_\varepsilon-T_{t_0}x_\varepsilon\|+\|T_{t_0}x_\varepsilon-T_{t_0}x\|$$

$$\leqq\|T_t\|\cdot\|x-x_\varepsilon\|+\left(\int_0^\infty|x_\varepsilon(t+s)-x_\varepsilon(t_0+s)|^2ds\right)^{1/2}+\|T_{t_0}\|\|x-x_\varepsilon\|$$

の右辺第1項，第3項はいずれも $\leqq\varepsilon$ ($\|T_t\|$, $\|T_{t_0}\|\leqq1$ による)．また $x_3(s)$ が区間 $(0,\infty)$ の内部にある有界区間の外では恒等的に0になる連続函数であるから，右辺第2項は $|t-t_0|\to0$ なるとき $\to0$.

半群の例 2. $\mathfrak{H}=L_2(-\infty,\infty)$ とし，$x(s)\in L_2(-\infty,\infty)$ に対して

$$(T_tx)(s)=\int_{-\infty}^\infty(2\pi t)^{-1/2}e^{-(s-u)^2/2t}x(u)du\quad(t>0),$$

$$=x(s)\quad(t=0)$$

は半群 $\{T_t\}$ を定義する．

証明 $s-u=\sqrt{t}\,z$ とおいて

$$(T_tx)(s)=(2\pi)^{-1/2}\int_{-\infty}^\infty e^{-z^2/2}x(s-\sqrt{t}\,z)dz\quad(t>0),$$

したがって，Schwarz の不等式を用い

$$|(T_tx)(s)|^2\leqq(2\pi)^{-1}\int_{-\infty}^\infty e^{-z^2/2}dz\cdot\int_{-\infty}^\infty e^{-z^2/2}|x(s-\sqrt{t}\,z)|^2dz$$

ところが良く知られているように

$$(2\pi)^{-1/2}\int_{-\infty}^\infty e^{-z^2/2}dz=1\tag{19·6}$$

であるから

$$\|T_tx\|^2=\int_{-\infty}^\infty|(T_tx)(s)|^2ds\leqq(2\pi)^{-1/2}\int_{-\infty}^\infty e^{-z^2/2}dz\left\{\int_{-\infty}^\infty|x(s-\sqrt{t}\,z)|^2ds\right\}$$

$$=\int_{-\infty}^\infty|x(s)|^2ds=\|x\|^2$$

を得て $\|T_t\|\leqq 1$.

同じく

$$\|T_tx-T_{t_0}x\|^2\leqq(2\pi)^{-1/2}\int_{-\infty}^{\infty}e^{-z^2/2}dz\left\{\int_{-\infty}^{\infty}|x(s-\sqrt{t}\,z)-x(s-\sqrt{t_0}\,z|^2ds\right\}$$

を得るが，$\{\quad\}$ は t, t_0, z に関して有界（$\leqq(\|x\|+\|x\|)^2=4\|x\|^2$）かつ上の例 1 に示したと同様に $|t-t_0|\to 0$ ならば $\{\quad\}\to 0$ である．ゆえに上の不等式の右辺は，$|t-t_0|\to 0$ なるとき $\to 0$ となって $\lim_{t\to t_0}\|T_tx-T_{t_0}x\|=0$ がいえた．

最後に，よく知られた公式

$$(2\pi(t+t'))^{-1/2}e^{-u^2/2(t+t')}=(2\pi t)^{-1/2}(2\pi t')^{-1/2}\int_{-\infty}^{\infty}e^{-(u-v)^2/2t}e^{-v^2/2t'}dv$$

によって $T_tT_{t'}=T_{t+t'}$ も証明される．

19·2　半群の微分可能性，生成作用素

半群の**生成作用素**（infinitesimal generator）を

$$\lim_{h\downarrow 0}h^{-1}(T_h-I)x=Ax \tag{19·7}$$

によって定義する．すなわち上式左辺の存在するような $x\in\mathfrak{H}$ の全体を A の定義域 $\mathfrak{D}(A)$ とし，ここにおいて (19·7) によって定義された加法的作用素 A を T_t の生成作用素とする．

定理 19·3　$\mathfrak{D}(A)$ は $\mathfrak{H}$ において稠密であり，かつ任意の $n>0$ に対して $(I-n^{-1}A)$ は有界な逆作用素 $(I-n^{-1}A)^{-1}$ をもつ．そして

$$(I-n^{-1}A)^{-1}x=\int_0^{\infty}ne^{-nt}T_txdt,\quad x\in\mathfrak{H}\,;\ \|(\lambda I-A)^{-1}\|\leqq 1 \tag{19·8}$$

また $x\in\mathfrak{D}(A)$ ならば

$$D_tT_tx=\lim_{h\to 0}h^{-1}(T_{t+h}-T_t)x=AT_tx=T_tAx \tag{19·9}$$

証明　$ne^{-ns}=\varphi_n(s)$ とおいて

$$C_{\varphi_n}\cdot x=\int_0^{\infty}\varphi_n(s)T_s\cdot xds \tag{19·10}$$

を考える．任意の $x\in\mathfrak{H}$ に対して $\varphi_n(s)T_sx$ は s に関してノルムの意味で連続かつ $\|\varphi_n(s)T_s\cdot x\|\leqq ne^{-ns}\|x\|$ は $(0, \infty)$ で s に関して積分可能であるから，Riemann 式に $\int_0^{\infty}\varphi_n(s)T_s\cdot xds$ が定義せられて，C_{φ_n} は $\mathfrak{H}$ から $\mathfrak{H}$ 内

への有界加法的作用素になり

$$\|C_{\varphi_n}\| \leqq \int_0^\infty ne^{-ns}ds = 1 \tag{19·11}$$

任意の $x \in \mathfrak{H}$ に対して $C_{\varphi_n} \cdot x \in \mathfrak{D}(A)$ を証明しよう．$h>0$ として

$$h^{-1}(T_h - I)C_{\varphi_n} \cdot x = h^{-1}\int_0^\infty \varphi_n(s) T_h T_s x ds - h^{-1}\int_0^\infty \varphi_n(s) T_s \cdot x ds$$

$$= h^{-1}\int_h^\infty \{\varphi_n(s-h) - \varphi_n(s)\} T_s \cdot x ds - h^{-1}\int_0^h \varphi_n(s) T_s \cdot x ds$$

この最右辺第２項は，$\varphi_n(s) T_s \cdot x$ が s に関してノルムの意味で連続であるから，$h \downarrow 0$ なるとき $\to -\varphi_n(0) T_0 \cdot x = -nx$．また最右辺第１項は，$0<\theta<1$ として

$$= \int_h^\infty -\varphi_n'(s-\theta h) T_s \cdot x ds = \int_0^\infty -\varphi_n'(s) T_s \cdot x ds + \int_0^h \varphi_n'(s) T_s \cdot x ds$$

$$+ \int_h^\infty \{\varphi_n'(s) - \varphi_n'(s-\theta h)\} T_s \cdot x ds$$

右辺第２項は $h \downarrow 0$ なるとき $\to 0$．また $\varphi_n'(s) = -n^2 e^{-ns}$ によって

$$\left\| \int_h^\infty \{\varphi_n'(s) - \varphi_n'(s-\theta h)\} T_s \cdot x ds \right\| \leqq n^2 \int_h^\infty (e^{-n(s-\theta h)} - e^{-ns}) ds \cdot \|x\|$$

$$= n^2(e^{n\theta h} - 1)\int_h^\infty e^{-ns} ds \cdot \|x\| \to 0 \quad (h \downarrow 0)$$

ゆえに

任意の $x \in \mathfrak{H}$ に対して $C_{\varphi_n} x \in \mathfrak{D}(A)$ かつ $AC_{\varphi_n} x = n(C_{\varphi_n} - I)x$ (19·12)

がいえた．しかも $\int_0^\infty ne^{-ns}ds = 1$ によって

$$C_{\varphi_n} x - x = \int_0^\infty \varphi_n(s)(T_s x - x) ds$$

となり，したがって任意の $\delta>0$ に対して

$$\|C_{\varphi_n} x - x\| \leqq \int_0^\delta \varphi_n(s) \|T_s x - x\| ds + \int_\delta^\infty ne^{-ns}(\|T_s x\| + \|x\|) ds$$

$$\leqq \max_{0 \leqq s \leqq \delta} \|T_s x - x\| + 2\|x\| \int_\delta^\infty ne^{-ns} ds$$

この最右辺第1項は $\to 0$ $(\delta\to 0)$. また最右辺第2項は, $\delta>0$ を定めたとき $\to 0$ $(n\to\infty)$. 結局

$$\lim_{n\to\infty} C_{\varphi_n}\cdot x = x, \quad x\in\mathfrak{H} \tag{19·13}$$

がいえて, (19·12) により, $\mathfrak{D}(A)^a$ が $\mathfrak{H}$ と一致することがわかった.

次に T_t が有界な作用素であることから, $x\in\mathfrak{D}(A)$ ならば

$$\begin{aligned} T_t Ax &= T_t\cdot\lim_{h\downarrow 0} h^{-1}(T_h - I)x = \lim_{h\downarrow 0} h^{-1}(T_{t+h}-T_t)x \\ &= \lim_{h\downarrow 0} h^{-1}(T_h - I)T_t x = AT_t x \end{aligned}$$

が成立つ. すなわち A は T_t と可換である:

$$x\in\mathfrak{D}(A) \text{ ならば } T_t\cdot x\in\mathfrak{D}(A) \text{ かつ } T_t Ax = AT_t x \tag{19·14}$$

いま $x\in\mathfrak{D}(A)$, $f\in\mathfrak{H}$ とすると, 上に示したように $f(T_t x)=(T_t x, f)$ は t に関する右微分をもちかつ

$$\frac{d^+f(T_t x)}{dt} = f(AT_t x) = f(T_t Ax)$$

だから右微分 $d^+f(T_t x)/dt$ は t に関して連続となり, したがって良く知られているように

$$f(T_t x) - f(x) = \int_0^t f(T_s Ax)ds = f\left(\int_0^t T_s Axds\right)$$

$f\in\mathfrak{H}$ が任意であったから

$$T_t x - x = \int_0^t T_s Axds$$

を得る. ゆえに

$$T_t x - T_{t_0} x = \int_{t_0}^t T_s Axds$$

$T_s Ax$ が s に関してノルムの意味で連続であるから, この右辺は $t=t_0$ においてノルムの意味での微分 $T_{t_0}Ax$ をもつ. だから (19·14) と組合せて (19·9) が証明された.

最後に (19·8) の証明 $n>0$ ならば $(I-n^{-1}A)$ は逆作用素を有し

$$(I-n^{-1}A)^{-1} = C_{\varphi_n} = \int_0^\infty ne^{-ns}T_s ds \tag{19·15}$$

であることがいえればよい．まず (19·12) によって

$$(I-n^{-1}A)C_{\varphi_n}x=x,\quad x\in\mathfrak{H}$$

であるから $(I-n^{-1}A)$ は，$\mathfrak{W}(C_{\varphi_n})$ を含む $\mathfrak{D}(A)$ を $\mathfrak{H}$ 全体に写す．だから逆作用素 $(I-n^{-1}A)^{-1}$ が存在することがいえれば (19·15) が証明されたことになる．ところでもし $(I-n^{-1}A)x_0=0$ なる $x_0\in\mathfrak{D}(A)$ で $\|x_0\|=1$ であるものが存在したとすると，$\varphi(t)=(T_tx_0,x_0)$ に対して (19·9) を用いて

$$\frac{d\varphi(t)}{dt}=(T_tAx_0,x_0)=(T_tnx_0,\ x_0)=n\varphi(t)$$

これを初期条件 $\varphi(0)=(T_0x_0,x_0)=(x_0,x_0)=1$ で積分して $\varphi(t)=e^{nt}$．一方，定義 $\varphi(t)=(T_tx_0,x_0)$ から

$$|\varphi(t)|=|(T_tx_0,\ x_0)|\leqq\|T_tx_0\|\cdot\|x_0\|\leqq 1$$

を得るから，$n>0$ によって，$\varphi(t)=e^{nt}\to\infty$ $(t\to\infty)$ となり不合理である．だから上のような x_0 は存在し得ない．すなわち $(I-n^{-1}A)^{-1}$ が存在するわけである．

系 1. 生成作用素 A は閉作用素である．

証明 $(I-n^{-1}A)$ のグラフ $\mathfrak{G}(I-n^{-1}A)$ の点 $\{x,\ y\}$ から作った $\mathfrak{H}\otimes\mathfrak{H}$ の点 $\{y,\ x\}$ の全体が $(I-n^{-1}A)^{-1}$ のグラフ $\mathfrak{G}((I-n^{-1}A)^{-1}$ になるが，$(I-n^{-1}A)^{-1}$ が有界作用素であるから，$\mathfrak{G}((I-n^{-1}A)^{-1})$ は $\mathfrak{H}\otimes\mathfrak{H}$ の閉集合になり，したがって $\mathfrak{G}(I-n^{-1}A)$ も $\mathfrak{H}\otimes\mathfrak{H}$ の閉集合になる．ゆえに $(I-n^{-1}A)$ が，したがってまた A が閉作用素になる．

系 2. $$\mathfrak{D}(A)=\left\{y\ ;\ y=n\int_0^\infty e^{-nt}T_txdt,\ x\in\mathfrak{H}\right\},\quad n>0 \tag{19·16}$$

かつ

$$\left.\begin{aligned}&y=n\int_0^\infty e^{-nt}T_txdt=(I-n^{-1}A)^{-1}x \text{ に対して}\\ &Ay=n\{(I-n^{-1}A)^{-1}-I\}x\end{aligned}\right\} \tag{19·17}$$

証明 $(I-A)(I-n^{-1}A)^{-1}=I$ から

$$A(I-n^{-1}A)=n\{(I-n^{-1}A)^{-1}-I\} \tag{19·18}$$

19·3 生成作用素の例

例 1. ユニタリ作用素 U_t の作る1パラメター群 $\{U_t\}$，$-\infty<t<\infty$，か

ら得られる半群 $\{U_t\}$, $0 \leqq t < \infty$, の生成作用素を A とすると, $H=\sqrt{-1}\,A$ は自己共役である.

証明　$x \in \mathfrak{D}(A)$ ならば, $\|T_{-h}\| \leqq 1$ によって

$$\|T_{-h}\cdot h^{-1}(T_h-I)x-T_{-h}Ax\| \leqq \|T_{-h}\|\cdot\|h^{-1}(T_h-I)-Ax\| \to 0 \quad (h\downarrow 0)$$

だから半群 $\{\hat{T}_t\}$, $\hat{T}_t=T_{-t}$, の生成作用素を $\hat{A}$ とすると

$x \in \mathfrak{D}(A)$ ならば $h^{-1}(I-T_{-h}) \to Ax$ $(h\downarrow 0)$, すなわち

$\hat{A}$ は $-A$ の拡張である.

同じく $\{T_t\}$ の生成作用素 A は $-\hat{A}$ の拡張になって $\hat{A}=-A$ がわかる.

ゆえに x, y ともに $\in \mathfrak{D}(A)$ ならば, $T_h{}^*=T_h{}^{-1}=T_{-h}$ によって

$$(Ax, y)=\lim_{h\downarrow 0}(h^{-1}(T_h-I)x, y)=\lim_{h\downarrow 0}(x, h^{-1}(T_{-h}-I)y)=(x, -Ay)$$

を得て, $H=iA$ が対称なことがわかる. しかも (19·15) によって, $(iI-H)^{-1}=i^{-1}(I-A)^{-1}$ は $\mathfrak{H}$ 全体を $\mathfrak{D}(H)=\mathfrak{D}(A)$ に写す.

同じく $(-iI-H)^{-1}=-i^{-1}(I-\hat{A})^{-1}$ も $\mathfrak{H}$ 全体を $\mathfrak{D}(H)=\mathfrak{D}(\hat{A})=\mathfrak{D}(A)$ に写す. だから対称閉作用素 $H=iA$ の Cayley 変換がユニタリになり, H は自己共役でなければならない.

例 2.　$x(s) \in L_2(0, \infty)$ に対して $(T_tx)(s)=x(t+s)$.

$$y_n(s)=((I-n^{-1}A)^{-1}x)(s)=\int_0^\infty ne^{-nt}x(t+s)dt=\int_s^\infty ne^{n(s-t)}x(t)dt$$

だから, ほとんどすべての s において $y_n{}'(s)=-nx(s)+ny_n(s)$. ゆえに (19·17) で

$$(Ay_n)(s)=(n\{(I-n^{-1}A)^{-1}-I\}x)(s)=y_n{}'(s)$$

すなわち $y \in \mathfrak{D}(A)$ ならば $y'(s) \in L_2(0, \infty)$ となり $(Ay)(s)=y'(s)$.

逆に $y(s), y'(s)$ ともに $\in L_2(0, \infty)$ ならば

$$y'(s)-ny(s)=-nx(s)$$

とおくと, $x(s) \in L_2(0, \infty)$ となり, かつ $y_n(s)=((I-n^{-1}A)^{-1}x)(s)$ は上に示した如くほとんどすべての s において $y_n{}'(s)-ny_n(s)=-nx(s)$ を満足するから,

$w(s)=y_n(s)-y(s)$ とおいて $w'(s)-nw(s)=0$

(ほとんどすべての s において)

定理 15·5 によって，$w(s)=Ce^{ns}$ (ほとんどすべての s において). これが $\in L_2(0,\infty)$ であるために $C=0$. すなわち $y_n(s)=y(s)$ (ほとんどすべての s において). ゆえに $(T_t x)(s)=x(t+s)$ の生成作用素 A は

$$\left.\begin{array}{l}\mathfrak{D}(A)=\{y(s)\,;\,y(s) \text{ および } y'(s) \text{ ともに } \in L_2(0,\infty)\} \text{ かつ} \\ y(s)\in\mathfrak{D}(A) \text{ において } (Ay)(s)=y'(s)\end{array}\right\}$$

によって定義される.

例 3. $x(s)\in L_2(-\infty,\infty)$ に対して

$$(T_t x)(s)=\int_{-\infty}^{\infty}(2\pi t)^{-1/2}\cdot e_{-(s-u)^2/2t}x(u)du$$

$$y_n(s)=((I-n^{-1}A)^{-1}x)(s)=\int_{-\infty}^{\infty}x(u)du\left\{\int_0^{\infty}\frac{n}{\sqrt{2\pi t}}e^{-(nt+(s-u)^2/2t)}dt\right\}$$

$$=\int_{-\infty}^{\infty}x(u)du\left\{\int_0^{\infty}\frac{\sqrt{n}\,2}{\sqrt{2\pi}}e^{-(s^2+n(s-u)^2/2s^2)}ds\right\}\quad (t=s^2/n \text{ とおき})$$

ところが

$$\{\quad\}=\frac{\sqrt{n}\,2}{\sqrt{2\pi}}\cdot\frac{\sqrt{\pi}}{2}e^{-2\sqrt{n}|s-u|/\sqrt{2}}=\sqrt{\frac{n}{2}}e^{-\sqrt{2n}|s-u|}$$

である.

証明

$$\frac{\sqrt{\pi}}{2}=\int_0^{\infty}e^{-x^2}dx=e^{2c}\int_{\sqrt{c}}^{\infty}e^{-(s^2+c^2/s^2)}\left(1+\frac{c}{s^2}\right)ds\quad\left(x=s-\frac{c}{s},\ c>0 \text{ とおき}\right)$$

$$=e^{2c}\left[\int_{\sqrt{c}}^{\infty}e^{-(s^2+c^2/s^2)}ds+\int_{\sqrt{c}}^{\infty}e^{-(s^2+c^2/s^2)}\frac{c}{s^2}ds\right]$$

$$=e^{2c}\left[\int_{\sqrt{c}}^{\infty}e^{-(s^2+c^2/s^2)}ds+\int_0^{\sqrt{c}}e^{-(t^2+c^2/t^2)}dt\right]\quad\left(\text{第 2 項で } s=\frac{c}{t} \text{ とおき}\right)$$

$$=e^{2c}\int_0^{\infty}e^{-(s^2+c^2/s^2)}ds$$

かくして

$$y_n(s)=((I-n^{-1}A)^{-1}x)(s)=\sqrt{\frac{n}{2}}\int_{-\infty}^{\infty}e^{-\sqrt{2n}|s-u|}x(u)du$$

$$=\sqrt{\frac{n}{2}}\left[\int_{-\infty}^{s}+\int_s^{\infty}\right]$$

$$y_n'(s)=\sqrt{\frac{n}{2}}\Big[x(s)-x(s)-\sqrt{2n}\int_{-\infty}^{s}e^{-\sqrt{2n}|s-u|}x(u)du$$

$$+\sqrt{2n}\int_s^{\infty} e^{-\sqrt{2n}|s-u|}x(u)du\Big]$$

$$y_n''(s)=\sqrt{\frac{n}{2}}\Big[-\sqrt{2n}\,x(s)-\sqrt{2n}\,x(s)+2n\int_{-\infty}^{s} e^{-\sqrt{2n}|s-u|}x(u)du$$

$$+2n\int_s^{\infty} e^{-\sqrt{2n}|s-u|}x(u)du\Big]$$

$$=-2nx(s)+2ny_n(s)\quad\text{（ほとんどすべての } s \text{ において）}$$

ゆえに

$(Ay_n)(s)=(n\{(I-n^{-1}A)^{-1}-I\}x)(s)=2^{-1}y_n''(s)$（ほとんどすべての s において

すなわち $y(s)\in\mathfrak{D}(A)$ ならば $y''(s)\in L_2(-\infty,\infty)$ かつ $(Ay)(s)=2^{-1}y''(s)$.

逆に $y(s), y''(s)$ ともに $\in L_2(-\infty,\infty)$ ならば

$$(2n)^{-1}(2ny(s)-y''(s))=x(s)$$

とおくと $x(s)\in L_2(-\infty,\infty)$, かつ上に示したように $y_n(s)=((I-n^{-1}A)^{-1}x)(s)$ は $y_n''(s)=-2nx(s)+2ny_n(s)$ をほとんどすべての s において満足する．だから

$w(s)=y_n(s)-y(s)$ とおいて $w''(s)-2nw(s)=0$（ほとんどすべての s において）だから，定理 15·5 によって，ほとんどすべての s において

$$w(s)=C_1e^{\sqrt{2n}s}+C_2e^{-\sqrt{2n}s}$$

これが $\in L_2(-\infty,\infty)$ であるためには $C_1=C_2=0$ でなければならぬ．すなわち $w(s)=0$, $y_n(s)=y(s)$.

かくして生成作用素 A は

$$\left.\begin{array}{l}\mathfrak{D}(A)=\{y(s)\,;\,y(s)\text{ および } y''(s)\in L_2(-\infty,\infty)\}\text{ かつ}\\ y(s)\in\mathfrak{D}(A)\text{ ならば }(Ay)(s)=2^{-1}y''(s)\end{array}\right\}$$

によって定義される.

19·4　半群の表現

半群 T_t の生成作用素 A に対して

$$J_n=(I-n^{-1}A)^{-1},\quad n>0 \tag{19·19}$$

が有界作用素となり：

$$\|J_n\|\leqq 1 \tag{19·20}$$

かつ

$$AJ_n=n(J_n-I)\,;\,J_nAx=AJ_nx=n(J_n-I)x,\ x\in\mathfrak{D}(A) \tag{19·21}$$

$$\lim_{n\to\infty} J_n x = x,\ x \in \mathfrak{H} \tag{19·22}$$

の成立つことをすでに述べた.

これらを利用して $\{T_t\}$ を A で表現するために準備として

有界作用素 B の指数函数 $\exp B$ の定義 $k > p$ ならば

$$\left\|\sum_{j=0}^{k}(j!)^{-1}B^j - \sum_{j=0}^{p}(j!)^{-1}B^j\right\| \leqq \sum_{j=p+1}^{k}(j!)^{-1}\|B\|^j$$

は $p\to\infty$ なるとき $\to 0$ である. だから $\|x\|\leqq 1$ なる x において一様に

$$\lim_{k\to\infty}\sum_{j=0}^{k}(j!)^{-1}B^j x = (\exp B)x \tag{19·23}$$

が存在する. この $\exp B$ について

定理 19·4 $BC=CB$ なる有界作用素 B, C に対して

$$\left.\begin{array}{l} BC=CB \text{ なる有界作用素 } B, C \text{ に対して} \\ \exp B\cdot\exp C = \exp(B+C) \end{array}\right\} \tag{19·24}$$

$$\begin{aligned} D_t \exp(tB)x &= \lim_{h\to 0} h^{-1}\{\exp(t+h)B - \exp tB\}x \\ &= B\exp(tB)x = \exp(tB)Bx \end{aligned} \tag{19·25}$$

証明 (19·24) は, B と C の可換なことを用い, 複素数 β, γ に対する

$$\sum_{j=0}^{\infty}(j!)^{-1}\beta^j\cdot\sum_{k=0}^{\infty}(k!)^{-1}\gamma^k = \sum_{l=0}^{\infty}(l!)^{-1}(\beta+\gamma)^l$$

の証明と同様にして証明される.

次に (19·24) を用い

$$\begin{aligned} h^{-1}\{\exp(t+h)B - \exp tB\} &= \exp tB\cdot h^{-1}\{\exp hB - I\} \\ &= h^{-1}\{\exp hB - I\}\exp tB \end{aligned}$$

を得るから, (19·25) は

$$\|h^{-1}(\exp hB - I) - B\| \leqq \sum_{k=2}^{\infty} h^{k-1}\|B\|^k (k!)^{-1} \to 0 \qquad (h\to 0)$$

によって明らかである.

定理 19·5 半群 $\{T_t\}$ の生成作用素を A とすると, $y \in X$ を定めたとき, 任意の有限区間に属する t に関して一様に

$$T_t y = \lim_{n\to\infty}\exp(tAJ_n)y \tag{19·26}$$

証明 $AJ_n=n(J_n-I)$ が有界作用素であるから $\exp(tAJ_n)$ が定義せられ，かつ (19·23) を用い

$$\exp(tAJ_n)=\exp(-tnI)\exp(tnJ_n)=\exp(-nt)\exp(tnJ_n)$$

ゆえに (19·20) によって

$$\|\exp(tAJ_n)\|\leqq\exp(-nt)\exp(nt)=1 \qquad (19\cdot27)$$

(19·8) によって J_n と T_s とは可換であるから $AJ_n=n(J_n-I)$ と T_s とも可換である．よって $x\in\mathfrak{D}(A)$ なるときに，(19·9) と (19·25) を用い

$$\begin{aligned}T_tx-\exp(tAJ_n)x&=\int_0^t D_s\{\exp((t-s)AJ_n)\cdot T_s\cdot x\}ds\\&=\int_0^t \exp((t-s)AJ_n)T_s\cdot(A-AJ_n)x\cdot ds\end{aligned}$$

ゆえに $\|T_s\|\leqq1$ と (19·27) を用い

$$\|T_tx-\exp(tTJ_n)x\|\leqq\int_0^t\|(A-AJ_n)x\|ds$$

したがって，$x\in\mathfrak{D}(A)$ ならば任意の有限区間に属する t に関して一様に

$$\lim_{n\to\infty}\exp(tAJ_n)x=T_tx$$

ところが，$\mathfrak{D}(A)$ は $\mathfrak{H}$ において稠密であるから，任意の $y\in\mathfrak{H}$ と任意の $\varepsilon>0$ とに対して $\|y-x\|\leqq\varepsilon$ なる如き $x\in\mathfrak{D}(A)$ が存在する．よって

$$\begin{aligned}\|T_ty-\exp(tAJ_n)y\|&\leqq\|T_ty-T_tx\|+\|T_tx-\exp(tTJ_n)x\|\\&\qquad+\|\exp(tAJ_n)x-\exp(tAJ_n)y\|\\&\leqq\|y-x\|+\|T_tx-\exp(tAJ_n)x\|+\|x-y\|\end{aligned}$$

から，任意有限区間に属する t に関して一様に

$$\overline{\lim_{n\to\infty}}\|T_ty-\exp(tAJ_n)y\|\leqq2\varepsilon$$

$\varepsilon>0$ が任意であったから $\{T_t\}$ の表現定理 (19·26) が証明されたわけになる．

(19·26)の応用例 ユニタリー作用素の1パラメター半群 $\{U_t\}$ の生成作用素 A に対して $iA=H$ は自己共役である．H のスペクトル分解を $H=\int_{-\infty}^{\infty}\lambda dE(\lambda)$ とおけば，

$$J_n=(I-n^{-1}A)^{-1}=(I-n^{-1}i^{-1}H)^{-1}=\int_{-\infty}^{\infty}\frac{1}{1-n^{-1}i^{-1}\lambda}dE(\lambda),$$

$$AJ_n=n(J_n-I)=\int_{-\infty}^{\infty}n\left(\frac{1}{1-n^{-1}i^{-1}\lambda}-1\right)dE(\lambda)$$

$$=\int_{-\infty}^{\infty}\frac{i^{-1}\lambda}{1-n^{-1}i^{-1}\lambda}dE(\lambda),$$

$$\exp(tAJ_n)=\int_{-\infty}^{\infty}\exp\left(\frac{i^{-1}t\lambda}{1-n^{-1}i^{-1}\lambda}\right)dE(\lambda)$$

$$=\int_{-\infty}^{\infty}\exp\left(\frac{-it\lambda}{1+n^{-1}i\lambda}\right)dE(\lambda)$$

しかも

$$\exp(-itH)=\int_{-\infty}^{\infty}\exp(-it\lambda)dE(\lambda)$$

に対して

$$\|[\exp(-itH)-\exp(tAJ_n)]x\|^2$$

$$=\int_{-\infty}^{\infty}\left|\exp(-it\lambda)-\exp\left(\frac{-it\lambda}{1+n^{-1}i\lambda}\right)\right|^2 d\|E(\lambda)x\|^2$$

であるが，$|\quad|^2$ は λ に関して有界でかつ $n\to\infty$ なるとき $\to 0$ であるから

$$\lim_{n\to\infty}\exp(tAJ_n)x=\exp(-itH)x$$

ゆえに

$$T_tx=\exp(-itH)x=\int_{-\infty}^{\infty}e^{-it\lambda}dE(\lambda)x,$$

$$H=\int_{-\infty}^{\infty}\lambda dE(\lambda)=iA$$

これが本章の始めに述べた Stone の定理に他ならない．定理 19·3 により，$x\in\mathfrak{D}(A)$ ならば

$$D_tT_tx=\lim_{h\to 0}h^{-1}(T_{t+h}-T_t)x=i^{-1}HT_tx=T_t(i^{-1}H)x,\quad T_0x=x$$

この意味で，T_tx が Schrödinger 方程式

$$\frac{\partial\psi}{\partial t}=i^{-1}H\psi,\ \psi(0)=x$$

の解になっているわけである．

19·5 生成作用素の特徴付け

定理 19·6 $\mathfrak{D}(A)$ が $\mathfrak{H}$ において稠密であるような加法的作用素 A が次の条件を満足するならば，A は一意的に定まるある半群の生成作用素になる．その条件は，十分大きい正整数 n のすべてに対して $(I-n^{-1}A)$ が $\|J_n\|\leqq 1$ なる如き有界な逆作用素 $J_n=(I-n^{-1}A)^{-1}$ をもつことである．

証明 $J_n=(I-n^{-1}A)^{-1}$ であるから (19·21) は成立つが，(19·22) も成立つ．以下その証明．まず $y\in\mathfrak{D}(A)$ ならば $y=J_ny-n^{-1}J_nAy$．よって

$$\|y-J_ny\|\leqq n^{-1}\|J_n\|\cdot\|Ay\|\leqq n^{-1}\|Ay\|\to 0\quad(n\to\infty)$$

ところが $\mathfrak{D}(A)^a=\mathfrak{H}$ であるから，任意の $x\in\mathfrak{H}$ と任意の $\varepsilon>0$ とに対して $\|x-y\|\leqq\varepsilon$ なる如き $y\in\mathfrak{D}(A)$ が存在する．だから

$$\begin{aligned}\|x-J_nx\|&\leqq\|x-y\|+\|y-J_ny\|+\|J_ny-J_nx\|\\&\leqq\varepsilon+\|y-J_ny\|+\varepsilon\to 2\varepsilon\quad(n\to\infty)\end{aligned}$$

によって $\lim_{n\to\infty}J_nx=x$ を得る．

次に
$$T_t^{(n)}x=\exp(tAJ_n)x$$
とおくと，(19·27) を得たと同様に $\|T_t^{(n)}\|\leqq 1$．また (19·25) から

$$D_tT_t^{(n)}x=AJ_nT_t^{(n)}x=T_t^{(n)}AJ_nx$$

したがって

$$T_t^{(n)}x=x+\int_0^t T_s^{(n)}AJ_nx\,ds \qquad (19\cdot 27)'$$

しかも J_n と J_m とは明らかに可換したがって $AJ_n=n(J_n-I)$ と $T_s^{(m)}$ とも可換になるから，前定理の証明と同様にして

$$\begin{aligned}\|T_t^{(m)}x-T_t^{(n)}x\|&=\left\|\int_0^t D_s\{\exp(t-s)AJ_n\cdot T_s^{(m)}x\}ds\right\|\\&=\left\|\int_0^t\exp((t-s)AJ_n)\cdot T_s^{(m)}\cdot(AJ_m-AJ_n)x\,ds\right\|\\&\leqq\int_0^t\|(J_mA-J_nA)x\|ds\end{aligned}$$

ゆえに (19·22) を用い，$x\in\mathfrak{D}(A)$ ならば任意有限区間に属する t に関して一様に $\lim_{n\to\infty}T_t^{(n)}x=T_tx$ の存在することがわかる．ところが $\|T_t^{(n)}\|\leqq 1$ であり

かつ $\mathfrak{D}(A)^a=\mathfrak{H}$ であるから，前定理の証明におけると同じく任意の $x\in\mathfrak{H}$ を定めると任意有限区間に属する t に関して一様に

$$\lim_{n\to\infty} T_t^{(n)}x$$

も存在する.

この極限を $T_t\cdot x$ とすると，共鳴定理で $\|T_t\|\leqq 1$ であるが $\{T_t\}$ が A をその生成作用素とする半群であることがいえる．すなわち次の通り，まず $T_t^{(n)}T_s^{(n)}=T_{t+s}^{(n)}$ によって

$$\begin{aligned}\|T_{t+s}x-T_tT_s\cdot x\|&\leqq\|T_{t+s}x-T_{t+s}^{(n)}x\|+\|T_{t+s}^{(n)}x-T_t^{(n)}T_s^{(n)}x\|\\&\quad+\|T_t^{(n)}T_s^{(n)}x-T_t^{(n)}T_sx\|+\|T_t^{(n)}T_sx-T_tT_sx\|\\&\leqq\|T_{t+s}x-T_{t+s}^{(n)}x\|+\|T_t^{(n)}\|\cdot\|T_s^{(n)}x-T_sx\|\\&\quad+\|(T_t^{(n)}-T_t)\cdot T_sx\|\to 0\quad(n\to\infty)\end{aligned}$$

によって $T_tT_s=T_{t+s}$. また $T_s^{(n)}x$ が t に関して連続であるから T_tx も t に関して連続である．ゆえに $\{T_t\}$ は半群の条件を満足する．$\{T_t\}$ の生成作用素 $\tilde{A}$ をとするとき $\tilde{A}=A$ が成立つことがいえるとよい.

$\tilde{A}=A$ の証明. $x\in\mathfrak{D}(A)$ ならば，上に示したように $0\leqq s\leqq t<\infty$ で一様に

$$\|T_sAx-T_s^{(n)}Ax\|\to 0\quad(n\to\infty)$$

だから，(19·27) において $n\to\infty$ ならしめて

$$T_tx-x=\int_0^t T_sAxds,\quad x\in\mathfrak{D}(A)$$

したがって $x\in\mathfrak{D}(A)$ ならば $\lim_{t\downarrow 0}t^{-1}(T_t-I)x=Ax$ を得て $\tilde{A}$ が A の拡張であることがわかった．ゆえに $(I-n^{-1}\tilde{A})$ は $\mathfrak{D}(\tilde{A})$ をもまた $\mathfrak{D}(A)\subseteqq\mathfrak{D}(\tilde{A})$ をもそれぞれ1対1に $\mathfrak{H}$ 全体に写す．だから $\mathfrak{D}(A)=\mathfrak{D}(\tilde{A})$，したがって $\tilde{A}=A$ でなければならない.

19·6 $t>0$ において微分可能な半群[1)]

半群の生成作用素 A の定義領域 $\mathfrak{D}(A)$ は $\mathfrak{H}$ において稠密であった．§19·4

1) Yosida : On the differentiability of semi–groups of limear operators, Proc. Jap. Acad. (1958).

に示したようには $\mathfrak{D}(A)$ 一般には $\mathfrak{H}$ と一致しない．ところが § 19·3 の例 3 においては

$$t>0 \text{ ならば，任意の } x\in\mathfrak{H} \text{ に対して } T_t x\in\mathfrak{D}(A) \tag{19·28}$$

が成立つ．

証明　$t>0$ ならば，$x\in L_2(-\infty,\infty)$ なるとき

$$\frac{d}{dt}(T_t x)(s)=\int_{-\infty}^{\infty}\frac{d}{dt}\left(\frac{1}{(2\pi t)^{1/2}}e^{-(s-u)^2/2t}\right)x(u)du$$

$$\frac{d^2}{dt^2}(T_t x)(s)=\int_{-\infty}^{\infty}\frac{d^2}{dt^2}\left(\frac{1}{(2\pi t)^{1/2}}e^{-(s-u)^2/2t}\right)x(u)du$$

がともに $L_2(-\infty,\infty)$ に属することが容易にわかる．

$\dfrac{1}{(2\pi t)^{1/2}}e^{-(s-u)^2/2t}$ の t に関する 1 次および 2 次の導函数がいずれも $e^{-(s-u)^2/2t}$ に $t^{-1/2}$ や $(s-u)^2$ の多項式を乗じたものになっているから，§16·1 における例 2 において $\|T_t\|\leqq 1$ を証明したと同じように証明すればよいのである[1)]．

しかし § 19·4 の例 1 や例 2 では (19·28) は満足されない．半群はその生成作用素 A によって決定される（表現定理 19·5 および定理 19·6 をみよ）のであるから，(19·28) が成立つためには生成作用素 A には，定理 19·6 に与えた条件の他になお制限がつかなければならない．

この制限について述べるまえに二つの定理を準備する．

定理 19·7　半群 T_t が (19·28) を満足するならば，i)　$T_t'=D_tT_t$ は $t>0$ なるとき有界作用素になり，かつ

$$t\geqq t_0>0 \text{ ならば } \|T_t'\|\leqq\|T_{t_0}'\| \tag{19·29}$$

ii)　T_t' は $t>0$ において作用素のノルムの意味で連続：

$$t_0>0 \text{ ならば } \lim_{t\to t_0}\|T_t'-T'_{t_0}\|=0 \tag{19·30}$$

iii)　$t>0$ ならば $T_t^{(n)}=(D_t)^nT_t$ が有界作用素になり，かつ

$$T_t^{(n)}=A^nT_t=(T'_{t/n})^n \tag{19·31}$$

---

1)　$\int_{-\infty}^{\infty}|p(z)|e^{-z^2/2}dz<\infty$，$p(z)$ は z の多項式を用いよ．

証明 i) 任意の $x\in\mathfrak{H}$ に対して $T_tx\in\mathfrak{D}(A)$ であるから，(19·9) を得たと同じく $AT_tx=\lim_{h\downarrow 0}h^{-1}(T_h-I)T_tx=D_tT_tx=T_t'x$. $h^{-1}(T_h-I)T_t$ は有界作用素であるから，共鳴定理 6·2 系によって T_t' は有界作用素になる．また(19·9)に示されたように，A と T_t とは可換であるから，$t\geqq t_0>0$ ならば

$$T_t'=AT_t=AT_{t-t_0}T_{t_0}=T_{t-t_0}AT_{t_0}=T_{t-t_0}T'_{t_0}$$

ゆえに (19·4) を用い $\|T_t'\|\leqq\|T_{t-t_0}\|\cdot\|T'_{t_0}\|\leqq\|T'_{t_0}\|$.

ii) $x\in\mathfrak{H}$ に対して $T_tx-T_{t_0}x=\int_{t_0}^{t}T_s'xds$ であるから (19·29) によって

$$\|(T_t-T_{t_0})x\|\leqq(t-t_0)\|T'_{t_0}x\|,\quad t\geqq t_0>0$$

iii) $t>t_0>0$ ならば $T_t'=T_{t-t_0}T'_{t_0}$ であるから，任意の $x\in\mathfrak{H}$ と任意の $t>0$ に対して $T_t'x\in\mathfrak{W}(T_{t-t_0})\subseteqq\mathfrak{D}(A)$. ゆえに $T_t''=(T_t')'$ が存在し，かつ T_s と A との可換性を用い

$$T_t''=(T_{t-t_0}T'_{t_0})'=AT_{t-t_0}T'_{t_0}=AT_{t-t_0}AT_{t_0}=A^2T_{t-t_0}T_{t_0}$$
$$=A^2T_t=A^2T_{t/2}^2=(AT_{t/2})^2=(T'_{t/2})^2.$$

定明 19·8 (E. Hille) 半群 T_t の生成作用素を A とすると，$\Re(\lambda)>0$ なるとき $(\lambda-A)$ は有界な逆作用素 $\mathrm{R}(\lambda, A)=(\lambda I-A)^{-1}$ をもち，かつ $\gamma>0$ ならば

$$x\in\mathfrak{D}(A) \text{ において } T_tx=\lim_{\omega\to\infty}\frac{1}{2\pi i}\int_{\gamma-i\omega}^{\gamma+i\omega}e^{\lambda t}R(\lambda, A)xd\lambda \qquad (19·32)$$

が成立つ．

証明は次の § に与える．

この二定理を利用して，半群の微分可能性に関する次の二定理が証明される．

定理 19·9 すべての $t>0$ において T_t' が存在しかつ

$$\overline{\lim_{t\downarrow 0}}\, t\cdot\|T_t'\|<\infty \qquad (19·33)$$

が成立つための必要かつ十分な条件は

$$\overline{\lim_{|\tau|\uparrow\infty}}\,|\tau|\cdot\|R(1+i\tau, A)\|<\infty \qquad (19·34)$$

しかも (19・34) を満足する半群 T_t は，複素 λ－平面の角領域

$$|\lambda-t|<t/eC \quad (\text{ただし } 0<t<\infty,\ C=\sup_{s>0}(s(e^{-s/2}T_s)')) \qquad (19\cdot35)$$

において定義せられた有界作用素 T_λ に拡張される．ここに T_λ は (19・35) において λ に関して正則である．すなわち複素数 z が $\to 0$ なるとき

$$\overline{\lim_{z\to0}}\|z^{-2}(T_{\lambda+z}-T_\lambda)-T_\lambda'\|=0$$

となるような有界作用素 T_λ' が存在する．

系　とくに，T_t' が $t>0$ において存在しかつ

$$\overline{\lim_{t\downarrow0}}\,t\|T_t'\|<e^{-1}$$

であるような半群 T_t は $t=0$ においても微分可能すなわち $\mathfrak{D}(A)=\mathfrak{H}$ である．

定理 19・10　すべての $t>0$ において T_t' が存在し，かつ

$$\overline{\lim_{t\downarrow0}}\,t\cdot\log\|T_t'\|=0 \qquad (19\cdot36)$$

が成立つための必要かつ十分な条件は

$$\overline{\lim_{|\tau|\uparrow\infty}}\log|\tau|\cdot\|R(1+i\tau,A)\|=0 \qquad (19\cdot37)$$

定理 19・9 の証明　$\overline{\lim_{t\downarrow0}}\,t\|T_t'\|<\infty$ と仮定すると，(19・29) と $\|T_t\|\leqq1$ とを用い半群

$$S_t=e^{-t/2}T_t$$

に対して $\sup_{t>0}t\|S_t'\|=C<\infty$ の成立つことがわかる．$S_t'=-2^{-1}e^{-t/2}T_t+e^{-t/2}T_t'$ であるからである．S_t に (19・31) を応用して

$$(t/n)^n\|S_t^{(n)}\|\leqq(t/n)^n\|S'_{t/n}\|^n\leqq C^n \qquad (t>0,\ n\geqq1)$$

を得るから

$$(n!)^{-1}|\lambda-t|^n\cdot\|S_t^{(n)}\|\leqq(n!)^{-1}(nCt^{-1}|\lambda-t|)^n\leqq(eCt^{-1}|\lambda-t|)^n$$

ゆえに

$$S_\lambda=S_t+\sum_{n=1}^{\infty}(n!)^{-1}(\lambda-t)^nS_t^{(n)}$$

は，(19・35) を満足する複素数 λ においては作用素のノルムの意味で収束し

かつ λ に関して正則で

$$\|S_\lambda\| \leqq (1-eCt^{-1}|\lambda-t|)^{-1} \qquad (eCt^{-1}|\lambda-t|<1 \text{ なるとき}) \quad (19\cdot38)$$

τ が実数とすると，半群 $e^{-t\tau i}T_t$ は $(A-i\tau I)$ を生成作用素とするから，(19·8) をこの半群に応用して

$$R(1+i\tau, A)=((1+i\tau)I-A)^{-1}=\int_0^\infty e^{-(1+i\tau)t}T_t dt=\int_0^\infty e^{-i\tau t}e^{-t/2}S_t dt$$

この積分は，$0<\tan\varphi<1/cC$ として

$$R(1+i\tau, A)=\int_0^\infty \exp(-i\tau re^{-i\varphi/2})\exp(-re^{-i\varphi/2})S_{r\exp(-i\varphi)}e^{-i\varphi}dr \quad (19\cdot39)$$

と書き直される．S_λ が正則であるから，積分路 $0\leqq t<\infty$ を変化させて積分路 $re^{-i\varphi}, 0\leqq r<\infty$，におきかえても，Cauchy の積分定理で[1] 同じ積分値 $R(1+i\tau, A)$ を得るのである．$r>0$ を定めたとき円弧：

$$re^{-i\theta}, \qquad 0\leqq\theta\leqq\varphi$$

の上での積分は，(19·38) と収束因子 $\exp(-re^{-i\theta/2})$ によって，$r\to\infty$ なるとき 0 に収束するからである．

(19·39) と (19·38) によって (19·34) は容易に得られる．

次に (19·34) を仮定して (19·33) を証明しよう．このとき

$$|(1+i\tau)-\lambda|\cdot\|R(1+i\tau, A)\|<1/2 \quad (19\cdot40)$$

なる複素数 λ に対して $(\lambda I-A)^{-1}$ が有界作用素になり，それを $R(\lambda, A)$ とかくと

$$R(\lambda, A)=\sum_{n=0}^\infty (1+i\tau-\lambda)^n R(1+i\tau, A)^{n+1} \quad (19\cdot41)$$

で与えられることがいえる．まず (19·41) の右辺は，作用素のノルムの意味で (19·40) を満足する λ に対して収束しかつ

$$\|R(\lambda, A)\|\leqq\|R(1+i\tau, A)\|\cdot\frac{1}{1-1/2}=2\|R(1+i\tau, A)\| \quad (19\cdot42)$$

(19·41) の右辺が $(\lambda I-A)^{-1}$ を表わすことは，

1) S_λ を，その正則領域内に横たわる単一連結な長さのある曲線に沿って複素線積分したものが 0 になる．証明は，複素数値函数に関する Cauchy の積分定理と同様に（複素数の絶対値をとるところを作用素のノルムをとれ）やればよい．

$$(\lambda I-A)=(\lambda-1-i\tau)I+((1+i\tau)I-A)$$

を乗じてみるとわかる．

だから仮定 (19·34) を用いると，λ－平面の左半面にある曲線 $\lambda(s)=\sigma(s)+i\tau(s)$ で

$$\lim_{\tau(s)\uparrow\infty}(-\sigma(s)/\tau(s))=\tan\varepsilon=\lim_{\tau(s)\downarrow-\infty}\sigma(s)/\tau(s) \qquad (\varepsilon>0) \qquad (19\cdot 43)$$

の形の条件を満足するものと，λ 平面の右半面にある曲線 $\Re(\lambda)=1+\varepsilon(\varepsilon>0)$ とで囲まれた領域においては $R(\lambda, A)$ が存在し，かつこの領域において $|\Im(\lambda)|=|\tau|\to\infty$ なるとき $\|R(\lambda, A)\|=0(|\tau|^{-1})$ であることがわかる．

ゆえに (19·32) から得られる

$$T_t x=\lim_{\omega\uparrow\infty}\frac{i}{2\pi i}\int_{-\omega}^{\omega}e^{(1+i\tau)t}R(1+i\tau, A)\cdot x d\tau,\ x\in\mathfrak{D}(A), \quad t>0$$

における積分路 $(1+i\tau)$，$-\infty<\tau<\infty$，を $\tilde{\lambda}(s)=2^{-1}\sigma(s)+i\tau(s)$ にまで変化させることができる：

$$T_t x=\frac{1}{2\pi i}\int_{\tilde{\lambda}(s)}e^{\lambda t}R(\lambda, A)x\cdot d\lambda$$

$\tilde{\lambda}(s)$ の形 (19·43) と $\|R(\lambda, A)\|=0(|\tau|^{-1})$，$\lambda=\sigma+i\tau$，とから上式右辺はすべての $x\in\mathfrak{H}$ に対して収束し，かつ $t>0$ につき微分可能なことがわかる．このとき，任意の $t_0>0$ に対して

$$\frac{1}{2\pi i}\int_{\tilde{\lambda}(s)}e^{\lambda t}\lambda R(\lambda, A)x\cdot d\lambda$$

が $t\geqq t_0$ で一様収束するからである．よって $t>0$ において T_t' の存在することおよび

$$T_t' x=\frac{1}{2\pi i}\int_{\tilde{\lambda}(s)}\lambda e^{\lambda t}R(\lambda, A)x\cdot d\lambda \qquad (x\in\mathfrak{H})$$

がわかった．したがって (19·33) は上式から容易にわかる．

系の証明 $t>0$ を定めたとき n が十分大きいならば $(t/n(\|T_{t/n}'\|<e^{-1}$．ゆえに

$$T_\lambda=T_t+\sum_{n=1}^{\infty}(n!)^{-1}(\lambda-t)^n T_t^{(n)}=T_t+\sum_{n=1}^{\infty}(n!)^{-1}(\lambda-t)^n(T_{t/n})^n$$

の一般項のノルムについては，n が十分大きいと

$$\|(n!)^{-1}(\lambda-t)^n(T_{t/n}')^n\|<(n!)^{-1}|\lambda-t|^n\left(\frac{n}{t}\right)^n\cdot(e')^n, \qquad 0<e'<e^{-1}$$

となる．だから $|\lambda-t|/t<(ee')^{-1}$ なる λ においては T_λ が定義せられかつ λ に関して正則になる．ゆえに T_λ は $t=0$ においても正則になって，T_t' が $t=0$ においても存在する．

定理 19·36 の証明　(19·36) を仮定する．

$$R(1+i\tau, A)=((1+i\tau)I-A)^{-1}=\int_0^\infty e^{-(1+i\tau)t}T_t dt$$

を部分積分して，任意の $\delta>0$ に対し

$$R(1+i\tau, A)=\int_0^\delta e^{-(1+i\tau)t}T_t dt+(1+i\tau)^{-1}e^{-(1+i\tau)\delta}T_\delta$$
$$+(1+i\tau)^{-1}\int_\delta^\infty e^{-(1+i\tau)t}T_t' dt$$

ゆえに $\|T_t\|\leqq 1$ と $\|T_t'\|$ の t に関する単調減少性 (19·29) を用い

$$\|R(1+i\tau, A)\|\leqq\delta+(1+\tau^2)^{-1/2}(1+\|T_\delta'\|) \tag{19·44}$$

ところが $t^{-1}\|T_t'\|$ は $\|T_t'\|$ とともに t に関して単調減少だから，二つの可能性：

$$\lim_{t\downarrow 0} t^{-1}\|T_t\|=\infty \quad と \quad \lim_{t\downarrow 0} t^{-1}\|T_t'\|<\infty$$

があるが，後者の場合には前定理で $\overline{\lim\limits_{|\tau|\uparrow\infty}}\ \tau\cdot\|R(1+i\tau, A)\|<\infty$ が成立つから (19·37) はもちろん成立つ．前者の場合には，τ を

$$|\tau|=\delta^{-1}\|T_\delta'\| \tag{19·45}$$

から定めると，仮定 $\lim\limits_{\delta\downarrow 0}\delta\cdot\log\|T_\delta'\|=0$ から

$$\lim_{\delta\downarrow 0}\delta(\log\delta+\log|\tau|)=0$$

を得て $\lim\limits_{\delta\downarrow 0}\delta\log|\tau|=0$．ゆえに (19·44), (19·45) から (19·37) を得る．

次に (19·37) から (19·36) を導かう．前定理の証明におけると同じく，(19·41) を用い次のことがわかる．λ－平面の左半面にある曲線 $\lambda(s)=\sigma(s)+i\tau(s)$ で

$$|\sigma(s)|=\mathcal{E}(s)^{-1}\log|\tau(s)|,\qquad 0<\mathcal{E}(s) \text{ で } \lim_{|s|\to\infty}\mathcal{E}(s)=0,$$

$$\lim_{s\uparrow\infty}\tau(s)=\infty,\qquad \lim_{s\downarrow-\infty}\tau(s)=-\infty$$

を満足するようなものと，λ 平面の右半面にある曲線 $\Re(\lambda)=1+\mathcal{E}$, $\mathcal{E}>0$, とで囲たまれ領域においては $R(\lambda, A)$ が存在し，かつこの領域において $|\Im(\lambda)|=|\tau|\to\infty$ なるとき $\|R(\lambda, A)\|=o(1/\log|\tau|)$ であることがわかる.

ゆえに (19·32) から得られる

$$T_t x=\lim_{\omega\uparrow\infty}\frac{i}{2\pi i}\int_{-\omega}^{\omega}e^{(1+i\tau)t}R(1+i\tau, A)\cdot x d\tau,\qquad x\in\mathfrak{D}(A),\qquad t>0$$

における積分路 $(1+i\tau)$, $-\infty<\tau<\infty$, を $\tilde{\lambda}(s)=2^{-1}\sigma(s)+i\tau(s)$ にまで変化させることができる：

$$T_t x=\frac{1}{2\pi i}\int_{\tilde{\lambda}(s)}e^{\lambda t}R(\lambda, A)x d\lambda$$

これから，$t>0$ ならばすべての $x\in\mathfrak{H}$ に対して $T_t x$ が微分可能で，かつ $\|T_t'\|$ が (19·36) を満足することがいえる．証明は前定理の証明とおなじようにしてやればよい.

19·7　定理 19·8 の証明[1)]

$\lambda=\sigma+i\tau$ とおいて $\sigma=\Re(\lambda)>0$ ならば，$(-i\tau I+A)$ をその生成作用素とするところの半群 $e^{-i\tau t}T_t$ に (19·8) を応用して

$$(\lambda I-A)^{-1}=R(\lambda, A)=\int_0^{\infty}e^{-\lambda t}T_t dt,\qquad \|R(\lambda, A)\|\leqq 1/\sigma$$

を得る．だから任意の $x\in\mathfrak{H}$ に対して

$$R(\lambda, A)x=\int_0^{\infty}e^{-\lambda t}da(t),\qquad a(t)=\int_0^t T_s\cdot x ds$$

ここで $\xi>0, \delta>0$ として次の積分を考える：

$$g(\xi, \omega)=\frac{1}{2\pi i}\int_{\delta-i\omega}^{\delta+i\omega}e^{\lambda\xi}R(\lambda, A)x\cdot\frac{d\lambda}{\lambda}$$

$$=\frac{1}{2\pi i}\int_{\delta-i\omega}^{\delta+i\omega}e^{\lambda\xi}\left\{\left[a(t)e^{-\lambda t}\right]_{t=0}^{t=\infty}+\int_0^{\infty}e^{-\lambda t}\lambda a(t)dt\right\}\frac{d\lambda}{\lambda}$$

1)　E. Hille-R. S. Phillips：前掲書，p. 218.

$$= \frac{1}{2\pi i}\int_{\delta-i\omega}^{\delta+i\omega} e^{\lambda\xi}\left(\int_0^\infty e^{-\lambda t}a(t)dt\right)d\lambda \tag{19·46}$$

上の計算において $\Big[\quad\Big]_{t=0}^{t=\infty}$ が0であることは，$\|a(t)e^{-\lambda t}\| = e^{-\delta t}\int_0^t \|T_s\|\cdot\|x\|ds$ $\leqq e^{-\gamma t}\|x\|\cdot t$ からわかる．同じく $\|e^{\lambda(\xi-t)}a(t)\| \leqq e^{\delta(\xi-t)}\|x\|\cdot t$ が

$$0 \leqq t < \infty, \qquad -\omega \leqq \mathfrak{J}m(\lambda) \leqq \omega$$

において可積分であるあら，Fubini の定理によって，積分順序を交換し

$$g(\xi,\omega) = \frac{1}{2\pi i}\int_0^\infty a(t)\left\{\int_{\delta-i\omega}^{\delta+i\omega} e^{\lambda(\xi-t)}d\lambda\right\}dt$$

$$= \frac{1}{\pi}\int_0^\infty a(t)e^{\delta(\xi-t)}\frac{\sin\omega(\xi-t)}{\xi-t}dt \tag{19·47}$$

もし
$$\lim_{\omega\uparrow\infty} g(\xi,\omega) = a(\xi) = \int_0^\xi T_s\cdot x ds, \qquad \xi > 0 \tag{19·48}$$

がいえたならば，$R(\lambda, A) = (\lambda I - A)^{-1}$ から得る．

$$R(\lambda, A)Ax = \lambda R(\lambda, A)x - x \qquad (\text{ただし } x\epsilon\mathfrak{D}(A) \text{ とする})$$

によって $x\epsilon\mathfrak{D}(A)$，$\xi > 0$ なるとき

$$\int_0^\xi T_s Axds = \lim_{\omega\uparrow\infty}\frac{1}{2\pi i}\int_{\delta-i\omega}^{\delta+i\omega} e^{\lambda\xi}R(\lambda, A)Ax\cdot\frac{d\lambda}{\lambda}$$

$$= \lim_{\omega\uparrow\infty}\frac{1}{2\pi i}\int_{\delta-i\omega}^{\delta+i\omega} e^{\lambda\xi}R(\lambda, A)xd\lambda - x\cdot\lim_{\omega\uparrow\infty}\frac{1}{2\pi i}\int_{\delta-i\omega}^{\delta+i\omega} e^{\lambda\xi}\frac{d\lambda}{\lambda}$$

この左辺は $T_s'x = T_sAx$ よって $= T_\xi x - x$．また右辺第2項 $= -x$ であるから結局 (19·32) がいえた．

(19·48) の証明　$t < 0$ において $a(t) = 0$ と約束し，また

$$S_i(k) = \frac{1}{\pi}\int_{-\infty}^k \frac{\sin\eta}{\eta}d\eta, \qquad \mathrm{si}(k) = 1 - S_i(k) = \frac{1}{\pi}\int_k^\infty \frac{\sin\eta}{\eta}d\eta$$

とすれば，部分積分で

$$g(\xi,\omega) = \Big[S_i(\omega(t-\xi)(\cdot a(t)e^{\delta(\xi-t)}\Big]_{t=-\infty}^{t=\infty} - \int_{-\infty}^\infty S_i(\omega(t-\xi))d_t(a(t)e^{\delta(\xi-t)}),$$

$$= \int_{-\infty}^\infty si(\omega(t-\xi))d_t(a(t)e^{\delta(\xi-t)}), \tag{19·49}$$

を得る．$a(t)e^{\delta(\xi-t)} = e^{\delta(\xi-t)}\int_0^t T_s\cdot xds (t \geqq 0), a(t)e^{\delta(\xi-t)} = 0 (t < 0)$ であるか

ら $a(t)e^{\delta(\xi-t)}$ の $(-\infty,\ t)$ におけるノルムの意味の全変分 $b_\xi(t)$ が

$$b_\xi(t)\leqq\int_{-\infty}^{t}\left\|\frac{d}{ds}\left\{e^{\delta(\xi-s)}\int_0^s T_\xi\cdot x\,d\xi\right\}\right\|ds$$

$$=\int_0^t\left\|e^{\delta(\xi-s)}\left(T_s x-\delta\int_0^s T_\xi\cdot x\,d\xi\right)\right\|ds$$

$$\leqq\int_0^t e^{\delta(\xi-s)}(1+\delta s)\|x\|ds\qquad(t\geqq 0),$$

$$b_\xi(t)=0\qquad(t<0)$$

を満足し，したがって $b_\xi(\infty)<\infty$ であるから部分積分が許される．また上の $g(\xi,\omega)$ の右辺を得るための $\Big[\quad\Big]_{t=-\infty}^{t-\infty}=0$ や $\int_{-\infty}^{\infty}d_t(a(t)e^{\delta(\xi-t)})=0$ は明らかであろう．

良く知られているように

$$|\mathrm{si}(k)|\leqq 2\quad(-\infty<k<\infty),\qquad \mathrm{si}(k)=O(k^{-1})\quad(k\to\infty),$$

$$\mathrm{si}(k)=2^{-1}+O(k)\quad(k\to 0),\qquad \mathrm{si}(k)=1+O(k^{-1})\quad(k\to-\infty)$$

であるから，(19·49) の積分の積分範囲を分けて

$$g(\xi,\omega)=I_1+I_2+I_3+I_4+I_5$$

$$=\int_{-\infty}^{\xi-\omega^{-1/2}}+\int_{\xi-\omega^{-1/2}}^{\xi-\omega^{-2}}+\int_{\xi-\omega^{-2}}^{\xi+^{-2}\omega}+\int_{\xi+\omega^{-2}}^{\xi+\omega^{-1/2}}+\int_{\xi+\omega^{-1/2}}^{\infty}$$

とすれば，$\omega\downarrow\infty$ なるとき

$$I_1=a(\xi-\omega^{-1/2})e^{\delta\omega^{-1/2}}+0(\omega^{-1/2}),$$

$$\|I_2\|\leqq 2\times(b_\xi(\xi-\omega^{-2})-b_\xi(\xi-\omega^{-1/2})),$$

$$I_3=\frac{1}{2}(a(\xi+\omega^{-2})e^{-\delta\omega^{-2}}-a(\xi-\omega^{-2})e^{\delta\omega^{-2}})+O(\omega^{-1})$$

$$\|I_4\|\leqq 2\times(b_\xi(\xi+\omega^{-1/2})-b_\xi(\xi+\omega^{-2})),$$

$$I_5=(\omega^{-1/2})$$

を得る．ゆえに $a(t)e^{\delta(\xi-t)}$ および $b_\xi(t)$ の t に関する連続性から (19·48) が得られる．

第 20 章　スペクトルの多重度

加法的作用素 T の固有値 λ_0 の重多度のについては第 11 章に定義したが，T が自己共役でかつ λ_0 が T の連続スペクトル系に属するときには，λ_0 の多重度をどのように定義するか，また有限次元の Hilber 空間の場合には，二つの自己共役作用素（行列）T_1 と T_2 とがあるユニタリ作用素（行列）U によって

$$T_2 = UT_1U^{-1}$$

の如く結びつけられているための必要かつ十分な条件は行列論において良く知られているように，T_1 と T_2 とがその多重度をも含めて固有値系を等しくすることである．これを無限次元の Hilbert 空間に拡張する問題すなわち所謂“ユニタリ同値 (unitary equivalence)”の問題も重要である．なおまた T のスペクトルをその多重度をも含めて一目瞭然たらしめる標準形に直してみせる J. von Neumann “の還元理論 (Reduction Theory)[1] も，近ごろ偏微分作用素の固有函数系による任意函数の展開理論においてその有効性を発揮しつつある[2]．

紙数の関係もあるので，本書においてはスペクトルの多重度についてのみ簡単に解説する．

20·1　単純スペクトルの作用素

自己共役作用素 $T=\int_{-\infty}^{\infty}\lambda dE(\lambda)$ のスペクトルがすべて**一重**または**単純** (simple) であるということを次の条件によって定義する：

定義　適当にベクトル $y\in\mathfrak{H}$ を定めると，$(E(\beta)-E(\alpha))y\ (\beta>\alpha)$ の形の元の一次結合の全体が $\mathfrak{H}$ において稠密である．このような y を，T に関する $\mathfrak{H}$ の生成元 (generating vector) という．

例 1.　$\mathfrak{H}$ を有限次元（n-次元）したがって $T=\int_{-\infty}^{\infty}\lambda dE(\lambda)$ を自己共役

---

1) 例えば M. H. Stone : Linear transformations in Hilbert space, New York (1932), §7 をみよ．

2) Ann. of Math. 50 (1949), No. 2, 401–485.

3) L. Gårding : Applications of the theory of direct integrals of Hilbert spaces to some integral and differential operators, Univ. of Maryland (1954).

な行列とするとき，T が単純スペクトルの作用素であるために必要かつ十分な条件は，T の固有値がすべて一重固有値であることである．

証明 T の固有値を $\lambda_1, \lambda_2, \cdots, \lambda_p (p \leqq n), \lambda_j$ の多重度を $m_j\left(\sum_{j=1}^{p} m_j = n\right)$ とし，固有値 λ_j に属する固有空間 $\mathfrak{E}(\lambda_j)$ の正規直交系を

$$x_{j1}, x_{j2}, \cdots, x_{jm_j} \qquad (Tx_{jk} = \lambda_j x_{jk})$$

とすると，$\{x_{jk}\}$ は一次独立であり，かつ任意の $y \in \mathfrak{H}$ はただ一通りに

$$y = \sum_{j=1}^{p} \sum_{k=1}^{m_j} \gamma_{jk} x_{jk} \tag{20·1}$$

と表現される．$E(\lambda)$ の定義から，$\mathfrak{E}(\lambda_j)$ への射影を $P(\mathfrak{E}(\lambda_j))$ として

$$(E(\beta) - E(\alpha))y = \sum_{\alpha < \lambda_j \leqq \beta} \left(\sum_{k=1}^{m_j} \gamma_{jk} x_{jk} \right) = \sum_{\alpha < \lambda_j \leqq \beta} P(\mathfrak{E}(\lambda_j)) \cdot y \tag{20·2}$$

ゆえに，もしもある λ_j が一重固有値でない $(m_j \geqq 2)$ とすると，どんな y を定めても，すなわちどんな γ_{jk} を定めても，$(E(\beta) - E(\alpha))y$ の形の元の一次結合についてはその $\mathfrak{E}(\lambda_j)$ への射影はいずれも

$$\left(\sum_{\kappa=1}^{m_j} \gamma_{jk} x_{jk} \right) \text{の定数倍}$$

になるから m_j 次元の $\mathfrak{E}(\lambda_j)$ をつくさない．だからT が単純スペクトルの作用素ならば T の固有値はすべて一重でなければならない．

逆に T の固有値がすべて一重であるならば，すなわち $p = n$, $m_j = 1 (j = 1, 2, \cdots, n)$ ならば $y = \sum_{j=1}^{n} x_{j1}$ に対して $(E(\beta) - E(\alpha))y = \sum_{\alpha < \lambda_j \leqq \beta} x_{j1}$ であるから，$(E(\beta) - E(\alpha))$ の形の元の一次結合の全体は $x_{j1} (j = 1, 2, \cdots, n)$ をすべて含み，したがって $\mathfrak{H}$ に一致する．だから T の固有値がすべて一重ならば T は単純スペクトルの作用素である．

注意 自己共役行列の固有値 $\lambda_1, \lambda_2, \cdots, \lambda_p (p \leqq n)$ の多重度 $m_1, m_2, \cdots, m_p \left(\sum_{j=1}^{p} m_j = n \right)$ の最大を m_{j_0} とする．このときはどのように m_{j_0} 個より少ない個数のベクトル $y_1, y_2, \cdots, y_{m_{j_0} - k}$ をもってきても

$$(E(\beta_1) - E(\alpha_1))y_1, (E(\beta_2) - E(\alpha_2))y_2, \cdots, (E(\beta_{m_{j_0} - k}) - E(\alpha_{m_{j_0} - k}))y_{m_{j_0} - k}$$

の形のベクトルの一次結合では $\mathfrak{H}$ を尽くすことはできない．しかし適当に m_{j_0} 個のベクトル $z_1, z_2, \cdots, z_{m_{j_0}}$ をもってくると

$$(E(\beta_1) - E(\alpha_1))z_1, (E(\beta_2) - E(\alpha_2))z_2, \cdots,, (E(\beta_{m_{j_0}}) - E(\alpha_{m_{j_0}}))z_{m_{j_0}}$$

の形の元の一次結合で $\mathfrak{H}$ を尽くすことができる．

証明　y_i および z_s を (20·1) の如く x_{jk} の一次結合として表わして(20·2)を用い，x_{jk} が一次独立なことに注意せよ．くわしくは読者の演習にまかせる．

例 2.　§10·4 に与えた作用素 $t\cdot$，すなわち $x(t)$ と $tx(t)$ とがともに $\epsilon L_2(-\infty, \infty)$ であるような $x(t)$ に $tx(t)$ を対応させる作用素 $t\cdot$ は単純スペクトルの作用素である．

証明

$$y(t)=1/|k|, \qquad k-1<t\leqq k \qquad (k=0, \pm 1, \pm 2, \cdots)$$

とおけば，明らかに $y(t)\epsilon L_2(-\infty, \infty)$ である．§10·4 に示したように，作用素 $t\cdot$ のスペクトル分解 $t\cdot=\int_{-\infty}^{\infty}\lambda dE(\lambda)$ における $E(\lambda)$ は

$$\begin{aligned} E(\lambda)x(t)&=x(t), \qquad t\leqq\lambda \quad \text{のとき} \\ &=0, \qquad t>\lambda \quad \text{のとき} \end{aligned}$$

であるから

$$\begin{aligned} (E(\beta)-E(\alpha))y(t)&=y(t), \qquad \alpha<t\leqq\beta \quad \text{のとき} \\ &=0, \qquad t\leqq\alpha \quad \text{または} \quad t>\beta \quad \text{のとき} \end{aligned}$$

ゆえに $(E(\beta)-E(\alpha))y(t)$ の形の元の一次結合の全体は，有限区間の外では $\equiv 0$ となるような階段函数の全体と一致する．だから上の一次結合の全体は $L_2(-\infty, \infty)$ において稠密である．

20·2　単純スペクトルの作用素の標準形

T を単純スペクトルの自己共役作用素とし，y を T に関する $\mathfrak{H}$ の生成元とする．単調増加函数

$$\sigma(\lambda)=(E(\lambda)y, y)$$

から定義される Lebesgue-Stieltjes 式測度に関して 2 乗積分可能な函数の全体 $f(\lambda)$ はノルム

$$\|f\|_\sigma^2=\int_{-\infty}^{\infty}|f(\lambda)|^2 d\sigma(\lambda) \qquad \left(\text{および内積 } (f, g)_\sigma=\int_{-\infty}^{\infty}f(\lambda)\overline{g(\lambda)}d\sigma(\lambda)\right)$$

によって Hilbert 空間 $L_2^{(\sigma)}(-\infty, \infty)$ を作る．このとき

定理 20·1　各 $f(\lambda)\epsilon L_2^{(\sigma)}(-\infty, \infty)$ に $\mathfrak{H}$ のベクトル

$$\hat{f}=\int_{-\infty}^{\infty} f(\lambda)dE(\lambda)y \tag{20·3}$$

を対応させる対応 $f(\lambda)\to\hat{f}$ は，$L_2^{(\sigma)}(-\infty,\infty)$ を $\mathfrak{H}$ 全体に1対1かつ等距離的に写す加法的作用素 V を定義する．そして $L_2^{(\sigma)}(-\infty,\infty)$ における作用素 $T_1=VTV^{-1}$ は，$L_2^{(\sigma)}(-\infty,\infty)$ において λ を乗ずる作用素 $\lambda\cdot$ に等しい．すなわち

$\mathfrak{D}(T_1)=\mathfrak{D}(VTV^{-1})=\{f(\lambda)\ ;\ f(\lambda)$ も $\lambda f(\lambda)$ もともに $\in L_2^{(\sigma)}(-\infty,\infty)\}$

であり，かつ $f(\lambda)\in\mathfrak{D}(T_1)$ に対して $(T_1f)(\lambda)=\lambda f(\lambda)$

証明 まず $E(\lambda)E(\mu)=E(\min(\lambda,\mu))$ だから

$$(E(\lambda))y,\hat{f})=\int_{-\infty}^{\infty}\overline{f(\mu)}d_\mu(E(\lambda)y,E(\mu)y)=\int_{-\infty}^{\infty}\overline{f(\mu)}d_\mu(E(\mu)E(\lambda)y,y)$$
$$=\int_{-\infty}^{\lambda}\overline{f(\mu)}d(E(\mu)y,y)=\int_{-\infty}^{\lambda}\overline{f(\mu)}d\sigma(\mu)$$

したがって

$$(\hat{f},\hat{g})=\int_{-\infty}^{\infty}f(\lambda)d(E(\lambda)y,\hat{g})=\int_{-\infty}^{\infty}f(\lambda)\overline{g(\lambda)}d\sigma(\lambda) \tag{20·4}$$

ゆえに V^{-1} は

$$\mathfrak{D}(V^{-1})=\{\hat{f};\hat{f}=\int_{-\infty}^{\infty}f(\lambda)dE(\lambda)y,f(\lambda)\in L_2^{(\sigma)}(-\infty,\infty)\}$$

を $L_2^{(\sigma)}(-\infty,\infty)$ 全体に1対1かつ等距離的に写す．したがってとくに $\mathfrak{D}(V^{-1})$ は $\mathfrak{H}$ の閉部分空間である．ところが $\int_\alpha^\beta dE(\lambda)y$ の形の元（ただし $-\infty<\alpha<\beta<\infty$）は明らかに $\in\mathfrak{D}(V^{-1})$ である．しかも，T が単純スペクトルの作用素という仮定があるから，$\int_\alpha^\beta dE(\lambda)y$ の形の元の一次結合の全体は $\mathfrak{H}$ において稠密である．かくして $\mathfrak{D}(V^{-1})=\mathfrak{D}(V^{-1})^a=\mathfrak{H}$ となって，定理の始めの部分が証明された．

つぎに

$$E(\lambda)\hat{f}=E(\lambda)\int_{-\infty}^{\infty}f(\mu)dE(\mu)y=\int_{-\infty}^{\infty}f(\mu)d_\mu(E(\lambda)E(\mu)y)$$
$$=\int_{-\infty}^{\lambda}f(\mu)dE(\mu)y$$

であるから，(20·4) を用い

$$(E(\lambda)\hat{f},\hat{g})=\int_{-\infty}^{\lambda}f(\mu)\overline{g(\mu)}d\sigma(\mu) \tag{20·5}$$

よって

$$V^{-1}f=\hat{f}=\int_{-\infty}^{\infty}f(\lambda)dE(\lambda)y,\ f\in L_2^{(\sigma)}(-\infty,\infty)$$

が $T=\int_{-\infty}^{\infty}\lambda dE(\lambda)$ の定義域に入るための条件 $\int_{-\infty}^{\infty}\lambda^2d(E(\lambda)\hat{f},\hat{f})<\infty$ は $\int_{-\infty}^{\infty}\lambda^2|f(\lambda)|^2d\sigma(\lambda)<\infty$ に一致する．しかもこのとき $TV^{-1}f=T\hat{f}=\int_{-\infty}^{\infty}\lambda dE(\lambda)f$ であるから，(20·5) と V の等距離性とによって

$$\begin{aligned}(T_1f,g)_\sigma&=(VTV^{-1}f,g)_\sigma=(TV^{-1}f,V^{-1}g)=(T\hat{f},\hat{g})\\&=\int_{-\infty}^{\infty}\lambda d(E(\lambda)\hat{f},\hat{g})=\int_{-\infty}^{\infty}\lambda f(\lambda)\overline{g(\lambda)}d\sigma(\lambda)\end{aligned}$$

一方 $(T_1f,g)_\sigma=\int_{-\infty}^{\infty}(T_1f)(\lambda)\cdot\overline{g(\lambda)}d\sigma(\lambda)$ であるから

$$(T_1f)(\lambda)=\lambda f(\lambda) \qquad (\text{測度 }\sigma(\lambda)\text{ に関してほとんど到る所})$$

でなければならない．

20·3 スペクトルの多重度

自己共役な $T=\int_{-\infty}^{\infty}\lambda dE(\lambda)$ に対して“有限区間 $(\alpha,\beta]$ に属するスペクトルの最大多重度”を次の如く定義する：

Hilbert 空間 $(E(\beta)-E(\alpha))\cdot\mathfrak{H}$ の閉じた部分空間 $\mathfrak{M}$ で

$$\{(E(\mu)-E(\lambda))y;\ y\in\mathfrak{M},\qquad -\infty<\lambda<\mu<\infty\}$$

の形の元の全体が $(E(\beta)-E(\alpha))\mathfrak{H}$ と一致するような $\mathfrak{M}$ を，“T に関して $(E(\beta)-E(\alpha))\mathfrak{H}$ の生成部分空間”ということにする．このような $\mathfrak{M}$ の次元数の，$\mathfrak{M}$ が“T に関して $(E(\beta)-E(\alpha))\mathfrak{H}$ の生成部分空間”を動くときの，下限を“T の $(\alpha,\beta]$ に属するスペクトルの最大多重度”といい，$m(T(\alpha,\beta])$ と書くことにしよう．

T が有限次元の自己共役行列のときには，§20·1 の注意に述べたことからわかるように，$m(T;(\alpha,\beta])$ は，T の固有値 λ で $\alpha<\lambda\leqq\beta$ を満足する

ものの多重度の最大数であることがわかる.

だから一般の場合には，実数 λ_0 が T のスペクトルとしての多重度として

$$\lim_{\alpha\uparrow\lambda_0,\beta\downarrow\lambda_0} m(T;(\alpha,\beta])=m(T;\lambda_0)\lambda_0$$

をもつというように定義してもよいであろう.

例 1. λ_0 が T のスペクトルでないときには $m(T;\lambda_0)=0$. 証明. 十分小さい $\epsilon>0$ に対しては $E(\lambda_0+\varepsilon)-E(\lambda_0-\varepsilon)=0$ であるから，$(E(\lambda_0+\varepsilon)-E(\lambda_0-\varepsilon))\cdot\mathfrak{H}$ の生成部分空間として 0 ベクトルのみからなるものをとれば，$m(T;(\lambda_0-\varepsilon,\lambda_0+\varepsilon])=0$ がわかる.

例 2. T が単純スペクトルの作用素ならば，λ_0 が T のスペクトルに属するかいなかにしたがって $m(T;\lambda_0)=1$ または $=0$.

第 21 章　楕円的偏微分方程式の解の微分可能性

m-次元ユークリッド空間 E^m の有界領域 R で定義された $2n$ 階の偏微分作用素

$$L=\sum_{|\rho|,|\sigma|=0}^{n} D^{(\rho)}a^{\rho;\sigma}(x)D^{(\sigma)} \tag{21·1}$$

を考える．ここに

$$D^{(\rho)}=\partial^{\rho_1+\cdots+\rho_m}/\partial x_1^{\rho_1},\cdots\partial x_m^{\rho_m},\quad |\rho|=\sum_{j=1}^{m}\rho_j$$

で，かつ $a^{\rho;\sigma}(x)=a^{\rho_1\rho_2\cdots\rho_m;\sigma_1\cdots\sigma_m}(x_1,\cdots,x_m)$ は $C^\infty(R)$ に属する実数値函数で

$$|\rho|=|\sigma|=n \text{ ならば } a^{\rho;\sigma}(x)\equiv a^{\sigma;\rho}(x)$$

を満足するものとする．L の共役偏微分作用素

$$L^*=\sum_{|\rho|,|\sigma|=0}^{n}(-1)^{|\rho|+|\sigma|}D^{(\sigma)}a^{\rho;\sigma}(x)D^{(\rho)} \tag{21·2}$$

を利用して，非斉次方程式

$$Lu=f \tag{21·3}$$

の弱い解 (weak solution) $u_0(x)$ を

$$\left.\begin{aligned}&\text{すべての } \varphi(x)\epsilon C_0^{(\infty)}(R) \text{ に対して} \int_R u(x)(L^*\varphi)(x)dx=\int_R f(x)\varphi(x)dx,\\ &dx=dx_1\cdots dx_n\end{aligned}\right\} \tag{21·4}$$

によって定義する．

§ 13·2 において $L=\Delta$ (ラプラシアン) かつ $f(x)\equiv 0$ の場合に述べたことを次のように一般の L に拡張することができる．まず L が条件

$$\left.\begin{aligned}&\sum_{j=1}^{m}\xi_j^2>0 \text{ ならば } \sum_{|\rho|=|\sigma|=n}\xi^{(\rho)}a^{\rho;\sigma}x\xi^{(\sigma)}>0 \text{ すなわち}\\ &\sum_{|\rho|=|\sigma|=n}\xi_1^{\rho_1}\cdots\xi_m^{\rho_m}a^{\rho_1\cdots\rho_m;\sigma_1\cdots\sigma_m}(x)\xi_1^{\sigma_1}\cdots\xi_m^{\sigma_m} \text{ が } R \text{ で } >0\end{aligned}\right\} \tag{21·5}$$

を満足するときに，L は R において**楕円的** (elliptic) であるという．このとき

定理 21·1 (Friedrichs)[1] L が R において楕円的ならば，(21·3) の右辺の函数 $f(x)$

1) On the differentiability of solutions of linear elliptic equations, Comm. on Pure and Appl. Math. 6 (1953), 299—325.

が § 16·3 に定義した $H_0^{(p)}(R)$ に属するとき，$H_0(R)=L_2(R)$ に属するような (21·3) の弱い解 $u_0(x)$ は $H_0^{(2n+p)}(R_1)$ に属する．ここに R_1 はその閉巻 R_1^a が R に含まれるような開集合である．

注 $2n$ 階の楕円的偏微分方程式 $Lu=f$ の弱い解 $u_0(x)\in L_2(R)$ は，右辺の $f(x)$ が p 階までの強微分をもつところでは $(2n+p)$ 階までの強微分をもつというのが Friedrichs の定理の内容である．

定理 21·2 (Soboleff の補助定理) $k>\dfrac{m}{2}+\sigma$ ならば，$H_0^{(k)}(R_1)$ に属する函数 $u_0(x)$ に対して $C_0^{(\sigma)}(R_1)$ に属する函数 $u_0'(x)$ を作り，R_1 においてほとんど到る所 $u_0(x)=u_0'(x)$ が成立つようにできる．

注 とくに $f(x)\in C^{(\infty)}(R)$ ならば前定理と組合せて，$Lu=f$ の弱い解 $u_0(x)\in L_2(R)$ は $C_0^{(\infty)}(R_1)$ に属する．このような意味で定理 13·5 が一般の楕円的偏微分方程式の場合に拡張されるのである．

Friedrichs の定理を証明するために，Gårding 不等式および Milgram–Lax の定理を準備することにする．

21·1 Gårding 不等式

定理 21·3 (Gårding[1]) R を E^m の有界領域とし，係数 $a^{\rho;\sigma}(x)$ が R で有界かつ (21·5) よりもややよく R において

$$\text{正数 } \lambda \text{ が存在して } \sum_{|\rho|=|\sigma|=n} \xi^{(\rho)} a^{\rho;\sigma}(x)\xi^{(\sigma)} \geqq \lambda|\xi|^{2n} \qquad \left(|\xi|^2=\sum_{j=1}^{m}\xi_j^2\right) \tag{21·5)$'$}$$

を仮定する[2]．このきと正数 α, γ, δ が存在して

$$\left.\begin{array}{l} \varphi\in C^{(\infty)}(R) \text{ ならば } \delta\|\varphi\|_n^2 \leqq (\varphi+(-1)^n\alpha L^*\varphi, \varphi)_0, \\ \varphi, \psi\in C_0^{(\infty)}(R) \text{ ならば } |(\varphi+(-1)^n\alpha L^*\varphi, \psi)_0| \leqq \gamma\|\varphi\|_n\cdot\|\psi\|_n \end{array}\right\} \tag{21·6}$$

ただし[3]

$$(\varphi, \psi)_0=\int_R \varphi(x)\psi(x)dx, \quad \|\varphi\|_n^2=\sum_{|s|\leqq n}(D^{(s)}\varphi, D^{(s)}\varphi)$$

---

1) Dirichlet's problem for linear elliptic partial differential equations, Math. Scand., 1 (1953), 55—72.

2) 定理 21·1 そのものが微分可能性に関連する局所的 (local) な定理であるから，楕円的ということを本定理におけるように仮定しといても一般性を失わない．

3) 以下実数値函数のみを扱う．

証明 Planchel の定理 7·5 を m 次元の場合に拡張したものを用いる．すなわち，$f(x)\in L_2(E^m)$ に対して

$$\int_{|x|\leqq n} f(x)\exp(-2\pi\sqrt{-1}\,x\cdot y)dx=g_n(y)$$

を定義すると[1]，$n\to\infty$ なるとき g_n は $L_2(E^m)$ のノルム $\|\ \|_0$ の意味で収束する．この極限を

$$(\mathfrak{F}f)(y)=\underset{n\to\infty}{\mathrm{l.i.m.}}\int_{|x|\leqq n} f(x)\exp(-2\pi\sqrt{-1}\,x\cdot y)dx \tag{21·7}$$

と書いて，$f(x)\in L_2(E^m)$ の Fourier 変換と呼ぶことにすると，$\mathfrak{F}$ はユニタリ作用素であり，$\mathfrak{F}^*=\mathfrak{F}^{-1}$ は

$$(\mathfrak{F}^*g)(x)=\underset{n\to\infty}{\mathrm{l.i.m.}}\int_{|y|\leqq n} g(y)\exp(2\pi\sqrt{-1}\,x\cdot y)dy \tag{21·8}$$

で与えられる．なおまた部分積分でよくわかるように

$$\left.\begin{aligned}&f(x)\in L_2(E^m)\ \text{が}\ k\ \text{回連続微分可能で}\ D^{(s)}f(x)\in L_2(E^m)\ \ (|s|\leqq k)\\ &\text{ならば}\ (\mathfrak{F}D^{(s)}f)(y)=\prod_{j=1}^{m}(2\pi\sqrt{-1}\,y_j)^{s_j}\cdot(\mathfrak{F}f)(y)\end{aligned}\right\} \tag{21·9}$$

Gårding 不等式の証明　第 1 段． まず

$$\left.\begin{aligned}&j<k\ \text{に対して定数}\ e^{j,k}\ \text{が定まって，}\varphi\in C_0^{(\infty)}(R)\ \text{なるとき}\\ &\sum_{|s|=j}\|D^{(s)}\varphi\|_0^2\leqq e^{j,k}\sum_{|s|\leqq k}\|D^{(s)}\varphi\|_0^2\end{aligned}\right\} \tag{21·10}$$

以下その証明．$\varphi(x)\in C_0^{(\infty)}(R)$ を，R の外の x に対しては値 0 を与えて $C_0^{(\infty)}(E^m)$ の函数と考えると

$$\varphi(x)=\varphi(x_1,\cdots,x_m)=\int_{-\infty}^{x_i}\partial\varphi(x_1,\cdots,x_{i-1},t,x_{i+1},\cdots,x_m)/\partial t\cdot dt$$

R が有界集合であるから，Schwarz の不等式で

$$|\varphi(x)|^2\leqq(R\ \text{の直径})^{1)}\int_{-\infty}^{\infty}|\partial\varphi/\partial x_i|^2dx_i$$

1) E^m の点 $x=(x_1,\cdots,x_m)$，$y=(y_1,\cdots,y_m)$ に対して $|x|^2=\sum_{j=1}^{m}x_j^2$，$x\cdot y=\sum_{j=1}^{m}x_jy_j$.

2) R の 2 点の距離の上限.

したがって，R の外で $\varphi(x)\equiv 0$ なることを用い

$$\int_R |\varphi(x)|^2 dx \leqq (R\text{ の直径})\cdot\int_R dx_1\cdots dx_m\left\{\int_{-\infty}^{\infty}|\partial\varphi/\partial x_i|^2 dx^i\right\}$$

$$=(R\text{ の直径})^2\cdot\int_R |\partial\varphi/\partial x_i|^2 dx=(R\text{ の直径})^2\cdot\|\partial\varphi/\partial x_i\|_0{}^2$$

この論法を繰返えせばよい．

つぎに

$$\lim_{\alpha\downarrow 0}\ \sup_{\varphi\in C_0{}^{(\infty)}(R)}\frac{\alpha\|\varphi\|_{k-1}^2}{\|\varphi\|_0{}^2+\alpha\|\varphi\|_k{}^2}=0 \tag{21·11}$$

以下その証明．R の外の x における値を 0 と定義して $\varphi\in C_0{}^{(\infty)}(R)$ を $\in C_0{}^{(\infty)}(E^m)$ と考えると，$\mathfrak{F}$ のユニタリ性と (21·9) とによって

$$\|D^{(s)}\varphi\|_0{}^2=\int_{E^m}(2\pi)^{|s|}\prod_{j=1}^m y_j{}^{2s_j}|(\mathfrak{F}\varphi)(y)|^2 dy$$

ゆえに (21·11) は，$\alpha\downarrow 0$ なるとき

$$\frac{\alpha\sum\limits_{|s|\leqq k-1}\prod\limits_{j=1}^m y_j{}^{2s_j}}{1+\alpha\sum\limits_{|t|\leqq k} y_j{}^{2t_j}}\qquad \left(|s|=\sum_{j=1}^m s_j,\quad |t|=\sum_{j=1}^m t_j\right)$$

が $(y_1, y_2, \cdots, y_m)$ に関して一様に 0 に収束することに帰着される．

Gårding の不等式証明第 2 段 正数 λ, λ' が存在して，$\varphi\in C_0{}^{(\infty)}(R)$ ならば

$$\left.\begin{aligned}&\sum_{|\rho|=|\sigma|=n}(a^{\rho;\sigma}D^{(\rho)}\varphi, D^{(\sigma)}\varphi)_0\geqq\lambda\|\varphi\|_n{}^2-\lambda'\|\varphi\|_{n-1}\cdot\|\varphi\|_n,\\&\text{ただし }\|\varphi\|_k{}^2=\sum_{|\sigma|=k}\int_R|D^{(\sigma)}\varphi(x)|^2dx\end{aligned}\right\}\tag{21·12}$$

以下その証明．まず $a^{\rho;\sigma}(x)(|\rho|=|\sigma|=n)$ が定数のときに証明する．R の外の x における値を 0 と定義して $\varphi(x)$ を $C_0{}^{(\infty)}(E^m)$ の函数と考え，$\mathfrak{F}$ のユニタリー性と (21·9) および (21·5)′ を用い

$$\sum_{|\rho|=|\sigma|=n}(a^{\rho;\sigma}D^{(\rho)}\varphi, D^{(\sigma)}\varphi)_0$$

$$=\int_{E_m}(2\pi)^{2n}\sum_{|\rho|=|\sigma|n}\prod_{j=1}^m y_j{}^{\rho_j}a^{\rho_1\cdots\rho_m;\sigma_1\cdots\sigma_m}\prod_{k=1}^m y_k{}^{\sigma_k}|(\mathfrak{F}\varphi)(y)|^2dy$$

$$\geqq\lambda\int_{E^m}(2\pi)^{2n}\sum_{|s|=n}(y_1{}^{s_1}y_2{}^{s_2},\cdots,y_m{}^{s_m})^2|(\mathfrak{F}\varphi)(y)|^2dy$$

$$=\lambda\int_{E^m}\sum_{|s|=n}|\mathfrak{F}D^{(s)}\varphi)|^2dy=\lambda\int_{E^m}\sum_{|s|=n}|(D^{(t)}\varphi(y)|^2dy=\lambda|\!|\!|\varphi|\!|\!|_n{}^2$$

次に R が十分小さくて

$$\sup_{|\rho|=|\sigma|=n;\,x,x'\in R}|a^{\rho;\sigma}(x)-a^{\rho;\sigma}(x')|=\varepsilon$$

が十分小さいと考えられる場合に (21·12) を証明する. R の 1 点 $x^{(0)}$ における $a^{\rho;\sigma}(x)$ の値を $a_0{}^{\rho;\sigma}$ とおき

$$\sum_{|\rho|=|\sigma|=n}(a^{\rho;\sigma}D^{(\rho)}\varphi,D^{(\sigma)}\varphi)=\sum_{|\rho|=|\sigma|=n}(a_0^{\rho;\sigma}D^{(\rho)}\varphi,D^{(\sigma)}\varphi)_0$$
$$+\sum_{|\rho|=|\sigma|=n}((a^{\rho;\sigma}-a_0^{\rho;\sigma})D^{(\rho)}\varphi,D^{(\sigma)}\varphi)_0$$

の右辺第2項に Schwarz の不等式を適用して

$$|\sum_{|\rho|=|\sigma|=n}((a^{\rho;\sigma}-a^{\rho;\sigma})D^{(\rho)}\varphi,D^{(\sigma)}\varphi)_0|$$
$$\leqq\varepsilon\cdot\sum_{|\rho|=|\sigma|=n}\|D^{(\rho)}\varphi\|_0\cdot\|D^{(\sigma)}\varphi\|_0=\varepsilon\cdot|\!|\!|\varphi|\!|\!|_n{}^2$$

だから, 定数係数 $a_0{}^{\rho;\sigma}$ の場合に (21·12) が成立つことを用いると

$$\sum_{|\rho|=|\sigma|=n}(a^{\rho;\sigma}D^{(\rho)}\varphi,D^{(\sigma)}\varphi)_0\geqq(\lambda-\varepsilon)|\!|\!|\varphi|\!|\!|_n{}^2$$

となり, R が十分小さくて $\lambda-\varepsilon>0$ であるとすれば λ の代りに $\lambda-\varepsilon$ をまた $\lambda'=0$ として (21·12) が成立つ.

最後に一般の場合の (21·21) を証明する. 有界領域 R を半径 $\eta/2>0$ の開いた球 $S_1,S_2,\cdots,S_N$ で被う. 各 S_j に対して半径 η の同中心開球 S_j' を作り, $\varphi_j(x)\in C_0{}^{(\infty)}(E^m)$ を

$$\left.\begin{array}{l}x\in S_j \text{ では } \varphi_j(x)>0,\ x\bar{\in}S_j' \text{ では } \varphi_j(x)=0 \text{ かつ}\\ E^m \text{ の上到る所で } \varphi_j(x)\geqq0\end{array}\right\}$$

なる如く作って

$$h_j(x)=(\varphi_j(x)/\sum_{j=1}^{N}\varphi_j(x))^{1/2}$$

を考えれば, $h_j(x)$ は $C_0{}^{(\infty)}(R)$ に属し $\geqq0$ かつ $\sum_{j=1}^{N}h_j(x)^2\equiv1$ である. ゆえに

$$\sum_{|\rho|=|\sigma|=n}(a^{\rho;\sigma}D^{(\sigma)}\varphi,D^{(\sigma)}\varphi)_0=\sum_{j=1}^{n}\sum_{|\rho|=|\sigma|=n}(a^{\rho;\sigma}h_jD^{(\rho)}\varphi,h_jD^{(\sigma)}\varphi)_0$$

$$=\sum_{j=1}^{n}\{\sum_{|\rho|=|\sigma|=n}(a^{\rho;\sigma}D^{(\rho)}h_j\varphi, D^{(\sigma)}h_j\varphi)_0-R_j\}$$

の形である．ここに R_j は，R において有界な函数 $C^{\rho';\sigma'}(x)$ によって

$$\sum_{|\rho'|\text{ または }|\sigma'|<n}(C^{\rho';\sigma'}D^{(\rho')}\varphi, D^{(\sigma')}\varphi)_0$$

の形に表わされるものである．だから Schwarz の不等式を用い，定数 $a_j>0$ によって

$$|R_j|\leqq a_j\|\varphi\|_{n-1}\cdot\|\varphi\|_n$$

ゆえに $\eta>0$ は十分小さいとして，S_j に対する (21・12) を用い[1)]

$$\sum_{|\rho|=|\sigma|=n}(a^{\rho;\sigma}D^{(\rho)}\varphi, D^{(\sigma)}\varphi)_0$$

$$\geqq\sum_{j=1}^{n}(\lambda_j\|h_j\varphi\|_n{}^2-a_j\|\varphi\|_{n-1}\|\varphi\|_n)\qquad(\lambda_j\text{ は定数 }>0)$$

同じ論法で，定数 $b_j>0$ によって

$$\|h_j\varphi\|_n{}^2\geqq\int_R h_j(x)^2\sum_{|\rho|=n}|D^{(\rho)}\varphi(x)|^2dx-b_j\|\varphi\|_{n-1}\|\varphi\|_n$$

だから $\lambda=\min(\lambda_j)$，$\sum_{j=1}^{N}(\lambda_jb_j+a_j)=\lambda'$ として (21・12) が成立つ．

Gårding の不等式の証明第 3 段　(21・12) によって

$$(\varphi+(-1)^n\alpha L^*\varphi,\varphi)\geqq(\varphi,\varphi)_0+\alpha(\lambda\|\varphi\|_n{}^2-\lambda\sum_{k<n}\|\varphi\|_k{}^2-\lambda'\|\varphi\|_{n-1}\|\varphi\|_n)$$

$$-\alpha\sum_{|\rho|\text{ または }|\sigma|<n}|(a^{\rho;\sigma}D^{(\rho)}\varphi, D^{(\sigma)}\varphi)_0|$$

この右辺第項は，(21・10) により，定数 $\lambda''>0$ に対して

$$\geqq\alpha(\lambda\|\varphi\|_n{}^2-\lambda''\|\varphi\|_{n-1}^2-\lambda'\|\varphi\|_{n-1}\|\varphi\|_n)$$

また右辺第 3 項は，$a^{\rho;\sigma}(x)$ が R で有界と仮定してあるから，η を定数 >0 として

$$\geqq-\alpha\sum_{|\rho|\text{ または }|\sigma|<n}\eta\|D^{(\rho)}\varphi\|_0\cdot\|D^{(\sigma)}\varphi\|_0\geqq-\alpha\|\varphi\|_{n-1}\cdot\|\varphi\|_n$$

ゆえに $\tau>0$ として

$$(\varphi+(-1)^n\alpha L^*\varphi,\varphi)_0\geqq(\varphi,\varphi)_0$$

$$+\alpha(\lambda\|\varphi\|_n{}^2-\lambda''\|\varphi\|_{n-1}^2-(\lambda'+\eta)\|\varphi\|_{n-1}\|\varphi\|_n)$$

1)　上に R が十分小さいときの (21・12) は証明してある．

$$\geqq(\varphi,\varphi)_0+\alpha\left[\lambda\|\varphi\|_n{}^2-\lambda''\|\varphi\|_{n-1}^2-\frac{\lambda'+\eta}{2}(\|\varphi\|_{n-1}^2\cdot\tau+\|\varphi\|_n{}^2\cdot\tau^{-1})\right]$$

$$=(\varphi,\varphi)_0+\alpha\left[\|\varphi\|_n{}^2\left(\lambda-\frac{\lambda'+\eta}{2}\tau^{-1}\right)-\|\varphi\|_{n-1}^2\left(\lambda''+\frac{\lambda'+\eta}{2}\tau\right)\right]$$

よって $\tau>0$ を十分大きくとって $\left(\lambda-\frac{\lambda'+\eta}{2}\tau^{-1}\right)>0$ ならしめ，ついで $\alpha>0$ を十分小さくとって (21·11) を使うと (21·6) の始めの不等式が証明される．(21·6) の後の不等式は (21·10) と Schwarz 不等式から証明される．

21·2 Milgram–Lax の定理

定理 21·4 実 Hilbert 空間[1)] $\mathfrak{H}$ のベクトルの対 $\{x, y\}$ のすべてに対して定義せられた実数値函数 $B(x,y)$ が，正数 γ,δ に対して次の 3 条件：

$$B(\alpha_1x_1+\alpha_2x_2,\beta_1y_1+\beta_2y_2)=\alpha_1\beta_1B(x_1,y_1)+\alpha_1\beta_2B(x_1,y_2)$$
$$+\alpha_2\beta_1B(x_2,y_1)+\alpha_2\beta_2B(x_2,y_2)\qquad\text{（双一次性）}$$
$$|B(x,y)|\leqq\gamma\|x\|\cdot\|y\|\qquad\text{（有界性）},$$
$$B(x,x)\geqq\delta\|x\|^2\qquad\text{（正値性）},$$

を満足するとする．このとき S,S^{-1} ともに有界作用素であるような S が一意的に定まって

$$\|S\|\leqq\delta^{-1}x,\ \text{かつすべての}\ y\in\mathfrak{H}\ \text{に対して}\ B(x,Sy)=(x,y)$$

証明 $\mathfrak{H}$ の元の対 $\{y,y^*\}$ ですべての $x\in\mathfrak{H}$ に対して $(x,y)=B(x,y^*)$ を満足するものを考える．たとえば $\{0,0\}$．このとき y^* は y に対して一意的に定まる．もし $B(x,y^*)=B(x,y^{**})$ とすると，$B(x,y^*-y^{**})=0$ となり $x=y^*-y^*$ とおいて

$$\delta\|y^*-y^{**}\|^2\leqq B(y^*-y^{**},y^*-y^{**})=0$$

を得るからである．ゆえに $y^*=Sy$ なる作用素 S が確定するが，S の加法性は B の双一次性からわかる．S の連続なことは，

$$\delta\|Sy\|^2\leqq B(Sy,Sy)=(Sy,y)\leqq\|Sy\|\cdot\|y\|$$

からわかる：$\|Sy\|\leqq\delta^{-1}\|y\|$．

1) 実数係数による一次結合のみを考えるベクトル空間で，その内積 (x,y) が実数値であるような空間．

$\mathfrak{D}(S)$ は閉部分空間である．以下その証明．$y_n \in \mathfrak{D}(S)$, $\lim_{n\to\infty} y_n = y_\infty$ とすると，$\|S(y_n - y_m)\| \leqq \delta^{-1}\|y_n - y_m\|$ によって $\lim_{n\to\infty} Sy_n = z$ が存在し

$$|B(x, Sy_n) - B(y, z)| = |B(x, Sy_n - z) \leqq \gamma\|x\|\cdot\|Sy_n - z\|$$

によって $\lim_{n\to\infty} B(x, Sy_n) = B(x, z)$ となるが，一方において $\lim_{n\to\infty}(x, y_n) = (x, y_\infty)$ であるから $(x, y_\infty) = B(x, z)$ となって，$y_\infty \in \mathfrak{D}(S)$ かつ $Sy_\infty = z$.

だから $\mathfrak{D}(S) = \mathfrak{H}$ がいえれば S は有界作用素である．ところがもし $\mathfrak{D}(S) \neq \mathfrak{H}$ ならば，$w_0 \in \mathfrak{D}(S)^\perp$ なる $w_0 \neq 0$ が存在する．$F(z) = B(z, w_0)$ は $|F(z)| = |B(z, w_0)| \leqq \delta\|z\|\cdot\|w_0\|$ を満足するから，F に Riesz の定理を応用して

$$F(z) = B(z, w_0) = (z, w_0'), \qquad z \in \mathfrak{H}$$

を満足するような $w_0' \in \mathfrak{H}$ が一意的に定まるはずである．ゆえにこのときは

$$w_0' \in \mathfrak{D}(S) \quad \text{かつ} \quad Sw_0' = w_0 \in \mathfrak{D}(S)^\perp$$

$w_0' \in \mathfrak{D}(S)$ であるから，$\delta\|w_0\|^2 \leqq B(w_0, w_0) = (w_0, w_0') = 0$ となって $w_0 \neq 0$ に矛盾する．

最後に S^{-1} が存在して有界な作用素であることの証明．$Sy = 0$ とすると，

$$(x, y) = B(x, Sy) = B(x, 0) = 0, \qquad x \in \mathfrak{H}$$

となって，$y \in \mathfrak{H}^\perp$ すなわち $y = 0$ を得る．だから S^{-1} は存在する．一方 $B(x, y)$ を x の加法的汎函数と考えると，$|B(x, y)| \leqq \gamma\|x\|\cdot\|y\|$ であるから，Riesz の定理が使えて

$$B(x, y) = (x, z), \qquad x \in \mathfrak{H}$$

なる如き z が定まる．$z = Ty$ とおくと，B の双一次性によって T は加法的である．また

$$|(x, z)| = |(x, Ty)| = |B(x, y)| \leqq \gamma\|x\|\cdot\|y\|$$

において $x = Ty$ とおいて

$$\|Ty\|^2 \leqq \gamma\|Ty\|\cdot\|y\| \quad \text{すなわち} \quad \|Ty\| \leqq \gamma\|y\|$$

だから T は有界作用素であるが，

$$B(x, y) = (x, Ty)$$

から $Ty \in \mathfrak{D}(S)$ かつ $y = STy$. ゆえに $S^{-1}y = S^{-1}(STy) = Ty$ によって $S^{-1} = T$.

21·3 Friedrichs の定理の証明[1)]

第一段 $u_0 \in L_2(R)$ が $Lu=f$ の弱い解とすると，u_0 は

$$L_1 u = f_1 \qquad (\text{ただし } L_1 = I + (-1)^n \alpha L,\quad f_1 = (-1)^n \alpha f + u_0)$$

の弱い解である．この L_1 に対して Friedrichs の定理が成立つとすると，もとの L に対しても Friedrichs の定理の成立つことが次のようにして示される．

$u_0 \in L_2(R) = H_0^{(0)}(R), f \in H_0^{(p)}(R)$ から $f_1 = (-1)^n \alpha f + u_0 \in H_0^{(p')}(R)$，ただし $p' = \min(p, 0) = 0$. だから $L_1 u = f_1$ の弱い解 $u_0 \in H_0^{(2n+p')}(R_1) = H_0^{(2n)}(R_1)$，よって u_0 は R の内部で $2n$ 階までの強微分をもち，したがって $f_1 = (-1)^n \alpha f + u_0$ は R の内部で $p'' = \min(p, 2n)$ 階までの強微分をもつ．したがって $L_1 u = f_1$ の弱い解 u_0 は R の内部で $(2n+p'') = \min(2n+p, 2n+2n)$ 階までの強微分をもつ．よって $f_1 = (-1)^n \alpha f + u_0$ は，R の内部で $p''' = \min(p, 2n+p, 4n) = \min(p, 4n)$ 階までの強微分をもつ．だから $L_1 u = f_1$ の弱い解 u_0 は R の内部で $(2n+p''') = \min(2n+p, 2n+4n)$ 階までの強微分をもつ．以下同様にくり返して結局 $Lu=f$ の弱い解 u_0 は R の内部で $(2n+p)$ 階までの強微分をもつ．

だから以下には L が Gårding 不等式

$$\left.\begin{array}{ll} \varphi(x) \in C_0^{(\infty)}(R) \text{ ならば } & \delta \|\varphi\|_n^2 \leqq (L^*\varphi, \varphi)_0, \\ \varphi(x), \psi(x) \in C_0^{(\infty)}(R) \text{ ならば } & |(L^*\varphi, \psi)_0| \leqq \gamma \|\varphi\|_n \cdot \|\psi\|_n \end{array}\right\} \qquad (21\cdot6)'$$

を満足するものと仮定して議論をすすめることにする．

第二段 R が 2π を週期とする週期平行面体

$$0 \leqq x_j \leqq 2\pi \qquad (j = 1, 2, \cdots, m)$$

とし L の係数 $a^{\rho;\sigma}(x)$ が週期 2π の週期函数であるときに Friedrichs の定理を証明するための準備をする．

i) まず $u(x) \in L_2(R)$ の形式的 Fourier 級数を

$$u(x) \sim \sum_k u_k \exp(ik \cdot x) \qquad \left(i = \sqrt{-1},\ k \cdot x = \sum_{j=1}^m k_j x_j\right) \qquad (21\cdot13)$$

1) 筆者：数学振興会編，「微分方程式における位相解析的方法」シンポジウム(1957)に発表したもの．

とすると Fourier 係数

$$u_k=(2\pi)^{-m}\int_0^{2\pi}\cdots\cdot\int_0^{2\pi}u(x)\exp(-ik\cdot x)dx_1\cdots dx_m, \qquad (21\cdot 14)$$

は **Parseval 公式**

$$\sum_k|u_k|^2=\int_R|u(x)|^2dx=\int_0^{2\pi}\cdots\cdot\int_0^{2\pi}|u(x)|^2dx_1\cdots\cdot dx_n<\infty \qquad (21\cdot 15)$$

を満足し，また逆に $\sum_k|u_k|^2<\infty$ ならば (21·13) を満足するような $u(x)\epsilon L_2(R)$ が一意的に定まる：

$$u(x)=\lim_{s\to\infty}\sum_{|k|\leqq s}u_k\exp(ik\cdot x) \qquad (L_2(R)\text{ での強収束})$$

しかも強 $-D^{(j)}-$ 微分に関して項別微分定理

$$\widetilde{D}^{(j)}u(x)\sim\sum_k D^{(j)}u_k\exp(ik\cdot x),\quad D^{(j)}=\partial^{j_1+\cdots+j_m}/\partial x_1^{j_1}\cdots\cdots\partial x_m^{j_m} \qquad (21\cdot 16)$$

が成立つ．たとえば $u^{(h)}(x)\epsilon C_0^{(\infty)}(R)$, $\lim_{h\to\infty}\|u-u^{(h)}\|=0$ とすると，強 $-D-$ 微分（ただし $D=\partial/\partial x_1$）に関して部分積分で[1]

$$(\widetilde{D}u,\varphi)_0=\lim_{h\to\infty}(\partial u^{(h)}/\partial x_1,\varphi)_0=-\lim_{h\to\infty}(u^{(h)},\partial\varphi/\partial x_1)=-(u_1,\partial\varphi/\partial x_1)_0$$

を得るから

$$\widetilde{D}u(x)\sim\sum_k u_k'\exp(ik\cdot x),$$

$$\varphi(x)=\sum_k\varphi_k\exp(ik\cdot x),\qquad \partial\varphi(x)/\partial x_1=\sum_k\varphi_k\frac{\partial}{\partial x_1}\exp(ik\cdot x)$$

として，Parseval 公式 (21·15) で

$$(\widetilde{D}u,\varphi)_0=\sum_k u_k'\overline{\varphi}_k=-(u,\partial\varphi/\partial x_1)=-\sum_k u_k(\overline{ik_1\varphi_k})=\sum_k ik_1u_k\cdot\overline{\varphi}_k$$

が成立ち，したがって

$$u_k'=ik_1u_k$$

ゆえにもし $u(x)\epsilon H_0^{(q)}(R)$ ならば，(21·15) と (21·16) によって，$|j|=\sum_{l=1}^m j_l\leqq q$ なるとき

1)　$\varphi(x)$ の週期性で x_1 に関して積分された項 $u^{(h)}(x)\varphi(x)\Big|_{x_1=0}^{x_1=2\pi}=0$

2)　$\varphi(x)$ が $C^{(\infty)}$ だから，その Fourier 級数は $\varphi(x)$ を表わし，かつ項別微分してよい．

$$\sum_k \left| \left\{ u_k \cdot \prod_{l=1}^m (ik_l)^{j_l} \right\} \right|^2 = \|D^{(j)}u\|_0{}^2 < \infty$$

逆にまた，上の不等式が成立てば $u(x) \sim \sum_k u_k \exp(ik \cdot x)$ が $\epsilon H_0{}^{(q)}(R)$ に属することもわかる．$u^{(h)}(x) = \sum_{|k| \leqq h} u_k \exp(ik \cdot x)$ が

$$\|u - u^{(h)}\|_q \to 0 \qquad (h \to \infty)$$

を満足することがいえるからである．

かくして $u(x) \sim \sum_k u_k \exp(ik \cdot x) \epsilon L_2(R) = H_0{}^{(0)}(R)$ が，$H_0{}^{(q)}(R)$ に属するための必要かつ十分な条件は

$$\sum (1+|k|^2)^q |u_k|^2 < \infty \qquad \left(|k|^2 = \sum_{l=1}^m k_l{}^2 \right) \tag{21·17}$$

であることがわかった．だから条件 (21·17) を $\{u_k\} \epsilon H_0{}^{(q)}(R)$ と書いてもよい．

以下証明の便宜上，負の整数 $-q$ に対して

$$\sum_k (1+|k|^2)^{-q} |w_k{}^2| < \infty$$

を満足する数列 $\{w_k\}$ をも考えて $\{w_k\} \epsilon H_0{}^{(-q)}(R)$ と書くことにする．

ii） 週期 2π の $C^{(\infty)}$ 函数を係数とする q 階の偏微分作用素 N が与えられたとする．このとき任意の $f \epsilon H_0{}^{(p)}(R)$ に対して $\{C_k\} \epsilon H_0{}^{(p-q)}(R)$ が定まって

$$(f, N^* \psi)_0 = \sum_k C_k \bar{\psi}_k$$

がすべての $\psi(x) = \sum_k \psi_k \exp(ik \cdot x) \epsilon C_0{}^{(\infty)}(R)$ に対して成立つ．証明は，(21·16) を証明したと同じような部分積分でやるとよい．

iii） 弱い解 $u_0(x) \epsilon H_0{}^{(0)}(R)$ は実は $H_0{}^{(n)}(R)$ に属するものと仮定して Friedrichs の定理を証明するとよい．それには

$$u_0(x) \sim \sum_k u_k \exp(ik \cdot x), \qquad v(x) \sim \sum_k u_k (1+|k|^2)^n \exp(ik \cdot x)$$

とすると，i) によって $v(x) \epsilon H_0{}^{(2n)}(R)$ であり，かつ $v(x)$ は $(I-\Delta)^n v = u_0$ の弱い解になる[1]．だから $v(x)$ は $4n$ 階の楕円的方程式

1） $\Delta = \sum_{j=1}^m \partial^2 / \partial x_j{}^2$ （ラプラシアン）

$$L(I-\Delta)^n v=f$$

の弱い解である. $v\in H_0^{(2n)}(R)$ における $2n$ は方程式の階数 $4n$ の半分である. この場合には Friedrichs の定理が証明されているとすると $v\in H_0^{(4n+p)}(R)$ となり $u_0(x)=\widetilde{(I-\Delta)^n}v\in H_0^{(4n+p-n)}(R)=H_0^{(2n+p)}(R)$.

だから以下弱い解 $u_0(x)$は $\in H_0^{(n)}(R)$として議論をすすめてよい.

第三段 R が週期平行面体 $0\leqq x_j\leqq 2\pi(j=1,2,\cdots,m)$ で, 係数 $a^{\rho;\sigma}(x)$ が週期 2π の週期函数である場合の Friedrichs 定理の証明. $C_0^{(\infty)}(R)$ に属する函数 φ,ψ に対する双一次形式

$$(\varphi,\psi)'=(\varphi,L^*\psi)_0 \tag{21·18}$$

の他に双一次形式

$$(\varphi,\psi)''=(\varphi,(I-\Delta)^n\psi)_0 \tag{21·19}$$

を考える $(\varphi,\psi)'$ に対しては第一段によって Gårding 不等式

$$\delta\|\varphi\|_n{}^2\leqq(\varphi,\varphi)', \qquad |(\varphi,\psi)'|\leqq\gamma\|\varphi\|_n\cdot\|\psi\|_n \tag{21·20}$$

が成立つているが, 部分積分で容易にわかるように $(\varphi,\psi)''$ に対しても Gårding 不等式 $(\delta_1>0,\delta>0)$

$$\delta_1\|\varphi\|_n{}^2\leqq(\varphi,\varphi)'', \qquad |(\varphi,\psi)''|\leqq\gamma_1\|\varphi\|_n\cdot\|\psi\|_n \tag{21·20$'$}$$

が成立っている.

ところで双一次性と (21·20) とによって

$$|(\varphi_1,\psi_1)'-(\varphi_2,\psi_2)'|\leqq|(\varphi_1-\varphi_2,\psi_1)'|+|(\varphi_2,\psi-\psi_2)'|$$
$$\leqq\gamma\|\varphi_1-\varphi_2\|_n\cdot\|\psi_1\|_n+\gamma\|\varphi_2\|_n\|\psi_1-\psi_2\|_n$$

を得るが, $C_0^{(\infty)}(R)$ のノルム $\|\ \ \|_n$ による完備化が $H_0^{(n)}(R)$ であるから, $(\varphi,\psi)'$ を連続性によって $H_0^{(n)}(R)$ に属するすべての φ,ψ に対して定義せられた双一次汎函数で (21·20) を満足するものに拡張できる. 同じく $(\varphi,\psi)''$ も $H_0^{(n)}(R)$ に属するすべての φ,ψ に対して定義せられた双一次汎函数で (21·20)′ を満足するものに拡張できる.

ゆえに Hilbert 空間 $H_0^{(n)}(R)$ における Milgram-Lax の定理で, $H_0^{(n)}(R)$ から $H_0^{(n)}(R)$ 全体への有界加法的作用素 S_1,S_2 で S_1^{-1},S_2^{-1} も有界加法的作用素であるようなものを定めて

$$(S_1\varphi, \psi)' = (\varphi, \psi)_n, \qquad (S_2\varphi, \psi)'' = (\varphi, \psi)_n$$

ならしめ得る．だから $H_0^{(n)}(R)$ から $H_0^{(n)}(R)$ 全体への1対1かつ逆も連続な有界加法的作用素 $T_n = S_2S_1^{-1}$ が存在して

$$(\varphi, \psi)' = (T_m\varphi, \psi)''$$

ところがあとから示すように，$j \geqq 1$ なるときにも T_n は $H_0^{(n+j)}(R)$ を $H_0^{(n+j)}(R)$ 全体に，1対1連続かつ逆も連続なように写す．

そこで $u_0 \in H_0^{(n)}(R)$ が $Lu=f$ の弱い解ということから，$\psi \in C_0^{(\infty)}(R)$ ならば

$$(f, \psi)_0 = (u_0, L^*\psi)_0 = (u_0, \psi)' = (T_nu_0, \psi)'' = (T_nu_0, (I-\varDelta)^n\psi)_0$$

を得て

$$(T_nu_0)(x_0) \sim \sum_k e_k \exp(ik\cdot x) \in H_0^{(n)}(R), \qquad \psi(x) = \sum_k \psi_k \exp(ik\cdot x) \in C_0^{(\infty)}(R)$$

に対して Parseval 公式で

$$(f, \psi)_0 = \sum_k e_k(1+|k|^2)^n \overline{\psi_k}$$

ゆえにもし $p \geqq 1-n$ に対して

$$(f, \psi)_0 = \sum_k f_k\overline{\psi_k}, \qquad \{f_k\} \in H_0^{(p)}(R)$$

と仮定すれば，$\{e_k(1+|k|^2)^n\} \in H_0^{(p)}(R)$ となって，$\{e_k\} \in H_0^{(n+p)}(R)$ すなわち $T_nu_0 \in H_0^{(2n+p)}(R)$．したがって $2n+p = n+(n+p) \geqq n+1$ によって $u_0 = T^{-1}Tu_0 \in H_0^{(2n+p)}(R)$．

最後に T_n が $H_0^{(n+j)}(R)$ を $H_0^{(n+j)}(R)$ 全体に1対1連続，かつ逆も連続なように写すことの証明．まず

$$(\varphi, L^*(I-\varDelta)^j\psi)_0 = (T_n\varphi, (I-\varDelta)^{n+j}\psi)_0, \qquad (\varphi, \psi \in C_0^{(\infty)}(R))$$

次に $H_0^{(n+j)}(R)$ で考えて，上の T_n を得たと同じく，$H_0^{(n+j)}(R)$ を $H_0^{(n+j)}(R)$ 全体に1対1連続かつ逆も連続なように写す有界作用素 T_{n+j} で

$$(\varphi, L^*(I-\varDelta)^j\psi)_0 = (T_{n+j}\varphi, (I-\varDelta)^{n+j}\varphi)_0, \qquad (\varphi, \psi \in C_0^{(\infty)}(R))$$

を満足するものが存在する．だから $\varphi \in C_0^{(\infty)}(R)$ に対して

$$w = (T_{n+j} - T_n)\varphi$$

は $(I-\Delta)^{n+j}w=0$ の弱い解である．$w(x)\sim\sum_k w_k\exp(ik\cdot x)$ とすれば，項別微分定理によって，$0\sim\sum_k w_k(1+|k|^2)^{n+j}\exp(ik\cdot x)$ を得て $w_k=0$ すなわち $w(x)\equiv 0$．だから $(T_{n+j}-T_n)$ は，$H_0^{(n+j)}$ においてノルム $\|\ \ \|_{n+j}$ の意味で稠密な $C_0^{(\infty)}(R)$ の上では 0．だから $H_0^{(n+j)}$ の上では $T_n=T_{n+j}$.

第四段　L の係数についての週期性を仮定しない一般の場合に，定点 $x^{(0)}\in R$ の近傍で $u_0(x)$ が $(2n+p)$ 階までの強微分をもつことを示す．ここに第二段と同じく $u_0(x)$ は $x^{(0)}$ の近傍で n 階までの強微分をもつ $Lu=f$ の弱い解とし，f は $x^{(0)}$ の近傍で p 階までの強微分をもつものとしてあるものとする．

いま $\beta(x)$ を $\in C_0^{(\infty)}(R)$ で $x^{(0)}$ の近傍 V の外で 0 で，この近傍に含まれる $x^{(0)}$ の近傍で恒等的に 1 とする．$\beta u_0=u_0'$ を考えると u_0' は

$$Lu'=\beta f+Nu_0$$

の弱い解になる．ここに N は $x^{(0)}$ の近傍の外では恒等的に 0 となるような無限回微分可能な係数をもつ高々 $(2n-1)$ 階の偏微分作用素で，Nu_0 は，N を超函数の意味で，u_0 に施すものとする．

$x^{(0)}$ を含む上の近傍 V は週期平行四辺形 R_1：

$$0\leqq x_j\leqq 2\pi\qquad (j=1,2,\cdots\cdots,m)$$

に含まれるものと仮定し，L の係数を R_1-V で変更して週期的なものにしたものを L' とする．ただし係数の変更を適当に行って，L' は $C^{(\infty)}$ 函数を係数とする楕円的作用素になるようにしたものとする．

そうすると u_0' は R_1 において

$$L'u'=f',\qquad f'=\beta f+Nu_0$$

の弱い解である．このときは Nu_0 に第 2 段の ii) が使えて

$$f'\in H_0^{(p')}(R_1),\qquad p'=\min(p,n-(2n-1))=\min(p,1-n)\geqq 1-n$$

ゆえに第三段の証明から

$$u_0'\in H_0^{(p'')}(R_1),$$
$$p''=2n+p'=\min(2n+p,2n+(1-n))=\min(2n+p,n+1)$$

したがって u_0 は $x^{(0)}$ の近傍で p'' 階までの強微分をもつ．だから再び第二

段 ii) を用い, $f'=\beta f+Nu_0$ は $x^{(0)}$ の近傍で $p^{(3)}$ 階までの強微分をもつ. ここに

$$p^{(3)}=\min(p, p''-(2n-1))=\min(p, 2-n)$$

ゆえに再び第三段の証明で, u_0 は $x^{(0)}$ の近傍で $p^{(4)}$ 階までの強微分をもつ. ここに

$$p^{(4)}=2n+p^{(3)}=\min(2n+p, 2n+(2-n))=\min(2n+p, n+2)$$

以下同様にくり返して結局, u_0 は $x^{(0)}$ の近傍で, $(2n+p)$ 階までの強微分をもつ.

21·4 Soboleff の補助定理の証明

第一段 $u_0(x)\in H_0^{(k)}(R_1)$ に対して

$$\tilde{u}_0(x)=\begin{cases} u_0(x), & x\in R_1 \text{ のとき} \\ 0 & , x\in E^m-R_1 \end{cases}$$

を定義すると, $\tilde{u}_0(x)\in H_0^{(k)}(E^m)$ である. $\tilde{u}_0$ の Fourier 変換 $(\mathfrak{F}\tilde{u}_0)(y)=\tilde{U}_0(y)$ は次の条件を満足する：

$$\left.\begin{array}{l} k>\dfrac{m}{2}+|p|,\ |p|=\sum\limits_{j=1}^{m}p_j\ (p_j \text{ は整数 } \geqq 0) \text{ ならば} \\ \tilde{U}_0(y)y_1^{p_1}y_2^{p_2}, \cdots, y_m^{p_m} \text{ は } E^m \text{ で可積分である} \end{array}\right\}$$

以下その証明. $\tilde{u}_0\in H_0^{(k)}(E^m)$ だから, $C_0^{(\infty)}(E^m)$ に属する函数列 $\{u_n(x)\}$ で $\lim\limits_{n\to\infty}\|\tilde{u}_0-u_n\|_k=0$ なるものがとれる. ここに $\|\ \ \|_k$ は $H_0^{(k)}(E^m)$ におけるノルムである. よって, $|q|=\sum\limits_{j=1}^{m}q_j\leqq k$ なるとき $\tilde{D}^{(q)}\tilde{u}_0(x)\in H_0^{(0)}(E^m)=L_2(E^m)$ が定まって, $\lim\limits_{n\to\infty}\|D^{(k)}u_n-\tilde{D}^{(k)}\tilde{u}_0\|_0=0$. ゆえに Fourier 変換の等距離性と (21·9) によって

$$\begin{aligned} 0&=\lim_{n\to\infty}\|\mathfrak{F}D^{(q)}u_n-\mathfrak{F}\tilde{D}^{(q)}\tilde{u}_0\|_0 \\ &=\lim_{n\to\infty}\|(2\pi\sqrt{-1}\,)^{|q|}y_1^{q_1}\cdots y_m^{q_m}(\mathfrak{F}u_n)(y)-(\mathfrak{F}\tilde{D}^{(q)}\tilde{u}_0)(y)\|_0 \end{aligned}$$

だから $L_2(E^m)$ の完備性の証明と同様にして, 適当な自然数列 $\{n'\}$ をとれば, $|q|\leqq k$ なるときほとんどすべての $y\in E^m$ において

$$\lim_{n'\to\infty}(2\pi\sqrt{-1})^{|q|}y_1^{p_1}\cdots y_m^{q_m}(\mathfrak{F}u_{n'})(y)=(\mathfrak{F}\widetilde{D}^{(q)}\widetilde{u}_0)(y)\in L_2(E^m),$$

とくにほとんどすべての $y\in E^m$ において

$$\lim_{n'\to\infty}(\mathfrak{F}u_{n'})(y)=\lim_{n'\to\infty}U_{n'}(y)=(\mathfrak{F}\widetilde{u}_0)(y)=\widetilde{U}_0(y)\in L_2(E^m)$$

ゆえに

$$|q|\leqq k \text{ ならば } y_1^{q_1}\cdots y_m^{q_m}\widetilde{U}_0(y)\in L_2(E^m)$$

よって任意の $\alpha>0$ に対して, $p=(p_1,\cdots,p_m)$ の如何にかかわらず Schwarz 不等式で

$$\int_{|y|\leqq\alpha}|\widetilde{U}_0(y)y_1^{p_1}\cdots y_m^{p_m}|dy\leqq\left\{\int_{|y|\leqq\alpha}|y_1^{p_1}\cdots y_m^{p_m}|^2dy\cdot\int_{|y|\leqq\alpha}|\widetilde{U}_0(y)|^2dy\right\}^{1/2}$$

$<\infty$ 同じく

$$\int_{|y|>\alpha}|\widetilde{U}_0(y)y_1^{p_1}\cdots y_m^{p_m}|dy\leqq\left\{\int_{|y|>\alpha}\left(|y_1^{p_1}\cdots y_m^{p_m}|(1+\sum_{j=1}^m y_j^2)^{k/2}\right)^2dy\right.$$
$$\left.\times\int_{|y|>\alpha}|\widetilde{U}_0(y)(1+\sum_{j=1}^m y^2{}_j)^{k/2}|^2dy\right\}^{1/2}$$

を得るが, 極座標で

$dy=dy_1\cdots dy_m=|y|^{m-1}d|y|\cdot d\Omega_{m-1}$ (Ω_{m-1} は原点中心半径 1 の球の表面積)であるから, 右辺の第 1 因数は $p=(p_1,\cdots,p_m)$ が

$$2|p|-2k+m-1<-1 \text{ すなわち } k>\frac{m}{2}+|p|$$

を満足するならば $<\infty$. また右辺の第 2 因数は (21·1) によって $<\infty$.

第二段 (21·7)–(21·8) によって, $\widetilde{u}_0=\mathfrak{F}^*(\mathfrak{F}\widetilde{u}_0)=\mathfrak{F}^*\widetilde{U}_0$ すなわち

$$\widetilde{u}_0(x)=\underset{n\to\infty}{\mathrm{l.i.m.}}\int_{|y|<n}\widetilde{U}_0(y)\exp(2\pi\sqrt{-1}\,y\cdot x)dy$$

$L_2(E^m)$ の完備性の証明と同様にして, 適当な自然数列 $\{n'\}$ をとれば, ほとんどすべての $x\in E^m$ において

$$\widetilde{u}_0(x)=\underset{n'\to\infty}{\mathrm{l.i.m.}}\int_{|y|<n'}\widetilde{U}_0(y)\exp(2\pi\sqrt{-1}\,y\cdot x)dy$$

ところが前段で $\widetilde{U}(y)$ は E^m において可積分であるから, 上式右辺は

$$U_0'(x)=\int_{E^m}\widetilde{U}(y)\exp(2\pi\sqrt{-1}\,y\cdot x)dy$$

に等しい．この被積分函数に $D_x^{(p)}$ を施したものの絶対値は

$$\leqq |\widetilde{U}_0(y)y_1^{p_1}\cdots y_m^{p_m}(2\pi)^{|p|}|$$

であり，上式はまた前段に示したように，$\sigma=|p|=\sum_{j=1}^{m}p_j<k-\dfrac{m}{2}$ なるとき E^m で可積分である．よって $\sigma=|p|<k-\dfrac{m}{2}$ ならば

$$D_x^{(p)}\int_{E^m}\widetilde{U}_0(y)\exp(2\pi\sqrt{-1}\,y\cdot x)dy=\int_{E^m}\widetilde{U}_0(y)D_x^{(p)}\exp(2\pi\sqrt{-1}\,y\cdot x)dy$$

この右辺は，前段の結果から x の連続函数になる．E^m で可積分な函数の Fourier 変換は連続函数になるからである．

ゆえに R_1 においてほとんど到る所 $u_0(x)=\tilde{u}_0(x)$ に等しい $u_0'(x)$ が $C^{(\sigma)}(R_1)$ である．

注　定理 21·1 の別証についてはたとえば筆者：位相解析 1(岩波応用数学講座)，第 7 章をみられたい．なお Hörmander, Browder, Malgrange らによって，楕円的方程式のみならず放物的方程式の場合も含むように，定理 21·1 の一般化がなされつつある．これについては B. Malgrange : Sur une classe d'opérateurs différentiels hypoelliptiques, Bul. Soc. Math. de France, 85(1957), 283—306 をみられたい．

索　　引

——著者紹介——

よしだ　こうさく
吉 田 耕 作

1931 年　東京大学理学部卒業
東京大学名誉教授，京都大学名誉教授
理学博士

専　攻　函数解析学，確率論

検 印 廃 止

復刊　近代解析

1956 年 2 月 25 日　初版 1 刷発行
1958 年 9 月 1 日　初版 2 刷(合本)発行
1969 年 6 月 10 日　初版 13 刷(合本)発行
2014 年 7 月 10 日　復刊 1 刷発行

著　者　吉 田 耕 作
発行者　南 條 光 章
東京都文京区小日向 4 丁目 6 番 19 号

NDC 413

発行所　東京都文京区小日向 4 丁目 6 番 19 号
電話　東京 (03)3947-2511 番（代表）
郵便番号 112-8700
振替口座 00110-2-57035 番
URL　http://www.kyoritsu-pub.co.jp/

共立出版株式会社

印刷・藤原印刷株式会社　　製本・ブロケード

Printed in Japan

一般社団法人
自然科学書協会
会員

ISBN 978-4-320-11091-5